수리과학 영어논문작성법 및 기초 LATEX활용법

학술연구총서 79

수리과학 영어논문작성법 및 기초 LATEX활용법

김준석

KOREA
UNIVERSITY
PRESS
고려대학교
출판문화원

이 책은 고려대학교 출판문화원이 조성한
학술출판기금으로 만들어졌습니다.

머리말

「수리과학 영어논문작성법 및 기초 LATEX활용법」은 수리과학 분야 영어논문 작성에 도움이 되는 내용, 작성한 논문의 출간을 위한 논문 투고와 심사과정 그리고 기초적인 LATEX사용법을 담고 있습니다. 이 책이 영어과학논문을 빠르고 정확하게 작성하는데 유용하기를 바랍니다. 이 책의 편집에 많은 도움을 준 이현근, 정다래, 윤아나, 신재민, 이동선, 이승규, 이의보, 이채영, 최용호, 유민현, 유창우, 한준희, 김상권, 허영진에게 고마움을 전합니다. 본 저서를 읽으시면서 수정 또는 보충할 부분이 있을 경우 이메일 (cfdkim@korea.ac.kr)로 알려주시면 다음 개정 판에 반영하겠습니다. 아울러 고려대학교 출판문화원의 지원에 감사드립니다.

차례

1 장

기초 정보

이 장에서는 영어논문 작성에 도움이 되는 하이브레인넷의 논문토론실, 구글스칼라, SCOPUS, 연구윤리정보센터, 참고도서, SCI, SCIE 검색 방법, Impact Factor (IF) 정의 및 분야별 IF 순위검색, 피인용 횟수, DOI 찾는 방법, 그리고 학문에 뜻을 둔 젊은 학자들을 위한 몇 가지 조언에 대하여 다룬다.

제 1 절 참고 인터넷 사이트

1.1 Google scholar (http://scholar.google.com)

연구관련 키워드(Keyword)를 입력하여 관련 논문들을 찾을 수 있다. 검색결과는 기본적으로 인용횟수 순으로 정렬되어 있으므로 최근 논문위주로 관련 자료를 찾으려면 페이지 좌측에 있는 메뉴에서 원하는 년도를 선택하면 해당 년도부터 현재까지의 논문 리스트를 보여준다. 또한 검색한 논문을 인용할 때 "인용" 이라는 것을 클릭하여 서지정보를 복사하여 사용할 수 있다.

1.2 연구윤리정보센터 (http://www.cre.or.kr)

바람직한 연구문화를 진작하기 위해 다양한 서비스를 제공하는 사이트로서, 이공계 연구자들이 겪게 되는 연구윤리관련 문제와 정보들, 사례 등을 소개한다. 예를 들어 다음과 같은 내용이 있다. **중복게재** (duplicate publication)란 "연구자 자신의 이전 연구결과와 동일 또는 실질적으로 유사한 학술적 저작물을 처음 게재한 학술지 편집자나 저작권자의 허락 없이 또는 적절한 출처표시 없이 다른 학술지나 저작물에 사용하는 행위를 말한다." 좀 더 자세한 내용은 사이트를 참조하기 바란다.

1.3 SCOPUS (http://www.info.scopus.com)

Elsevier에서 제공하는 초록 인용 데이터베이스이다. 영어로 된 사이트이며 주로 논문 검색과, 학술지, 참고문헌, 인용색인 등 정보를 제공하며 다른 곳에 비해 논문 업데이트가 빠른 편이다.

1.4 하이브레인넷 (http://www.hibrain.net)

교수, 연구원, 박사 후 과정(PostDoc), 박사, 석사에 대한 채용정보나 연구비 지원 및 해외연수 정보를 제공한다. 그 밖에도 교수의 길, **논문토론실**, 연구원의 길, 교수의 방, 임용상담실, 진로상담실, 학술토론실 등과 같은 여러 가지 메뉴를 통해 유용한 정보를 얻을 수 있다. 특히, **논문토론실**에서는 논문작성과 저널투고, 연구윤리와 같은 다양한 질문과 답을 볼 수 있다. 논문과 관련하여 자유롭게 질의를 할 수 있으나 회원들의 자발적인 참여로 운영되기 때문에 만족할만한 답변을 항상 기대할 수 있는 것은 아니다. 몇 가지 질문의 예로는:

- SCI저널에 투고한 원고의 리뷰가 길어질 경우 어떻게 메일을 보내나요?
- 석사 학위 논문을 저널 논문지에 실어도 되나요?
- 논문 저자 순서를 어떻게 정해야 하는지 의견 부탁드립니다.

제 2 절 영어과학논문 참고 도서

1. **이인재, 연구윤리의 이해와 실천, 동문사, 2015.** 이 책은 연구윤리에 대해 다룬 이론서이다. 연구윤리의 기초적이고 전반적인 내용을 학습할 수 있다. 연구와 연구자, 연구윤리의 이해, 연구 활동의 스펙트럼과 연구 진실성, 연구 부정행위, 연구계획 수립과 연구 수행 과정에서의 연구윤리, 공동 연구와 저자 자격(authorship), 연구자로서의 여러 역할, 표절과 올바른 인용, 중복게재, 학술적 글쓰기 윤리, 연구윤리 확립 방안으로 책의 내용이 구성되었다.

2. **민양기, 이공계 연구자를 위한 영문과학논문 모범예문집, 범문에듀케이션, 2014.** 이 책은 화학, 물리학, 천문학, 동물학 등을 전공하는 이공계 연구자들이 영어 논문을 작성하는 데 도움이 되는 내용을 담고 있다. 저명한 이공계 과학 학술지에 나와 있는 자주 쓰는 영문 표현들을 참고하여 토대로 삼아, 우리 실정에 알맞게 수집하여 활용할 수 있도록 배려하였다. 부록인 '영한 색인'을 활용하여 영어단어를 찾아 적절한 문장을 만들 수도 있을 것이다.

3. **민양기, 이공계 연구자를 위한 영문과학논문 작성매뉴얼, 범문에듀케이션, 2013.** 영어 문장을 문법에 맞게 잘 쓸 수 있는 쉬운 방법을 제시하고 과학을 연구하는 분들이 영문 학술지에 논문을 게재하는 데에 최대의 능률을 올릴 수 있도록 집필하였다.

4. **명현국, 홍희기 편저, 이공계 연구자를 위한 영어논문 작성법, 문운당, 2012.** 이공계 영어논문작성에 직접적으로 도움이 되는 내용을 정리한 책으로 영어논문에 사용할 수 있는 예문을 추가 · 보완했다. 이공계통 과학자, 공학자, 그리고 대학원생을 대상으로 삼고 있다.

5. **김형순, 영어과학논문 100% 쉽게 쓰기, 서울대학교 출판문화원, 2010.** 이 책은 과학기술영어논문의 구성과 작성법, 논문투고 요령, 논문심사 관련사항, 저자의 자격, 저자의 책임과 의무, 출판과정의 윤리측면에서

본 표절, 중복게재(출판), 그리고 이중게재(출판)와 이차출판 등을 소개한다.

제 3 절 SCI 또는 SCIE 저널 검색

미국 과학정보연구소(ISI : Institute for Scientific Information)가 과학기술분야 학술잡지에 게재된 논문의 색인을 수록한 데이터베이스가 SCI(Science Citation Index)이며 이것의 확장판이 SCIE(Science Citation Index Expanded)이다. 따라서 모든 SCI 저널은 SCIE에 속한다. 참고로 SCI급이라 하면 SCIE 리스트에 있는 저널을 말한다. **http://ip-science.thomsonreuters.com/mjl/** 에서는 어떤 저널이 SCI, SCIE 인지를 알아 볼 수가 있다. 위의 사이트에 접속하여 원하는 논문의 keyword 혹은 ISSN을 이용하여 검색하면 이와 관련된 모든 SCI(E)급의 저널들을 검색해준다. **단, 기관가입을 해야 사용가능하다는 단점이 있다.** 위의 사이트에서 하단 Journal Lists for Searchable Databases에서 Science Citation Index® > 을 선택하면 SCI 저널들의 제목을 확인해볼 수 있으며, Science Citation Index Expanded^{TM} > 는 SCIE 저널 제목을 검색할 수 있다.

제 4 절 인용횟수 알기

Google scholar의 *cited by*가 학회 발표나 비공식적인 글도 모두 포함한 인용횟수를 나타내는데 비해 Thomson Reuters사의 Web of Knowledge (**http://apps.webofknowledge.com/**) 는 공식적인 학술 논문의 인용을 나타내 준다 (그림 1.1). Web of Science라고 적힌 아래 빈칸에 논문의 제목이나 저자, 저널 이름을 적고 search를 클릭하면 그 검색어에 해당되는 논문을 보여준다. 검색하여 찾고자 하는 논문을 클릭하면 그 논문의 이름, 저자, 저널의 이름 및 초록을 제공하는 결과 화면이 나오는데, 그 오른쪽 편에 [그림 1.2]와 같은 Times Cited 이라는 문구가 보인다. [그림 1.2]는 논문 제목 A continuous surface tension force formulation for diffuse-interface models를 검색하여보면 나오는 결과이다. 또한 그 아래의 Additional information의 View the journal's impact fac-

그림 1.1: Web of knowledge 처음 화면

tor를 클릭하면 지난 5년간의 그 저널의 impact factor를 보여주게 된다. 그러면 저널의 impact factor가 무엇인지 알아보자.

제 5 절 Impact Factor 정의, 분야별 IF 및 순위 검색

Impact Factor란 학술지의 영향력 지수, 인용도 지수를 의미하는데 학술지에 게재된 논문들의 피인용 횟수를 계산하여 산출된 수치로서 학술지를 평가하는 기준으로 활용된다. IF를 계산하는 방법은 다음과 같다.

$$x\text{ 년의 }\textbf{Impact Factor}$$
$$\frac{(x-1)\text{년과 }(x-2)\text{년에 발행된 논문이 }x\text{년에 인용된 인용회수}}{(x-1)\text{년과 }(x-2)\text{년에 발행된 총 논문 수}}$$

[그림 1.3]은 Journal of Computational Physics 의 2013년 Impact Factor 계산 예를 보여준다. 2012년에 출간된 논문들 중에서 2013년도에 피인용된

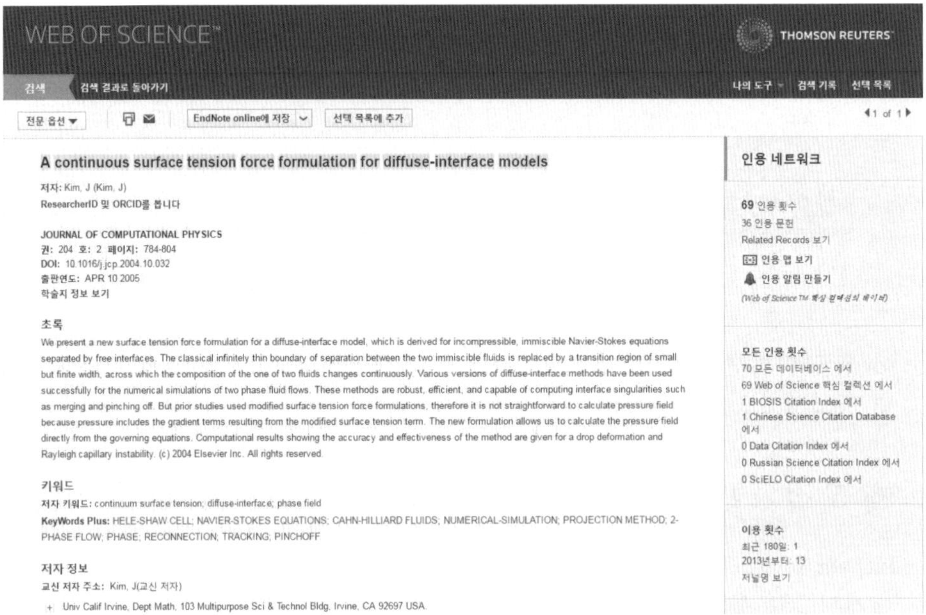

그림 1.2: Detailed information and times cited for the paper.

횟수는 867번이고 2011년에 출간된 논문들 중에서 2013년도에 피인용된 횟수는 1352번이다. 따라서 2년간 총 피인용 횟수는 2219번이다. 또한 이 저널의 2012년에 출간된 논문의 수는 425개이고 2011년에 출간된 논문의 수는 468개로 합이 893개이다. 그러므로 위 Impact Factor 계산 공식에 대입하면 이 저널의 2013년 IF=2219/893=2.485 이다. 비슷한 방법으로 최근 5년간 IF를 구할 수 있으며 그 값은 3.184 이다. 그러므로 논문을 투고 할 때는 투고하는 저널의 최근 1년간의 논문을 인용하는 것이 학술지 입장에서는 IF를 높게 유지 하는데 좋다. 매년 6월쯤에 전년도의 impact factor가 나온다. 예를 들어 2015년 6월에는 2014년 impact factor가 나온다.

Journal Impact Factor

Cites in 2013 to items published in:		Number of items published in:	
	2012 = 867		2012 = 425
	2011 = 1352		2011 = 468
	Sum: 2219		Sum: 893

Calculation: Cites to recent items / Number of recent items = 2219 / 893 = **2.485**

5-Year Journal Impact Factor

Cites in {2013} to items published in:		Number of items published in:	
	2012 = 867		2012 = 425
	2011 = 1352		2011 = 468
	2010 = 1665		2010 = 494
	2009 = 1713		2009 = 484
	2008 = 1679		2008 = 414
	Sum: 7276		Sum: 2285

Calculation: Cites to recent items / Number of recent items = 7276 / 2285 = **3.184**

그림 1.3: Journal of Computational Physics 저널의 Impact Factor 계산

JCR은 Journal Citation Reports의 약어로 Institute for Scientific Information (ISI)사의 다섯개의 인용색인 데이터 베이스인 Science Citation Index-Expanded (SCIE), Social Sciences Citation Index (SSCI), Arts & Humanities Citation Index (ACHCI), Conference Proceedings Citation Index-Science, 그

리고 Conference Proceedings Citation Index-Social Science & Humanities 의 데이터를 바탕으로 각 저널의 인용통계 정보를 1975년 이후로 매년 제공한다. **http://admin-apps.isiknowledge.com/JCR/JCR** 에서는 특정한 저널의 Impact Factor와 저널의 주제별 Impact Factor ranking을 알수있다. 이 주소로 가면 "You do not have a session."라는 메시지가 나오지만 바로 아래의 "establish a new session"을 클릭하면 [그림 1.4(a)]와 같은 메뉴가 나온다. View a group of journals by 에서 Subject Category를 선택하고 SUBMIT 버튼을 클릭하면 [그림 1.4(b)]와 같은 메뉴가 나온다.

이때 Select one or more categories from the list에서 관심있는 분야를 선택하고 Select to view Journal data or aggregate Category data에서 View Journal Data를 선택하고 sort by: Impact Factor를 선택한 후 SUBMIT 버튼을 클릭하면 [그림 1.4(c)]와 같은 목록이 나온다. 여기서는 Impact Factor가 높은 저널 순으로 저널이름, Impact Factor, 그리고 최근 5년 평균 Impact Factor가 순위와 함께 나온다. 관심있는 저널의 순위를 이 분야의 총 저널 종류의 수로 나누어서 100을 곱하면 저널의 백분율이 나온다.

Impact Factor는 Journal을 대상으로 산출한 지수이고 citation은 개인 논문을 대상으로 산출한 인용횟수이다.

JCR 에서는 논문을 IF 기준으로 네 개의 등급으로 분류를 한다 (Quartile rankings). 상위 25 %까지는 Q1, 50 %까지는 Q2, 75 %까지는 Q3, 그리고 나머지는 Q4로 나뉜다, 즉 다음과 같다.

Q1: $0\% \leq Q1 < 25\%$

Q2: $25\% \leq Q2 < 50\%$

Q3: $50\% \leq Q3 < 75\%$

Q4: $75\% \leq Q4 \leq 100\%$

제 6 절 DOI 찾는 방법

어떤 저널은 다음과 같이 "Add DOI persistent links to those references that have DOIs" DOI를 요구하는 경우도 있다. 여기서 말하는 DOI란, 디지털 객체 식별자로, 인터넷 주소가 변경되더라도 사용자가 그 문서의 새로운 주소로

(a)

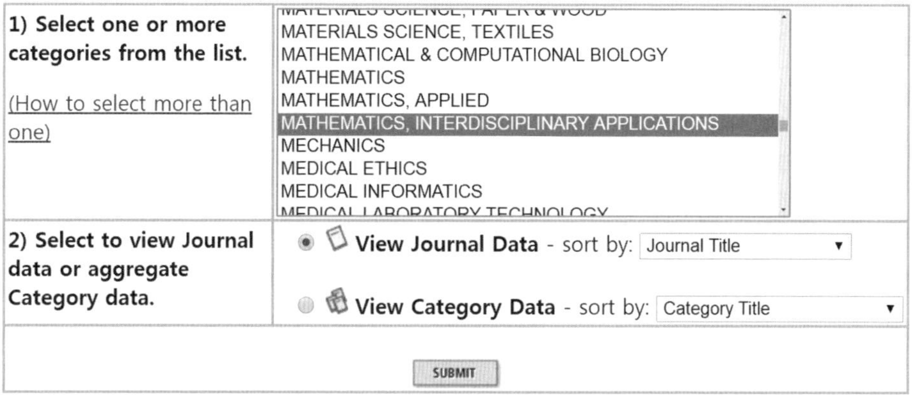

(b)

Rank	Abbreviated Journal Title *(linked to journal information)*	ISSN	Total Cites	Impact Factor	5-Year Impact Factor
1	ADV COMPLEX SYST	0219-5259	558	0.461	0.770
2	ANNU REV STAT APPL	2326-8298	74	3.045	3.045
3	APPL MATH MODEL	0307-904X	8836	2.291	2.400
4	APPL STOCH MODEL BUS	1524-1904	470	0.574	0.754
5	ARCH COMPUT METHOD E	1134-3060	941	4.214	5.971
6	ARCH HIST EXACT SCI	0003-9519	258	0.333	0.402
7	ARCH RATION MECH AN	0003-9527	7526	2.321	2.760
8	ASTIN BULL	0515-0361	666	0.732	1.141

(c)

그림 1.4: (a) JCR year and option. (b) JCR categories. (c) JCR impact factor 순위

다시 찾아 갈 수 있도록, 웹파일이나 인터넷 문서에 영구적으로 부여된 식별자이다. 논문의 Digital Object Identifier(DOI) 찾는 방법은 다음 사이트에 접속하면 알 수 있다.

http://www.crossref.org/guestquery에서 주저자의 성(Last name)과 논문제목(Article Title)을 입력하면 찾을 수 있다. 다음 그림들을 참고로 자세한 방법을 알아보자 ([그림 1.5]-[그림 1.8]).

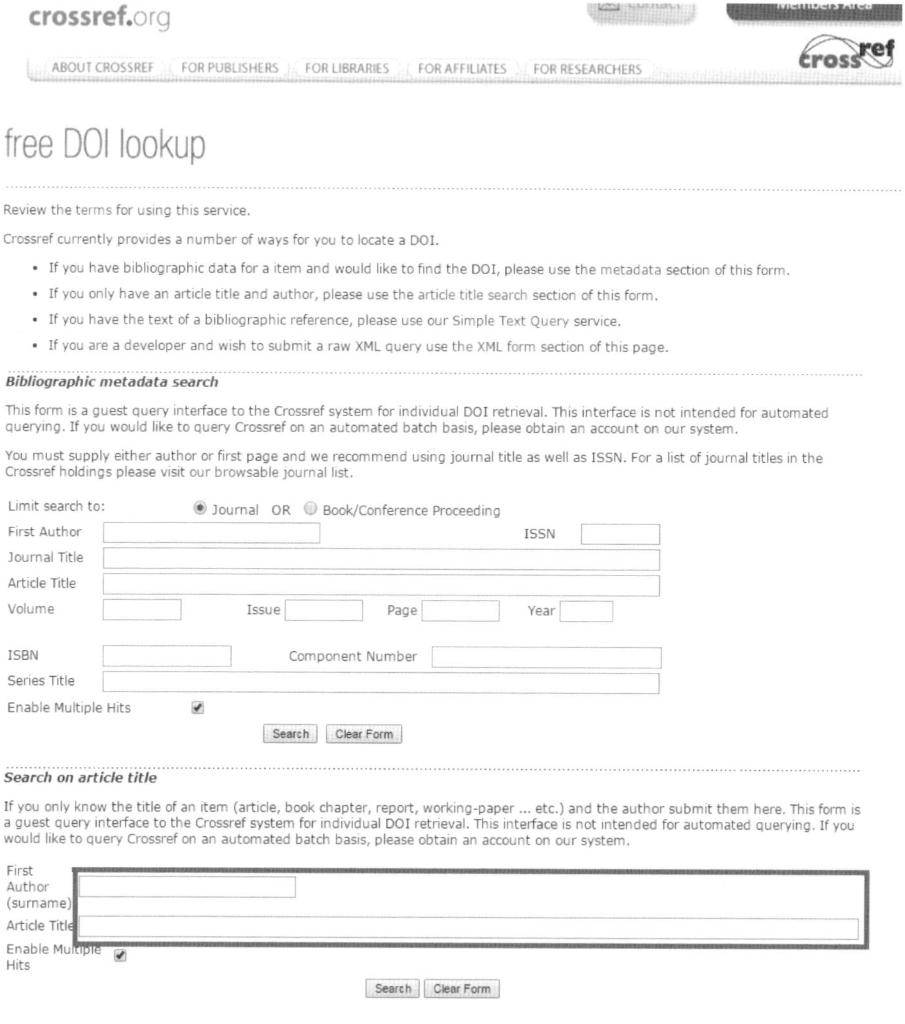

그림 1.5: http://www.crossref.org/guestquery에 접속하면 나오는 첫 화면으로, 상자부분에 주저자의 성(surname)과 논문 제목(article title)을 입력하면 된다.

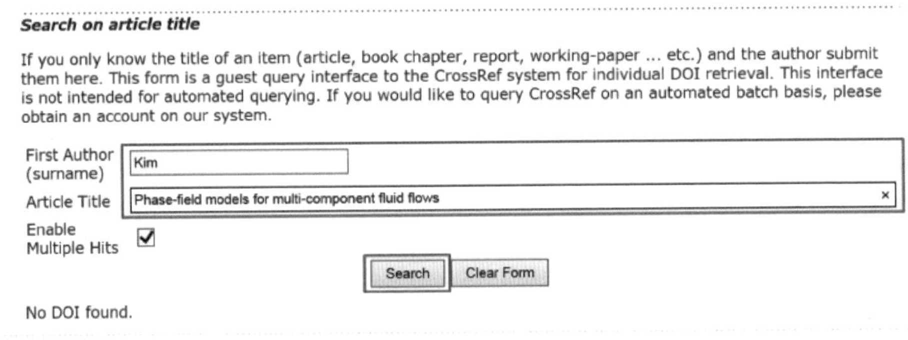

그림 1.6: 주저자의 성과 논문 제목을 입력한 후 Search 버튼을 클릭하면 된다.

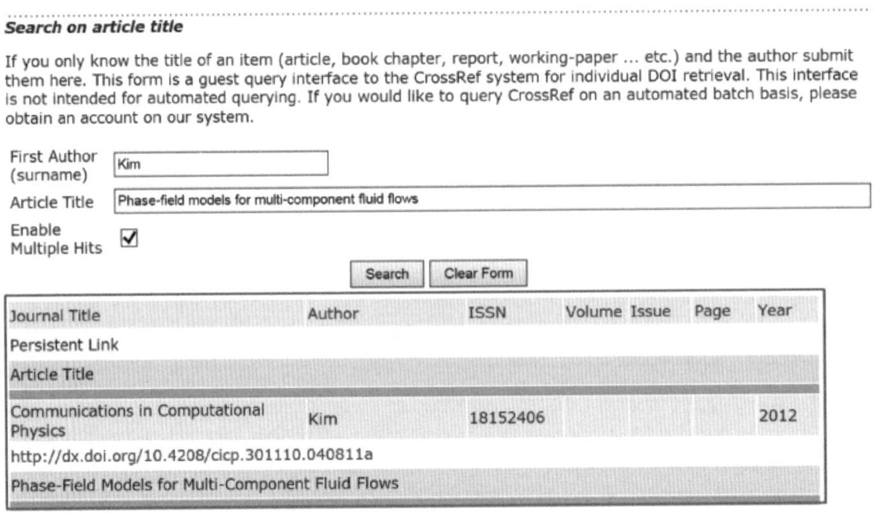

그림 1.7: Search 버튼을 누르면 바로 아래에 그림과 같이 검색 된 결과가 나오는 것을 알 수 있다.

Commun. Comput. Phys., 12 (2012), pp. 613-661.

Phase-Field Models for Multi-Component Fluid Flows

Junseok Kim [1*]

1 *Department of Mathematics, Korea University, Seoul 136-701, Republic of Korea.*

Received 30 November 2010; Accepted (in revised version) 4 August 2011
Available online 1 March 2012
doi:10.4208/cicp.301110.040811a

Abstract

In this paper, we review the recent development of phase-field models and their numerical methods for multi-component fluid flows with interfacial phenomena. The models consist of a Navier-Stokes system coupled with a multi-component Cahn-Hilliard system through a phase-field dependent surface tension force, variable density and viscosity, and the advection term. The classical infinitely thin boundary of separation between two immiscible fluids is replaced by a transition region of a small but finite width, across which the composition of the mixture changes continuously. A constant level set of the phase-field is used to capture the interface between two immiscible fluids. Phase-field methods are capable of computing topological changes such as splitting and merging, and thus have been applied successfully to multi-component fluid flows involving large interface deformations. Practical applications are provided to illustrate the usefulness of using a phase-field method. Computational results of various experiments show the accuracy and effectiveness of phase-field models.

AMS subject classifications: 76D05, 76D45, 76T30, 82C26
Key words: Navier-Stokes, Cahn-Hilliard, multi-component, surface tension, interface dynamics, interface capturing, phase-field model.

*Corresponding author.
Email: cfdkim@korea.ac.kr (J. S. Kim)

The Global Science Journal

그림 1.8: 검색 된 DOI 부분을 클릭하면 자세한 정보를 알 수 있다.

제 7 절 국내외 학회지

7.1 국내학회지

SCI	• Journal of Korean Physical Society • Bulletin of the Korean Chemical Society
SCIE	• Bulletin of the Korean Mathematical Society • Journal of the Korean Mathematical Society
학진등재	• Communications of the Korean Mathematical Society • Honam Mathematical Journal • Journal of Applied Mathematics and Informatics • Journal of the Chungcheong Mathematical Society • Journal of the KSIAM • Kyungpook Mathematical Journal • The Pure and Applied Mathematics • Korean Journal of Mathematics • East Asian Mathematical Journal • Journal for History of Mathematics • Proceedings of the Jangjeon Mathematical Society • Advanced Studies in Contemporary Mathematics
학진등재 후보	• Research in Mathematical Education • Education of Primary School Mathematics

학진 등재 및 등재 후보지 목록은 한국연구재단 (http://www.nrf.re.kr) 홈페이지 자료실 메뉴에 ¡재단등재학술지목록¿을 보면 알 수 있다. (2016.06.20.기준)

7.2 해외학회지

SCI	**Elsevier (http://www.elsevier.com/)**
	Acta Materialia
	Applied Numerical Mathematics
	Computer Methods in Applied Mechanics and Engineering
	Computers & Fluids
	Computers & Mathematics with Applications
	Journal of Computational and Applied Mathematics
	Journal of Computational Physics
	Physica A
SCI	**Springer (http://www.springer.com/)**
	Acta Mechanica
	Computational Mechanics
	Japan Journal of Industrial and Applied Mathematics
	Journal of Engineering Mathematics
	Numerische Mathematik
SCI	**SIAM (http://www.siam.org/)**
	SIAM Journal on Applied Mathematics
	SIAM Journal on Mathematical Analysis
	SIAM Journal on Numerical Analysis
	SIAM Journal on Scientific Computing

7.2 해외학회지

SCI	**Elsevier (http://www.elsevier.com/)**
	Acta Materialia
	Applied Numerical Mathematics
	Computer Methods in Applied Mechanics and Engineering
	Computers & Fluids
	Computers & Mathematics with Applications
	Journal of Computational and Applied Mathematics
	Journal of Computational Physics
	Physica A
SCI	**Springer (http://www.springer.com/)**
	Acta Mechanica
	Computational Mechanics
	Japan Journal of Industrial and Applied Mathematics
	Journal of Engineering Mathematics
	Numerische Mathematik
SCI	**SIAM (http://www.siam.org/)**
	SIAM Journal on Applied Mathematics
	SIAM Journal on Mathematical Analysis
	SIAM Journal on Numerical Analysis
	SIAM Journal on Scientific Computing

SCIE	**Elsevier (http://www.elsevier.com/)** Applied Mathematical Modelling Applied Mathematics and Computation Communications in Mathematical Sciences Communications in Nonlinear Science and Numerical Simulation
SCIE	**Springer (http://www.springer.com/)** Acta Mathematica Sinica Applied Mathematics and Mechanics Chinese Annals of Mathematics - Series B Numerical Algorithms
SCIE	**Wiley (http://onlinelibrary.wiley.com/)** Mathematical Methods in the Applied Sciences Numerical Methods for Partial Differential Equations

* SCI와 SCIE의 저널목록은 매해 변경되므로 최신 리스트를 확인해 보아야 한다.

7.3 국내 수학관련 학회지

학회명	홈페이지
대한수학회	http://www.kms.or.kr/
한국산업응용수학회	http://www.ksiam.org/
한국수학교육학회	http://ksme.info/index.php
한국전산응용수학회	http://www.kcam.biz/
강원경기수학회	http://www.kkms.org/main/
충청수학회	http://www.ccms.or.kr/
호남수학회	http://www.honammath.or.kr/

제 8 절 ISBN과 ISSN의 차이점

ISBN은 International Standard Book Number의 약자이고 ISSN은 International Standard Serial Number의 약자이다. ISBN은 단행본에 부여되는 번호이고 ISSN은 정기간행물에 부여되는 번호이다. ISBN과 ISSN의 중요한 차이점들 중 하나는 ISBN이 출판사를 명시하는 반면에 ISSN은 출판사를 명시하지 않는다는 것이다. 각각의 단행본에 다른 번호가 붙는 ISBN과는 다르게 ISSN은 같은 정기간행물에 대해서 볼륨과 이슈가 다르더라도 항상 같은 번호를 유지한다. ISBN은 13자리 수로 되어있다. Gordon Foster가 최초로 ISBN 번호를 만들때는 9자리 였다. 이후에 10자리로 변경되었다가 2007년 이후로는 13자리로 되었다. ISSN은 4자리 수와 하이픈 그리고 4자리 수로 총 8자리로 구성되었다 [40, 41] .

제 9 절 학문에 뜻을 둔 젊은 학자들을 위한 몇가지 조언

본 저자 역시 아직 중견 연구자는 아니지만 연구논문을 작성하면서 중요하다고 생각하는 점을 정리해 보았다. 또한 이화여대 오욱환 교수님께서 젊은 학사들에세 쓴 좋은 글이 있어시 옮긴다. 출치는 한국교육학회 뉴스레터 260호(2009.9)이고 제목은 "학문을 직업으로 삼으려는 젊은 학자들을 위하여"이다.

- 본인이 알고 있는 지식을 같은 학문의 길을 걷고 있는 학우들에게 알려주는 것에 인색하지 마십시오. 그리고 결코 자만심을 가지고 그들을 대해서도 안 되고 진심어린 마음으로 알려주어야 합니다. 이는 본인에게도 좋고 후에 꼭 도움을 받는 경우가 생깁니다.

- 복사용지나 프린터 잉크 및 토너를 구입하는데 인색하지 마십시오. A4용지 1박스와 토너 하나를 다 써서 하나의 논문이 나온다면 결코 아까운 비용이 아닙니다. 관련 참고 논문을 프린트하고 작성하고 있는 논문을 자주 출력해서 교정을 하십시오.

- 지도교수가 참여하는 연구프로젝트는 성실히 수행해야 합니다. 연구제안서 작성돕기, 공동연구 논문 쓰기, 연구비정산 보조하기 등 입니다. 본인이 후에 연구제안서를 작성하고 연구논문을 쓰는 등 과제 진행을 원활하게 할 수 있는 바탕이 됩니다.

- 논문 저자 순서에 대해서: 학위과정 중에는 저자 순서에 상관없이 자신이 주저자나 교신저자라고 생각하고 책임 있게 최선을 다해서 논문을 작성해야 합니다. 주저자나 교신저자가 아니라고 해서 논문작성에 소홀히 하면 결과적으로 배우는 것이 별로 없습니다.

- 새 책을 구입하거나 자료를 복사하기 전에 꼭 필요한 부분만 복사를 해서 먼저 읽어 보십시오. 많은 경우에 있어서 많이 관련되지 않은 자료일 수 있습니다. 책구입과 자료복사는 꼭 필요한 경우에 하는 것이 좋습니다. 그래야 정작 필요한 자료가 있을 때 구입할 수 있습니다.

- 학자의 길을 선택한 후에는 곧바로 연구업적에 대한 압박이 시작됩니다. 교수직을 구하려면 반드시 연구업적을 충분히 갖추어야 합니다. 많은 국내 대학에서 해외 SCI, 국내 SCI, 해외 SCIE, 국내 SCIE, 그리고 학진 등재지 순으로 평가를 합니다. 특정 학문분야의 Impact Factor가 높은 그리고 저명저널이 높은 평가를 받습니다.

- 공동논문 작성하기: 논문은 마무리가 전체 논문작성의 90% 이상을 차지한다고 해도 과언이 아닙니다. 특히 다른 학자와 공동논문을 작성 할 때에는 논문이 마무리 될 때까지 최선을 다해서 논문 작성에 기여를 해야 합니다. 그래야 좋은 논문이 산출됩니다. 시작만 하고 용두사미가 되는 경우가 많이 있습니다. 공동연구는 서로 다른 분야를 연구하는 연구자들의 전문성이 더해져 상승효과를 낼 수 있는 좋은 기회입니다. 또한 다른 연구자 부분은 열심히 공부하고 질문해서 자신의 지식으로 만드십시오. 자신의 지식을 넓히는 아주 좋은 기회입니다.

- 주저자가 아닌 공동연구자도 주저자 처럼 정성을 들여 논문작성에 참여하세요. 공동으로 논문을 쓰는 경우 항상 최신 버전을 확인하고 집필하여야 합니다. 논문작성과정은 연구자의 스타일에 따라 달라질 수 있습니다.

- 학문에 몰입하는 학자들을 가까이 하십시오. 젊은 학자들에게는 무엇보다도 본보기가 되어줄 스승, 선배, 동료, 후배가 필요합니다. 어떻게 해야 할지 잘 모를 때에는 따라해 보는 방법이 효율적입니다. 그러다가 자신의 스타일을 갖추면 됩니다. 학문에의 시작을 누구로부터 배우냐에 따라 학자의 유형이 상당히 좌우됩니다. 학문을 직업으로 삼으려면, 반드시 학문에 혼신을 다하는 사람들로부터 배워야 합니다.

- 소속된 학교 뿐만 아니라 다른 학교에서 하는 학술 세미나를 찾아서 참석하십시오. 학과 게시판에 다른 학교나 연구소에서 하는 학회, 세미나 공고가 붙어 있습니다. 거의 모든 세미나에서 청강을 반겨줍니다. 더구나 세미나 후에 저녁식사를 함께 해주면 아이러니 하게도 더욱 기뻐합

니다. 참 미스터리합니다. 그러나 어떤 세미나에서는 그렇지 않을 수도 있습니다.

- 학문하는 데 필요한 시간이 부족하다면, 지나친 과외활동을 줄여야 합니다. 경제적으로 여유로운 것도 좋지만 결과적으로 학문할 기회(논문작성, 학회 및 세미나 참가 등)를 잃어버리게 됩니다. 대학원 수학 기간은 자신에 대한 투자의 시기라고 생각하십시오.

- 논문에 대한 아이디어가 떠오를 때마다 즉시 정리를 해두어야 합니다. 시간이 지나면 잊어버릴 수도 있습니다.

- 표절은 학자에게 치명적인 오명이 됩니다. 한 번 발표된 논문은 평생 가고 언젠가 표절은 밝혀집니다. 표절이 일어나지 않도록 심사숙고해서 논문을 작성해야 합니다.

- 관심 있는 세미나 주제가 있을 경우에는 미리 세미나 주제에 관련된 논문을 읽고 세미나 중에 모르는 부분에 대해서 질문을 하십시오. 가급적 저녁회식에 참여하여 좀 더 자세히 질문을 하십시오. 빠른 시일에 발표 내용이나 참고 논문을 찾아서 읽어 보세요. 짧은 시간에 많은 것을 얻을 수 있습니다. 운이 좋은 경우에는 새로운 연구 주제를 발견할 수도 있습니다.

- 학회 활동에 적극적으로 참여하십시오. 좋은 발표들로 모범 사례들을 만들어 자신의 발표 모델로 삼고 실망스러운 발표들을 들을 때에는 그 이유들을 분석해보고 자신의 발표 때에는 삼가 해 두십시오. 발표 연습을 할 때에는 거울을 보면서 하면 효과가 있습니다. 석사과정 때에는 주로 포스터 발표를 하고 박사과정 때는 구두발표를 하는 것이 좋습니다. 발표준비는 최대한 학회 시작 전에 하고 학회 중에는 다른 연구자들의 관심있는 연구결과 발표를 잘 듣고 자신의 지식을 심화 하십시오. 많은 경우에 있어서 자신의 발표준비를 하느라고 학회 기간 내내 다른 연구자의 발표를 듣지 않는 경우가 종종 있습니다.

- 학문을 하는데 있어서 지도 교수보다 뛰어 나는 것에 대해서 두려워하지 마십시오. 유명한 운동 선수들은 그들의 코치보다 더 뛰어난 기량을 가지고 있습니다. 열심히 학문에 정진하는 것, 그것이 지도교수를 기쁘게 하는 것입니다.

- 학회에 투고한 논문이 게재되지 않더라도 하루 이상 속상해 하지 마십시오. 학회에서 발행되는 정기학술지에의 게재 가능성은 50퍼센트 수준입니다. 까다로운 학술지의 탈락률은 60퍼센트를 넘습니다. 그리고 학계의 초보인 여러분이 중견, 원로 학자들과의 경쟁에서 유리할 리도 없지 않습니까? 아이디어를 짜내어 논문을 작성한 후 발송했더니 투고양식에 맞지 않는다고 퇴짜를 맞거나, 자세히 읽어보지도 않고 게재불가 판정을 한 심사평을 받을 수도 있으며, 최신 문헌과 자료를 사용했는데 이에 대해 문외한인 심사자를 만나 거부될 수도 있습니다. 게재불가를 받은 자신의 논문보다 훨씬 못한 논문들이 게재되는 난감한 경우도 겪을 겁니다. 그럼에도 불구하고 논문을 투고해야 합니다. 하지만 논문 심사자들의 지적사항을 객관적으로 바라보고 논문을 더 완성도가 있는 논문으로 업그레이드 하십시오.

- 논문이 어느 정도 완성이 되면 관련 논문들을 모아서 비교해보고 사용하고 싶은 표현들이 있으면 잘 활용합니다. 다른 논문의 Abstract에 나와 있는 내용과 비교해 보았을 때, 결과의 내용이나 질이 어떤지 검토해보고 논문에 반영합니다. 좀 더 결과를 보강하거나 새로운 내용을 추가 합니다. 그 다음은 Introduction, Results, 그리고 Conclusion 식으로 비교 검토해보고 좀 더 나은 표현이 있으면 활용합니다.

- 참고 문헌들은 분야별로 pdf 파일들을 정리해둡니다. pdf 파일 이름은 가급적 논문 내용을 알 수 있도록 논문제목과 같게 합니다. 어느 정도 참고 논문들이 모이면 주제별로 프린트해서 제본하여 보관하고 필요할 때마다 참고합니다.

2장

기초적인 영어의 사용

논문을 저널에 투고하기 전까지 오타와 문법적 오류를 항상 체크한다. 아무리 좋은 연구결과도 서투른 영어표현과 문법적 오류를 많이 포함하면 게재거절로 될 수 있다는 것을 항상 염두에 두어야 한다. 저널에 따라서는 리뷰 평가표에 Accept, Minor Revision, Major Revision, Reject, Reject due to language problems 의 항목이 있고 그중에 영어표현 문제에 의한 거절 사유가 있으므로 영어과학논문에서 영어표현은 중요하다고 할 수 있다. 구체적인 평가항목이 있기 때문만 아니라 평가항목이 없는 저널도 간접적으로 잘못된 영어표현은 논문 심사자에게 좋은 인상을 줄 수가 없다. 이 장에서는 기본적인 영문법에 대해서는 성문기초영문법과 성문종합영어를 많이 참고 하였다. 좀 더 자세하고 기본적인 영문법에 대해서는 성문영문법을 참고하면 된다. 또한 Trzeciak의 Writing mathematical papers in English: a practical guide를 참조 하였다 [13]
.

제 1 절 관사

관사에는 부정관사와 정관사가 있다.

1.1 부정관사 (a, an)

하나라는 뜻으로 자음으로 발음되는 낱말 앞에 오느냐 모음으로 발음되는 낱말 앞에 오느냐에 따라서 **a**나 **an**을 사용한다. 즉, a와 an은 뒤에 오는 단어의 철자에 따르지 않고 발음에 따라 정해진다.

(1) 철자가 자음으로 시작되지만 모음으로 발음되는 낱말 앞에는 an 을 쓴다.

∘ an MRI scan, an hour, an honest boy, an N, an honor

(2) 철자가 모음으로 시작되지만 자음으로 발음되면 a를 붙인다.

∘ a UV light, a one-dimensional space, a useful tool, a uniform grid, in a unified way, a European option

1.2 정관사 (the)

정관사는 다음과 같은 경우에 주로 사용된다.

(1) 앞에 나온 명사가 뒤의 문장에 다시 나올 때는 정관사 **the**를 사용한다.

∘ **A** three-dimensional computer model has been developed to simulate fluid flow. **The** model is based on the immersed boundary method.

∘ **A** method is proposed for computing material defect and surface properties accurately at the atomic level. **The** method is both simple and accurate and treats both semiconductors and metals.

(2) 수식어구로 한정될 때

∘ We propose a new algorithm. **The** accuracy of the proposed algorithm is demonstrated by test problems.

(3) 서수 앞에

∘ **The** second step then uses the results of **the** first step.

(4) 최상급 앞에

∘ From the linear stability analysis, **the** fastest growing mode is approximately given by $k = 7$.

1.3 관사의 생략

∘ Chapter, section, subsection 제목으로 나오는 처음의 관사를 생략하여 그 나타내고자 하는 문장을 간결하게 표현한다. 또한 그림의 caption 그리고 표에서도 첫 관사를 생략한다.

전치사 with나 of 뒤에 관사를 생략하는 경우

∘ The random variables were generated from a normal distribution **with zero expectation**.

∘ We shall now obtain the equation **of motion** for p.

∘ The velocity **of propagation** is a function of the diameter of the rod.

제 2 절 동사의 단수와 복수

동사는 주어에 따라서 일치하여야 하는데 의미에 의하여 단수와 복수가 결정된다.

(1) The number of 는 단수취급

∘ The number of time steps **is** $N_t = 100$.

(2) A number of 는 복수취급

∘ A number of applications of the method **have** been described in the literature.

(3) flows 가 주어가 아니라 The behavior 가 주어임

∘ The behavior of stratified flows **has** been studied experimentally

(4) 단수

◦ Each of these samples was analyzed five times.

제 3 절 시제의 일치

시제의 일치란 주절의 동사와 종속절의 동사는 시제가 맞아야 한다는 것이다.

(1) 일반적인 시제의 일치

◦ The results demonstrated that the proposed method produced higher quality solutions with faster convergence.

◦ The average life span of bees in our experiment was 8 weeks.

(2) 시제의 일치의 예외로 종속절의 내용이 일반적인 진리일 때

◦ The results demonstrated that the heat transfer performance increases with increasing Reynolds number.

◦ The average life of a honey bee is 6 weeks.

제 4 절 콜론(:)의 사용법

(1) 콜론 뒤에 문장이 아닌 목록으로 시작하면 소문자를 사용한다.

◦ These are my favorite fruits: apples, bananas, and oranges.

(2) 콜론 다음에 두 개 이상의 문장이 나오면 콜론 다음의 단어는 대문자로 시작한다.

◦ The results provide answers to two questions: (i) Are you okay? and (ii) are you really okay?

제 5 절 세미콜론(;)의 사용법

두 개의 관련된 문장을 하나로 묶어준다.

○ This shows that $h = 0.1$; therefore $\epsilon = 0.5$.

제 6 절 콤마(,)

콤마는 만약에 없으면 의미가 모호해 지는 곳에 사용한다.

(1) 나열된 항목이 세 개 이상일때 콤마를 사용하는데 마지막 and 앞에 콤마를 넣기도 하고 생략하기도 한다.

○ The proposed method is accurate, robust, and efficient.
○ The proposed method is accurate, robust and efficient.
나열된 항목이 두 개일때는 콤마를 사용하지 않는다.
○ The proposed method is accurate and efficient.

(2) 주어와 동사가 있지만 독립적인 문장이 되지 못하는 종속절 다음에 사용한다.

○ Although the proposed method is simple, our method outperforms the traditional methods.

(3) 콤마를 넣을수도 있고 안 넣을 수도 있다.

○ We will show, in the next section, how to solve it. We will show in the next section how to solve it.

제 7 절 하이픈(-) 사용법

(1) 명사 앞에서 수식 할 때는 하이픈 사용

◦ The time-step restriction is not based on stability, but accuracy.

◦ It is a well-known result (see [1]) that this scheme is unconditionally stable.

◦ time-dependent flow

◦ time-independent flow

◦ in three-dimensional space

(2) 명사를 뒤에서 수식 할 때는 하이픈 없이 사용

◦ The result is well known.

◦ It is well known that conservative discretizations conserve the conservative quantities.

◦ It is well known that no maximum principle holds for the fourth-order Cahn–Hilliard equation.

◦ It is well known that the Cahn–Hilliard equation is a gradient flow of the Lyapunov energy functional.

(3) 하이픈을 사용해도 되고 사용하지 않아도 되나 논문 전체에 걸쳐 일관성 있게 사용

◦ nontrivial 또는 non-trivial

◦ nonempty 또는 non-empty

◦ nondecreasing 또는 non-decreasing

◦ nonnegative 또는 non-negative

◦ right hand side 또는 right-hand side

◦ second order equation 또는 second-order equation

- a blow-up, a blow up, 또는 a blowup
- the nth element 또는 the n-th element

제 8 절 factor와 order의 차이

몇 배를 나타낼 때, factor와 order를 쓰지만 그 의미에는 차이가 있다. 만약 a factor of two인 경우 두 배 차이가 나지만 two orders of 는 10^2을 의미하므로 100배를 나타내게 된다.

- This reduction accelerates the computations by a factor of two.
- The new device is more than two orders of magnitude faster than previous single-electron devices.

제 9 절 사용하지 말아야 할 표현

영어과학논문에서는 구어체는 사용하지 않는다.

- 단어의 축약: it's, isn't, weren't, can't, don't와 같이 축약된 말은 논문과 같은 공식적인 글에는 적합하지 않다.
- So: 간략하게 연결하는 접속사는 논문에서 전형적으로 피해야 되는 단어입니다. 공식적인 글에서는 "so" 대신에 "hence"나 "therefore"를 쓴다.
- 익숙하지 않은 단어나 어구는 학계에서 자주 사용하는 표현인지 확인하고 용법에 유의하여 사용한다.

제 10 절 기호가 문두에 오는것을 피한다.

- ϵ is a parameter which is related to the interface thickness. 이 문장은 다음과 같이 쓴다. The parameter ϵ is related to the interface thickness.

제 11 절 축약어

e.g. 라티어의 exempli gratia = for instance

*et al.*에서 *et*는 약어가 아니므로 마침표가 없다.

et alii = and others

etc.

et = and, cetera = the rest

그러므로 and etc. 는 중복 기재이다.

i.e.

id est = that is

vs.

versus = against

제 12 절 대문자의 사용

∘ Jacobian matrix나 Euler's method 등과 같이 사람 이름에 유래한 단어는 그 단어의 앞을 대문자로 표시하여야 한다.

제 13 절 지시대명사

앞에 나온 명사의 반복을 피하기 위해 사용된다.

∘ The Cahn–Hilliard equation with a variable mobility is computationally more costly then **that** with a constant mobility.

∘ The Cahn–Hilliard equations with a variable mobility are computationally more costly then **those** with a constant mobility.

∘ Our results are consistent with **those** of Evans et al. [1].

제 14 절 유용한 표현

(1) compare A with B, A를 B와 비교하다.

∘ Simulation results are shown to compare the performance of the proposed algorithm with that of existing algorithms.

(2) A is related to B, A는 B와 관련이 있다.

∘ The curvature of the interface is related to the pressure jump.

(3) We denote A by B. We denote by B A. 우리는 A를 B로 명명한다.

∘ We denote volume by V.
∘ We denote by $S(\mathbf{x}, r)$ the sphere with center $\mathbf{x}$ and radius r.

제 15 절 잘못된 단어순서

흔히 잘못 사용하는 단어순서

∘ Typical chromatographic patterns obtained under **the described above condition** are shown in Fig. 1.

$\Longrightarrow$ Typical chromatographic patterns obtained under **the condition described above** are shown in Fig. 1.

∘ The synchronized state is stable if **the both conditions** (1) and (2) are satisfied.

$\Longrightarrow$ The synchronized state is stable if **both the conditions** (1) and (2) are satisfied.

∘ **The obtained solution** was indeed optimal.

$\Longrightarrow$ **The solution obtained** was indeed optimal.

∘ **The mentioned algorithm** is iterated until a certain criterion is met.

⟹ **The algorithm mentioned** is iterated until a certain criterion is met.

⟹ **The above-mentioned algorithm** is iterated until a certain criterion is met.

제 16 절 잘못 쓰인 단어

∘ **At first**, note that our assumptions imply that $r \geq 1$.

⟹ **First**, note that our assumptions imply that $r \geq 1$.

구체적인 년도가 주어질 때는 과거형을 사용한다.

∘ In 1905, Einstein **has showed** that light is made up of discrete wave packets, which can be seen as analogues of particles.

⟹ In 1905, Einstein **showed** that light is made up of discrete wave packets, which can be seen as analogues of particles.

∘ **At last**, we conclude with a summary of the results and comments on future work.

⟹ **Finally**, we conclude with a summary of the results and comments on future work.

∘ All other parameters are the same as described in **the section 3**.

⟹ All other parameters are the same as described in **Section 3**.

∘ The computational domain is schematically illustrated **on Fig. 1**.

⟹ The computational domain is schematically illustrated **in Fig. 1**.

◦ Equation (1) can be equivalently represented as the following equation by linearization using **the Taylor's formula** around the origin.

$\Longrightarrow$ Equation (1) can be equivalently represented as the following equation by linearization using **Taylor's formula** around the origin.

Equation (1) can be equivalently represented as the following equation by linearization using **the Taylor formula** around the origin.

◦ After one cycle, **as it is shown in Fig. 1**, the dislocation positions are all within one percent of the original positions.

$\Longrightarrow$ After one cycle, **as is shown in Fig. 2**, the dislocation positions are all within one percent of the original positions.

◦ This behavior is **similar as** that of compressible mixing layers.

$\Longrightarrow$ This behavior **is similar to** that of compressible mixing layers.

◦ In an incompressible flow, mass conservation **is equivalent with** conservation of volume.

$\Longrightarrow$ In an incompressible flow, mass conservation **is equivalent to** conservation of volume.

◦ The stochastic volatility **is independent on** the stock price.

$\Longrightarrow$ The stochastic volatility **is independent of** the stock price.

다음과 같이 사용되기도 한다.

◦ **Depending on** the initial conditions, the algorithm may converge rapidly or slowly, or may even diverge.

◦ To ensure **independence from** the initial flow conditions, all results shown below are those obtained at $t = 10000\Delta t$.

제 17 절 Tip

◦ 영어논문을 작성할 때 이미 출판된 다른 논문에 있는 영어 표현이 모두 문법적으로 맞는 문장이 아닐 수 있다는 사실을 염두해 두어야 한다.

3장

논문 주제 정하기 및 논문의 구조

좋은 논문은 연구내용의 독창성(novelty)이 있어야 하며 적절한 영어를 구사하여 내용전달을 잘 해야 한다. 독창성은 연구주제가 새롭고 흥미 있는 것, 학계에서 도전적인 것이거나 최근 이슈를 다루는 것 또는 현재 문제가 되고 있는 주제에 대한 해결안을 제시하는 것 등을 의미한다 [4] .

제 1 절 논문 주제 정하기

- 최근 논문의 결론 부분에 아직까지 안 풀린 문제라고 언급된 주제 또는 미래에 연구할 주제라고 언급한 내용에서 아이디어를 얻는다.
- 기존의 방법론으로 해결하지 못한 문제에 새로운 해결방안이나 기존의 제시된 방법보다 더욱 효율적이며 정확한 방법론을 고려해본다.
- 기존 분석의 한계점을 밝혀내고 그 한계점을 해결할 새로운 방법을 제시한다.
- 논문 주제는 학술대회에서 얻을 수 있다. 다른 연구자들의 학술 논문에서 논문 주제를 얻을 수도 있지만 논문이 출판되기까지는 짧게는 수개월 길게는 몇 년이 소요됨으로 일단 출판된 논문의 연구결과는 수년 전

것이다. 따라서 학술대회에서 발표되는 주제를 통해 최근의 연구동향을 알아볼 수 있고, 특히 발표자에게 질문을 통해 좀 더 자세하게 알 수도 있다.

- 대학원생인 경우 지도교수가 논문 주제를 정해준 경우에는 열심히 지도를 받으며 논문을 작성한다.

- 학과 콜로퀴엄이나 초청 세미나에서 새로운 논문 주제에 대해서 얻을 수 있다.

제 2 절 논문의 전체적 구성

논문의 주제를 정하였다면 이를 어떻게 구성하여 완성할지도 매우 중요한 문제이다. 논문을 작성 할 때는 논문을 읽는 독자를 위하여 쉽고 간결하게 써야 한다. 제시한 실험결과는 독자도 재현할 수 있도록 모든 필요한 데이터를 기술해야하고 인용하는 참고문헌에는 원하는 내용을 얻을 수 있어야 한다. 그렇다고 너무 기초적인 내용을 다 기술할 필요는 없다. 참고로 다음은 응용 수치해석 분야의 논문 구성 예이다.

Title
Abstract
1. Introduction
2. Governing equations
3. Numerical method
4. Numerical results
5. Conclusions
Acknowledgments
Appendix
References

논문을 작성하면서 항상 제목, 서론, 본론, 결과, 고찰, 결론의 내용이 상호 유기적으로 연결이 되도록 수정 보완한다. 다음 장부터는 좀 더 구체적으로 위의 항목에 대하여 이야기하고자 한다.

주요 포인트

○ 논문의 주제를 선택할 때에는 신중해야 한다. 투고 예정인 저널의 급에 맞는 주제인가? 그렇지 않으면 시간을 허비 할 수가 있다.

4장

Title

Title은 논문에서 사람들이 가장 먼저 그리고 많이 읽는 부분으로 독자들에게 이 논문이 얼마나 유용한 지 알려주는 중요한 역할을 한다. 따라서 Title은 가능한 정확하게 그 논문의 내용을 예견하여 설명할 수 있어야 한다 [6]. **Title은 이 논문이 무엇에 관한 것인지 주요 목적이 무엇인지를 알려주는 부분이다.** 독자가 논문 Title 을 보고 본인이 찾고 있는 연구 주제가 논문에 있다는 확신을 주어야 한다. 가능한 최소의 단어 수로 간결하게 논문의 내용을 알 수 있게 해야 하지만 너무 짧아서 내용을 알 수 없게 해서는 안된다. 예를 들어, "Studies on Brucella"와 같이 너무 짧으면 논문 내용이 무엇인지 알기 힘들고 "On the addition to the method of microscopic research by a new way of producing colour-contrast between an object and its background or between definite parts of the object itself"와 같이 너무 길면 오히려 내용을 이해하기가 힘들 수도 있다 [23]. 따라서 좋은 Title이란 가장 적은 단어로 논문의 내용을 적절하게 기술하는 것이다. 논문의 Title은 이처럼 여러 가지를 고려해야 하므로 많은 고민이 필요한 부분이다. 자신의 논문을 위해 적절한 Title을 찾기 위해 많은 예를 살펴보는 것도 좋은 방법이다.

구글 학술 **http://scholar.google.com**에서 논문의 Title에 들어갈 키워드를 선택하여 검색하면 본인의 주제와 비슷한 논문들의 Title이 나오는데 이를 참고해 보자. [그림 4.1]은 Google Scholar을 이용하여 Cahn Hilliard를 검색하면 뜨는 화면이다.

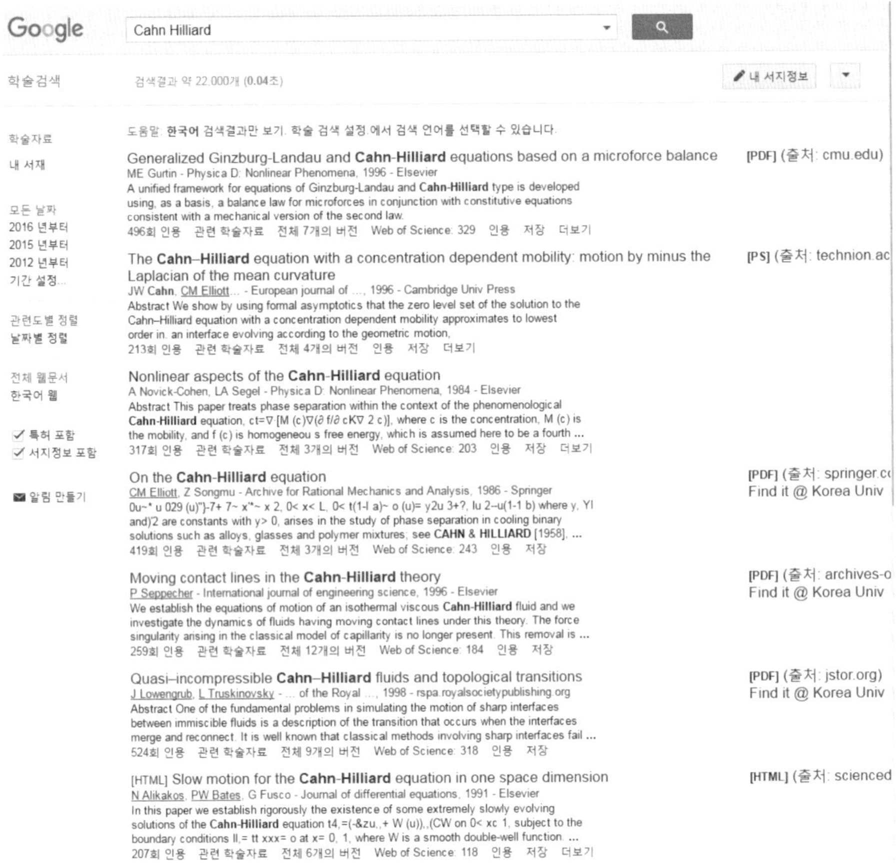

그림 4.1: Google Scholar을 이용하여 Cahn Hilliard를 검색하면 뜨는 화면

제 1 절 Title의 형식

Title에서 대문자 · 소문자의 원칙은 저널에 따라서 다를 수 있으므로 투고하려는 저널의 형식을 준수한다.

- An Unconditionally Gradient Stable Adaptive Mesh Refinement for the Cahn–Hilliard Equation (단어의 첫 글자를 대문자로 하는 경우)
- An unconditionally gradient stable numerical method for solving the Allen–Cahn equation (보통 표현으로 하는 경우)
- NUMERICAL METHODS FOR FOURTH ORDER NONLINEAR DEGENERATE DIFFUSION PROBLEMS (모든 단어를 대문자로 하는 경우)

제 2 절 Subtitle이 있는 경우

필요하다면 다음과 같이 Subtitle을 사용해도 좋다 (:, 콜론사용).

- Finite element methods for Navier–Stokes equations: theory and algorithms
- ON ERROR ESTIMATES OF PROJECTION METHODS FOR NAVIER–STOKES EQUATIONS: FIRST-ORDER SCHEMES

제 3 절 Running title

학술지의 논문의 홀수나 짝수 페이지에 맨 위에 짧은 'Running title'을 붙여 논문의 특성을 나타내고 있다. 논문의 Title을 더 압축해서 글자 수와 스페이스를 합해서 보통은 50–60의 분량으로 작성하지만 투고하려는 학술지의 규정을 확인하고 준수한다 [14] .

제 4 절 형용사의 어순

논문 작성 시 형용사가 여러 개 올 경우 다음과 같은 순서로 위치시킨다.

지시 → 수량 → 대소 → 성상 → 신구 → 재료

- 지시형용사 : a, an, the, this, that, these, those, some, any, 소유격 등
- 수량형용사 : on, two, three, ten, hundred, million 등
- 대소형용사 : many, much, little, tall, small, low, high 등
- 성상형용사 : pretty, hard, smooth, strong, weak 등
- 신구형용사 : new, old 등
- 재료형용사 : wooden, golden, 국가명 형용사(Korean, Chinese 등) 등

∘ Look at those two large old stone buildings.

∘ Two new algorithms for minimal cost flow problems.

제 5 절 Title 작성시 유의사항

- 가급적 논문의 Title에 약어 그리고 수학적인 기호나 수식은 사용하지 않는 것이 좋다.

- 연구자 이름이 포함된 모델, 방정식이나 방법에는 the를 붙여 표현한다.
(예) the Chan–Vese model, the Cahn–Hilliard model

- New는 사용하지 않는 것이 좋다. 왜냐하면 10년, 20년이 지나도 논문 제목이 new가 되지만 내용은 더 이상 new가 아닐 수도 있기 때문이다.

- 가능하면 "A study of ... "처럼 불필요한 단어들로 시작하는 title은 지양하자.

제 6 절 Title의 예

다음은 논문의 Title로 사용된 몇 가지 예이다.

- A second-order projection method for the incompressible Navier–Stokes equations
- On the interior regularity of weak solutions of the Navier–Stokes equations
- On the convergence of discrete approximations to the Navier–Stokes equations
- On the time-dependent solution of the incompressible Navier–Stokes equations in two and three dimensions
- A multiphase level set framework for image segmentation using the Mumford and Shah model
- A front-tracking method for the computations of multiphase flow

비교 논문의 Title

◦ A comparison study of the conservative Allen–Cahn and Cahn–Hilliard equations.

논문의 제목은 논문을 저널에 제출하기 전까지 논문 내용을 가장 잘 나타내는 것으로 정한다. 논문을 다 작성한 후, 마지막으로 다시 한 번 Title이 이 논문이 무엇에 관한 것인지, 정확하게 나타내고 있는지를 검토하고 필요하면 더 적합한 Title로 수정한다.

제 7 절 저자 이름 및 소속 표기

7.1 저자 이름 표기하기

저자의 영문이름 표기는 일관성 있게 모든 투고하는 논문에 똑같이 적용하는 게 좋다. MathSciNet과 같은 검색엔진(http://www.ams.org/mathscinet)에서 저자명으로 검색할 때 저자명 표기법이 다르면 모든 논문이 리스트에 나오지 않게 되는 경우가 있기 때문이다.

7.2 공동연구의 경우 저자명 순서

우선 저널의 규정을 따른다. 알파벳순으로 하는 경우에는 저자들의 last name 순으로 정하면 된다. 그렇지 않을 경우 교신저자 또는 책임저자와 상의해서 결정한다.

7.3 소속 표기

소속 표기는 투고할 저널의 형식을 따른다. 예를들어,

Department of Mathematics, Korea University, Seoul 136-713, Republic of Korea

5장

Abstract

Abstract은 논문 내용의 중요한 사항을 간결하고 정확하게 포괄적으로 요약해 놓은 부분이다. 그러므로 "초록은 연구결과에 대한 주요 내용을 다 포함하여 비록 독자들이 본문을 읽지 않더라도 그 자체만으로도 충분하게 당신의 주요 연구결과에 대해 이해할 수 있도록 해주어야 한다"[6] . 잘 쓰인 Abstract은 독자들에게 논문의 기본적인 내용을 빠르고 정확하게 인식을 할 수 있게 하고 독자들의 관심사와 연관이 있는지, 독자들이 논문의 전체를 상세히 읽을 필요가 있는지를 결정할 수 있게 한다. 그러한 이유로 **Abstract은 논문의 처음임에도 불구하고 대부분의 저자들은 제일 마지막에 본문의 내용을 반영하여 다시 쓴다.** 이때에는 논문에서 다루고 있는 전체적인 내용을 명확하게 보여주도록 설계되어야 한다. Abstract는 논문을 투고하고자 하는 저널에서 정한 길이를 초과해서는 안 된다. 일반적인 길이는 150 ~ 250 단어이다. 단어수를 확인하는 방법은 15장의 2.2절을 참조하면 된다. Abstract는 논문에서 기술되지 않은 내용을 수록해서는 안된다. 따라서 Abstract 한 문장 한 문장을 자세하게 읽으며 본문에 내용이 부합되게 기술되어 있는지 확인한다.

제 1 절 Abstract에 포함되야하는 내용

The abstract should state briefly the purpose of the research, the principal results and major conclusions. Abstract에는 간결하고 정확하게 다음과 같은 내용이 있어야 한다.

(1) 이 연구의 주된 목적과 연구 범위 기술
(2) 연구의 목적을 위해 선택한 방법론 설명
(3) 연구의 주요결과를 간결하게 기술 및 결론을 요약

논문 작성을 마무리하고 다시 한 번 Abstract을 확인한다. 이때에는 같은 종류의 연구 주제에 관한 논문들을 Google Scholar(http://scholar.google.com)를 이용하여 10여 편을 찾은 후 각 논문의 Abstract 페이지만 프린트하여 본인이 원하는 영어 표현이 있는지 살펴보고 참고하여 Abstract을 수정 보완한다. 저널에 투고한 논문의 동료심사 (peer review)가 Abstract 만을 읽고서도 결정될 수 있다. 따라서 매우 신중하게 작성하도록 한다. 다음의 예는 출판된 논문의 Abstract 이다.

Title A second-order projection method for the incompressible Navier–Stokes equations [16]

Abstract In this paper we describe a second-order projection method for the time-dependent, incompressible Navier–Stokes equations. As in the original projection method developed by Chorin, we first solve diffusion-convection equations to predict intermediate velocities which are then projected onto the space of divergence-free vector fields. By introducing more coupling between the diffusion-convection step and the projection step we obtain a temporal discretization that is second-order accurate. Our treatment of the diffusion-convection step uses a specialized higher order Godunov method for differencing the nonlinear convective terms that provides a robust treatment of these terms at high Reynolds number. The Godunov procedure is second-order accurate for smooth flow and remains stable for discontinuous initial data, even in the zero-viscosity limit. We approximate the projection directly using a Galerkin procedure that uses a local basis for discretely divergence-free vector fields. Numerical results are presented validating the convergence properties of the method. We also apply the method to doubly periodic shear-layers to assess the performance of the method on more difficult applications.

(1) 이 연구의 주된 목적과 연구 범위 기술

In this paper we describe a second-order projection method for the time-dependent, incompressible Navier–Stokes equations.

(2) 연구의 목적을 이루기 위해 선택한 방법론 설명

As in the original projection method developed by Chorin, we first solve diffusion-convection equations to predict intermediate velocities which are then projected onto the space of divergence-free vector fields. By introducing more coupling between the diffusion-convection step and the projection step we obtain a temporal discretization that is second-order accurate. Our treatment of the diffusion-convection step uses a specialized higher order Godunov method for differencing the nonlinear convective terms that provides a robust treatment of these terms at high Reynolds number. The Godunov procedure is second-order accurate for smooth flow and remains stable for discontinuous initial data, even in the zero-viscosity limit. We approximate the projection directly using a Galerkin procedure that uses a local basis for discretely divergence-free vector fields.

(3) 연구의 결과 및 결론

Numerical results are presented validating the convergence properties of the method. We also apply the method to doubly periodic shear-layers to assess the performance of the method on more difficult applications.

Title Application of a fractional-step method to incompressible Navier–Stokes equations [26]

Abstract A numerical method for computing three-dimensional, time-dependent incompressible flows is presented. The method is based on a fractional-step, or time-splitting, scheme in conjunction with the approximate-factorization technique. It is shown that the use of velocity boundary conditions for the intermediate velocity field can lead to inconsistent numerical solutions. Appropriate boundary conditions for the intermediate velocity field are derived and tested. Numerical solutions for flows inside a driven cavity and over a backward-facing step are presented and compared with experimental data and other numerical results.

(1) 이 연구의 주된 목적과 연구 범위 기술

A numerical method for computing three-dimensional, time-dependent incompressible flows is presented.

(2) 연구의 목적을 이루기 위해 선택한 방법론 설명

The method is based on a fractional-step, or time-splitting, scheme in conjunction with the approximate-factorization technique. It is shown that the use of velocity boundary conditions for the intermediate velocity field can lead to inconsistent numerical solutions. Appropriate boundary conditions for the intermediate velocity field are derived and tested.

(3) 연구의 결과 및 결론

Numerical solutions for flows inside a driven cavity and over a backward-facing step are presented and compared with experimental data and other numerical results.

Title Numerical simulations of phase separation dynamics in a water-oil-surfactant system [28]

Abstract We have studied numerically the dynamics of the microphase separation of a water-oil-surfactant system. We developed an efficient and accurate numerical method for solving the two-dimensional time-dependent Ginzburg–Landau model with two order parameters. The numerical method is based on a conservative, second-order accurate, and implicit finite-difference scheme. The nonlinear discrete equations were solved by using a nonlinear multigrid method. There is, at most, a first-order time step constraint for stability. We demonstrated numerically the convergence of our scheme and presented simulations of phase separation to show the efficiency and accuracy of the new algorithm.

(1) 이 연구의 주된 목적과 연구 범위 기술

We have studied numerically the dynamics of the microphase separation of a water-oil-surfactant system.

(2) 연구의 목적을 이루기 위해 선택한 방법론 설명

We developed an efficient and accurate numerical method for solving the two-dimensional time-dependent Ginzburg-Landau model with two order parameters. The numerical method is based on a conservative, second-order accurate, and implicit finite-difference scheme.

(3) 연구의 결과 및 결론

We demonstrated numerically the convergence of our scheme and presented simulations of phase separation to show the efficiency and accuracy of the new algorithm.

다음은 Abstract을 쓸 때 유용하게 사용될 수 있는 표현들이다.

이 연구의 주된 목적과 연구 범위 기술

- In this paper, we present a new phase-field model including combined effects of edge diffusion, the Ehrlich–Schowoebel barrier, deposition and desorption to simulate epitaxial growth.
- We present efficient and robust multigrid methods for the solution of large, nonlinear, non-smooth systems as resulting from implicit time discretization of vector-valued Allen–Cahn equations with isotropic interfacial energy and logarithmic potential.
- We present a numerical model for solving the Cahn–Hilliard equation.
- We present a new phase-field model for three-component immiscible liquid flows with surface tension.
- We present efficient, second-order accurate and adaptive finite-difference methods to solve the regularized, strongly anisotropic Cahn–Hilliard equation in 2D and 3D.
- This paper presents a numerical method for the axially symmetrical problem.

- A computationally efficient numerical scheme is presented for the phase-field model of two-phase systems for anisotropic interfacial energy.

- We present a new phase-field method for modeling surface tension effects on multi-component immiscible fluid flows.

- We consider a second-order conservative nonlinear numerical scheme for the $N-$component Cahn–Hilliard system modeling the phase separation of a N-component mixture.

- We consider an unconditionally gradient stable scheme for solving the Allen–Cahn equation representing a model for anti-phase domain coarsening in a binary mixture.

- A diffuse-interface model is considered for solving axisymmetric immiscible two-phase flow with surface tension.

- An adaptive finite difference method is developed for a class of fully nonlinear time-dependent thin liquid film equations.

- The method is second-order accurate in both space and time.

- The efficiency of the method is demonstrated by applying it for a variety of selected equations.

- We demonstrate performance of the proposed image segmentation algorithm on several synthetic and real images to confirm the efficiency and stability of the proposed method.

- The shape of the liquid in this situation has been investigated by both experiment and computer simulation.

- It is shown that both models generate microstructures which are qualitatively similar to those observed experimentally.
- The method suffers from slow convergence when classical iteration methods such as Gauss–Seidel or SOR are employed. In order to alleviate this problem we propose several multigrid techniques that exhibit grid-independent convergence and solve the biharmonic equation in a small amount of computer time.
- A study is made using numerical experiments to see the effect of the parameters in the explicit Euler-discretized form of a one-dimensional, nonlinear, reaction-diffusion equation.

논문에 MATLAB 코드를 함께 실어놓는 경우, abstract에 다음과 같은 표현을 이용하여 기술할 수 있다.

- The paper is meant to be a practical guide towards solving such problems adaptively and contains an example of a MALTAB code for resolving the singular behaviour of the semi-linear heat equation.

이전의 연구결과를 확장하여 결과를 얻은 논문에 대해서 기술할때

- In this paper we extend our earlier work on the efficient implementation of ENO (essentially non-oscillatory) shock-capturing schemes.
- The simple model developed by Li and Jang (J. A., journal reference style을 따른다) for the deformation of a single ellipsoidal drop in

a viscous flow is extended here to predict the drop deformation in confined viscous flows.

- The present study extends the previous two-dimensional research (Li et al., Volume preserving immersed boundary methods for two-phase fluid flows, Int. J. Numer. Meth. Fluids 69 (2012) 842–858) to the three-dimensional space.
- This paper extends results described in .... ().
- These works are extensions of our earlier work [Zhao et al., Fourth order compact schemes of a heat conduction problem with Neumann boundary conditions, Numerical Methods Partial Differential Equations, to appear] for the one-dimensional case.
- We extend our recent phase-field [1] approach to 3D vesicle dynamics.

The numerical results are first compared with the predictions of the model by Li and Jang (J. A., journal reference style을 따른다) for bulk flow.

The scheme is simple to implement, can be added to any PIDE solver based on the IMEX Euler scheme, and is remarkably fast and accurate.

The numerical results are also compared with the theory of Li and Jang (J. A., journal reference style을 따른다) which includes the influence of wall effects on deformation.

연구의 결과 및 결론

- Numerical solutions for flows over a backward-facing step are presented and compared with experimental data and other numerical results.

- Numerical experiments indicate that the convergence speed as well is independent of temperature.
- The numerical results show excellent agreement with analytical solutions.
- The results agree well with the linear stability theory.
- We give computational results for the four component fluid flows to illustrate the properties of the method.
- Our simulation results are consistent with previous theories and experimental observations.
- We present numerical experiments demonstrating that our proposed formulation produces co-continuous morphologies in complex domains.
- Numerical simulations confirm the theoretical results.

제 2 절 수치해석 논문의 경우 Abstract 작성법

수치해석 논문은 보통 새로운 모델과 수치기법을 제안한다. 이때 논문에 새로운 모델의 특징이 무엇이며, 새로운 수치기법의 특징은 어떤 것들이 있는지를 기술하는 것이 처음 이 논문을 접하는 독자들에게 흥미를 유발할 것이다. 다음은 몇 가지 예이다.

- We present efficient and robust multigrid methods for the solution of large, nonlinear, non-smooth systems as resulting from implicit time discretization of vector-valued Allen–Cahn equations with isotropic interfacial energy and logarithmic potential.

1. Mathematical model (새로운 모델의 특징은 무엇인가?)
2. Numerical method (새로운 수치기법의 특징은 무엇인가?)
3. Numerical tests

제 3 절 Abstract에서 동사의 시제

Abstract에서 동사의 시제는 다양하게 사용된다.

- 현재 시제를 사용한 Abstract [26]

  A numerical method for computing three-dimensional, time-dependent incompressible flows **is** presented. The method **is** based on a fractional-step, or time-splitting, scheme in conjunction with the approximate-factorization technique. It **is** shown that the use of velocity boundary conditions for the intermediate velocity field **can** lead to inconsistent numerical solutions. Appropriate boundary conditions for the intermediate velocity field **are** derived and tested. Numerical solutions for flows inside a driven cavity and over a backward-facing step **are** presented and compared with experimental data and other numerical results.

- 현재 시제와 현재 완료 시제를 사용한 Abstract [17]

  This paper **considers** the accuracy of projection method approximations to the initial-boundary-value problem for the incompressible Navier–Stokes equations. The issue of how to correctly specify numerical boundary conditions for these methods **has been** outstanding since the birth of the second-order methodology a decade and a half ago. It **has been observed** that while the velocity **can** be reliably computed to second-order accuracy in time and space, the pressure **is** typically only first-order accurate in the L_∞-norm. This paper **identifies** the source of this problem in the interplay of the global pressure-update formula with the numerical boundary conditions and **presents** an improved projection algorithm which **is** fully second-order accurate, as demonstrated by a normal mode analysis and numerical experiments. In addition, a numerical method based on a gauge variable formulation of the incompressible Navier–Stokes equations, which **provides** another option for obtaining fully second-order convergence in both velocity and pressure, **is** discussed. The connection between the boundary conditions for projection methods and the gauge method **is** explained in detail.

제 4 절 Abstract에서 가급적 피해야 할 표현

Abstract에서는 불필요하거나 상투적인 표현 (In this paper, This paper)은 가급적 자제한다. 익숙하지 않은 용어나 약어는 사용하지 않는다. 테이블, 그림, 그리고 방정식을 사용하지 않는다. Abstract에서는 가능한 한 표나 그림을 포함하거나 가리키면 안 되고 다른 논문을 인용하지 말아야 한다. 많은 학술지들은 학술지를 구입해야 본문 내용을 열람할 수 있는데 본문에 참고문헌이 나열되어져 있어서 Abstract에 참고문헌 번호가 있으면 학술지를 구매하지 않은 독자는 참고문헌을 확인할 수가 없기 때문이다. Any references cited in the abstract must be given in full. 부득이 사용해야 하는 경우에는 다음과 같은 방법으로 인용하도록 한다.

좋지 않은 예)
We develop a conservative, second-order accurate fully implicit discretization of the Navier-Stokes (NS) and Cahn–Hilliard (CH) system that has an associated discrete energy functional. This system provides a diffuse-interface description of binary fluid flows with compressible or incompressible flow components [3]. In this work, we focus on the case of flows containing two immiscible, incompressible and density-matched

components.

좋은 예)

We develop a conservative, second-order accurate fully implicit discretization of the Navier-Stokes (NS) and Cahn–Hilliard (CH) system that has an associated discrete energy functional. This system provides a diffuse-interface description of binary fluid flows with compressible or incompressible flow components [R. Soc. Lond. Proc. Ser. A Math. Phys. Eng. Sci. 454 (1998) 2617]. In this work, we focus on the case of flows containing two immiscible, incompressible and density-matched components.

제 5 절 Review 논문의 Abstract

- Phase-field models for microstructure evolution [20] .

The phase-field method has recently emerged as a powerful computational approach to modeling and predicting mesoscale morphological and microstructure evolution in materials. It describes a microstructure using a set of conserved and nonconserved field variables that are continuous across the interfacial regions. The temporal and spatial evolution of the field variables is governed by the Cahn–Hilliard nonlinear diffusion equation and the Allen–Cahn relaxation equation. With the fundamental thermodynamic and kinetic information as the input, the phase-field method is able to predict the evolution of arbitrary morphologies and complex microstructures without explicitly tracking the positions of interfaces. **This paper briefly reviews the recent advances in developing phase-field models for various materials processes including solidification, solid-state structural phase transformations, grain growth and coarsening, domain evolution in thin films, pattern formation on surfaces, dislocation microstructures, crack propagation, and electromigration.**

제 6 절 비교 논문의 Abstract

- We compare four surface motion laws for sharp surfaces with their diffuse interface counterparts by means of gradient flows on corresponding energy functionals.

• Comparison between advected-field and level-set methods in the study of vesicle dynamics [22]

Phospholipidic membranes and vesicles constitute a basic element in real biological functions. Vesicles are viewed as a model system to mimic basic viscoelastic behaviors of some cells, like red blood cells. Phase field and level-set models are powerful tools to tackle dynamics of membranes and their coupling to the flow. These two methods are somewhat similar, but to date no bridge between them has been made. This is a first focus of this paper. Furthermore, a constitutive viscoelastic law is derived for the composite fluid: the ambient fluid and the membranes. We present two different approaches to deal with the membrane local incompressibility, and point out differences. Some numerical results following from the level-set approach are presented.

• Comparison of finite-volume numerical methods with staggered and collocated grids [32]

The paper presents a detailed comparison of two finite-volume solution methods for two-dimensional incompressible fluid flows, one with staggered and the other with colocated numerical grids. The staggered method is well-known and well-established, and it is used here as a standard against which the relatively new colocated approach is compared. Three test cases were considered, employing orthogonal rectilinear grids: lid driven cavity flow, backward facing step flow and flow through a pipe with sudden contraction. The results of the computations demonstrate that the convergence rate, dependency on under-relaxation parameters, computational effort and accuracy are almost identical for both solution methods. The colocated method converges faster in some cases, and has advantages when extensions such as multigrid techniques and non-orthogonal grids are considered.

• **Comparison of sequence accelerators for the Gaver method of numerical Laplace Transform Inversion** [39]

The sequence of Gaver functionals is useful in the numerical inversion of Laplace transforms. The convergence behavior of the sequence is logarithmic, therefore, an acceleration scheme is required. The accepted procedure utilizes Salzer summation, because in many cases the Gaver functionals have the asymptotic behavior $f_n(t) - f_{n-1}(t) \sim An^2$ as $n \to \infty$ for fixed t. It seems that no other acceleration schemes have been investigated in this area. Surely, the popular nonlinear methods should be more effective. However, to our surprise, only one nonlinear method was superior to Salzer summation, namely the Wynn rho algorithm.

• **Comparison study for Level set and Direct Lagrangian methods for computing Willmore flow of closed planar curves** [19]

The main goal of this paper is to present results of comparison study for the level set and direct Lagrangian methods for computing evolution of the Willmore flow of embedded planar curves. To perform such a study we construct new numerical approximation schemes for both Lagrangian as well as level set methods based on semi-implicit in time and finite/complementary volume in space discretizations. The Lagrangian scheme is stabilized in tangential direction by the asymptotically uniform grid point redistribution. Both methods are experimentally second order accurate. Moreover, we show precise coincidence of both approaches in case of various elastic curve evolutions provided that solving the linear systems in semi-implicit level set method is done in a precise way, redistancing is performed occasionally and the influence of boundary conditions on the level set function is eliminated.

• **Phase-Field Versus Level Set Method for 2D Dendritic Growth** [33]

The goal of the paper is to review and compare two of the most popular methods for modeling the dendritic solidification in 2D, that tracks the interface between phases implicitly, e.g. the phase-field method and the level set method. We apply these methods to simulate the dendritic crystallization of a pure melt. Numerical experiments for different anisotropic strengths are presented. The two methods compare favorably and the obtained tip velocities and tip shapes are in good agreement with the microscopic solvability theory.

• **Comparing numerical methods for response of beams with moving mass** [18]

In this paper, we applied two methods to solve a class of linear differential equation with initial conditions using Adomian's decomposition and homotopy perturbation methods. We present analytical and numerical methods that can be used to determine the dynamic behavior of beams, with different boundary conditions, carrying a moving mass.

• **A comparison of numerical models for one-dimensional Stefan problems** [24]

In this paper, we present a critical comparison of the suitability of several numerical methods, level set, moving grid and phase field model, to address two well-known Stefan problems in phase transformation studies: melting of a pure phase and diffusional solid-state phase transformations in a binary system. Similarity solutions are applied to verify the numerical results. The comparison shows that the type of phase transformation considered determines the convenience of the numerical techniques. Finally, it is shown both numerically and analytically that the solid-solid phase transformation is a limiting case of the solid and liquid transformation.

• **Mumford-Shah based registration: a comparison of a level set and a phase field approach** [21]

Traditionally, different image processing tasks are mainly considered on their own. The main aim of this paper is a combination of registration, i.e., the spatial alignment of images and segmentation, i.e., the recognition of edges and object contours in images. A proper registration depends on a good initial segmentation and vice versa. In this paper, it is proposed to link these problems together by formulating a coupled variational problem. We will focus on an edge-based approach instead of considering image intensities and propose a variational formulation based on the Mumford and Shah free discontinuity problem. This paper is particularly devoted to a comparison of a sharp interface approach with the phase field analogue.

Abstract 작성에 대해서 좀 더 자세한 사항은 참고문헌 [6] 을 참고하기 바란다.

제 7 절 Tip

논문을 작성할때 원하는 표현을 다른 논문에서 빌려 사용했으나 나중에 다시 다르게 표현 하고 싶은 경우가 있다. 이때는 우선 color로 표시를 해두면 논문 작성 중에 잘 알아볼 수 있어서 좋다. Latex 환경에서 color로 표현하는 방법은 제 14장 2.21를 참조하기바란다.

제 8 절 Keywords

논문의 주제와 주된 아이디어를 반영하는 단어들을 나열한다. 독자의 문헌검색에서 본인의 논문이 관련논문으로 검색이 될 수 있도록 keywords 선택에 신중을 기한다. 또한 keywords의 마지막 단어에는 마침표를 하지 않는다.

저널에 따라서 keywords 사이를 세미콜론으로 구분할 수도 있고 콤마로 구분할 수도 있다.

- Image segmentation; Mumford–Shah functional; Chan–Vese model; Allen–Cahn equation; phase-field method; gradient descent method

- Image segmentation, Mumford–Shah functional, Chan–Vese model, Allen–Cahn equation, phase-field method, gradient descent method

제 9 절 Subject classifications

전자 검색을 하는 독자들에게 유용한 부분이다. 따라서 적절하게 논문의 주제와 잘 상응된 분야를 넣어야 한다.

제 10 절 Abstract 에서의 check list

단어수 제한이 있는지 확인한다. 예를들어, Abstract should not exceed 200 words. 단어수 확인법은 2.2 참조.

6장

Introduction

Introduction에서는 연구의 목적을 기술하고 적당한 연구 배경을 제공한다. 너무 장황한 문헌 조사나 결과의 요약은 지양한다. Introduction은 이전에 출간된 논문의 결과들을 기술하고 이 연구의 과학적 중요성이 무엇인지 설명하도록 한다. 연구의 문제를 제시하고, 연구목적 및 연구접근 방향을 제시한다. 또한 이 주제에 저자의 기여(contribution)가 강조되도록 하자. Introduction의 적당한 길이는 1–2페이지이다. 보통 논문의 주제가 되는 방정식이나 모델에 대하여 간단한 리뷰를 기술한다. 최초로 도입한 논문이나 주제에 중요한 논문 등을 인용한다.

제 1 절 Introduction에 포함되어야 하는 내용

Introduction에서는 다음과 같은 내용이 들어가야 한다.

1. 연구 주제의 중요성
2. 기존 연구방법과 한계점
3. 본 연구 결과의 중요성
4. 본문 내용 요약

연구의 주제를 언급하되, 지금까지 연구된 그 방면의 연구범위, 종류를 명확하게 기술한다. 연구의 관심사는 무엇이며 다른 연구자들이 무엇을 찾았는가를 기술한다. 이것은 문헌조사를 통하여 독자에게 올바른 연구 방향과 범위를 제시하고자 함이다. 현재 연구가 이전의 연구와 어떤 관련이 있는가를 밝힌다. 특히 본인 연구가 이전의 연구보다 월등히 좋다는 것을 강조한다. 종래 연구의 결과를 간결하게 언급한다. 연구의 목적은 무엇이며 어떤 가설이 설정되는가를 나타낸다. 이때 시도하고자 하는 연구의 창의성, 목적, 필요성을 고려한다.

◦ 약어는 처음 사용한 곳에서 정의하고 Abstract에서 정의를 했어도 본문에서 다시 정의를 한다.

◦ 방정식이 응용되는 예를 나열한다. 이때에는 그 분야에 관련된 논문들을 인용하도록 한다.

Introduction에서 주로 처음 시작하는 표현 In this paper,

- The impact of a droplet has been studied extensively in the literature from theoretical, computational, and experimental points of view.
- An investigation is made on the effect of the parameters in the explicit Euler-discretized form of a nonlinear reaction-diffusion equation.
- Among the many numerical methods that simulate multiphase fluid flows, the phase-field model has attracted the most popular attention.
- Soluble iron plays a central role in processes.
- Both the solubility and the bioavailability of Fe vary according to differences.
- Unlike batteries, however, fuel cells need to be immersed in a constant supply of fuel.

- The technique has limitations, however.
- Two competing models exist in the literature [1,2,3].
- The migration rate increases with mass-ratio q and decreases with distance Δ.
- The AC equation and its various modified equations have been applied to a wide range of problems such as phase transitions [1], image analysis (gray and colour image segmentation, image inpainting) [2], the motion by mean curvature [3], two-phase fluid flows such as the retraction, pinch-off of a liquid filament, and the formation of drops [4], and crystal growth [5].
- Practical examples include manufacturing processes such as the production of videotapes, photographic films, and microchips [3].
- Recently, there has been growing interest in ...
- Many problems arising in control engineering can be easily solved if the system under consideration is described by a proper model.
- One of the important problems is the design of transmission codes.
- The application of numerical solutions is the only way to resolve this problem.
- A different computational approach which models the mask as a pixelated binary image can be found in Ref. [1].

This paper is concerned with an improvement in a method that was first introduced by Peskin for the study of flow patterns around heart valves [1–3]. This IBM has since been applied to a variety of problems in two and three space dimensions, including blood flow [1], wave propagation [2], and aggregation [3].

- There are few attempts, to our knowledge, to use non-reflecting type boundary conditions for the Navier–Stokes equations.
- Although considerable research has been devoted to ..., rather less attention has been paid to ...
- Little mathematical investigation has been carried out for any of the sharp interface models except motion by mean curvature.
- Most of the existing phase-field simulations employed the explicit forward Euler method in time and finite difference in space.

- Only few researchers have addressed this problem and they have done this using 2D imagery.
- The Allen–Cahn (AC) equation was originally introduced as a phenomenological model for antiphase domain coarsening in a binary alloy [1].
- In this paper, we consider an efficient and accurate finite difference multigrid approximation of the Cahn–Hilliard (CH) equation with a variable mobility.
- Chan and Vese proposed the Chan–Vese model.
- The main challenge is that neither the connection between the data points nor the topology of the final shape is known a priori.
- We will discuss this problem **in detail**.
- It should be emphasized that while the methods will allow one to take arbitrarily large time steps and not become unstable, the accuracy of the

numerical solution will depend on choosing a small enough time step to resolve the dynamics.

- **It should be pointed out that** if the function is independent of t, then the function can be written in the form $f(x,t) = g(x)$.
- **It should be noted that** if the function is independent of t, then the function can be written in the form $f(x,t) = g(x)$.
- **It should be remarked that** if the function is independent of t, then the function can be written in the form $f(x,t) = g(x)$.

시제일치에 대한 예외 - 주절의 시제가 과거라도 종속절이 일반적 진리를 나타낼 때에는 현재 시제를 사용한다.

- They pointed out that the energy functional of the Chan–Vese method has no minimizer.

다음은 [30] 과 [15] 에서 발췌한 것으로 여러 경우를 한 문장에 쓸 때 사용한다.

- However, these sharp interface models suffer from several drawbacks: (i) dynamic interfacial tension relies on an asserted equilibrium equation of state, which is also assumed to be valid beyond the equilibrium state; (ii) for interfacial flows with soluble surfactants, mass transfer between the interface and the bulk fluids requires an external boundary condition, which cannot uniquely arise from the model itself; (iii) model extension for more complicated systems, such as ionic surfactant solutions, is not easy [1]; (iv) numerical stability becomes a problem for the flows with large topological changes, such as droplet breakup and coalescence.

- The differences between the proposed model and most prior models are that (1) the present model allows for combinations of both destinations and purposes, whereas previous models only allow for one of these factors; (2) the present model is easier to estimate and interpret because it is formulated in terms of a nested logit structure that fits in the random utility framework, which allows for measurement error and unobserved attribute effects; (3) this framework enables us to make more direct utility models of SP-SS shopping behavior; and (4) the random utility framework enables rescaling of the conjoint model estimates to the revealed choice data, which increases the external validity of the model.

These models have been proposed to explain how the MA signals the cortex to position the cleavage furrow. The first model is A. The second model is B. The third model is C.

1.1 논문의 주요 목적 표현하기

- The main purpose of this paper is to present an efficient diffuse-interface phase-field model for elastically inhomogeneous systems.

- However, none of the diffuse-interface or phase-field approximations model the Ehrlich–Schowoebel barrier. It is the purpose of this paper to introduce a diffuse-interface approximation that reproduces the Ehrlich–Schowoebel barrier.

- The main purpose of this article is to introduce a new surface tension force formulation in diffuse-interface models. The novel feature of this new formulation is that it permits the explicit calculation of pressure field from the governing equations.

- The objective of this paper is to describe the extension of our single grid algorithm for the thin film equations [4] to an adaptive mesh refinement algorithm so that we can simulate realistic physical phenomena.

- The objective of this paper is to propose a hybrid scheme for the multi-component CH equation which is an extension of the previous work [1].
- The aim of the present paper is to give ...
- The main purpose of the present paper is to give
- It is the aim of this paper to investigate the role of curvature and viscosity.
- In this paper,
- In this study,
- In this article,
- However, we point out that our results can be extended to the more general case.
- In this paper, we will focus on the isotropic regularization. However, the proposed method can be easily extended to other cases as well.
- The CH equation with a constant mobility has been intensively studied with numerical methods (e.g., [1,2,3], and the references therein). However, only a few authors (e.g., [4,5]) studied the CH equation with concentration dependent mobility numerically, although it appeared in the original derivation of the equation, see [6].

1.2 본인의 연구가 분야에서 최초의 시도임을 밝히는 표현

- To the authors' knowledge this is the first time when neural networks are being applied to resource discovery problem.

- To the authors' knowledge, there has been no trial to check the accuracy of the SDS model.
- To the author's knowledge, the present study is the first attempt to use the IBM method.
- To our knowledge,

제 2 절 참고문헌 인용하기

2.1 왜 인용 출처를 밝혀야 하는가?

자료의 출처를 밝히는 이유는 다음과 같다. 인용 출처를 통해 다른 연구자의 공로를 인정한다. 인용한 사실의 정확성을 독자에게 알린다. 배경이 된 연구 과거 논문들을 독자에게 알린다. 그리고 연구를 계승하거나 심화하려는 독자에게 도움을 준다 [5] .

2.2 참고문헌 저자 표기

논문의 본문에서 참고문헌의 저자를 표기할 때는 저자가 한 명 또는 두 명인 경우 (and를 사용) 모든 저자의 이름을 쓰지만 세 명 이상인 경우 제1저자의 성만 쓰고 et al.을 사용하여 나타낸다.

- Some approaches are presented by Yamada [3], Abate and Whitt [1], and Ata et al. [2].
- As was shown by Fife [1], the Allen–Cahn equation is gradient flow for $E(u)$ in the L^2 inner product. The main reason for including in this paper is the essential role that it plays in the study of partial differential equations.

◦ It should be noted that the numerical scheme used in this paper has previously been employed in [1]. However, to the best of our knowledge, this particular numerical scheme had not previously been applied to the CH equation.

◦ In [1], the authors showed that their genetic algorithm was practically useful.

저자의 기존 논문을 인용하려고 할 때 다음과 같은 표현을 사용한다.

◦ In our previous work [1], we introduced the concept.

◦ For recent reviews of phase-field methods, the reader is referred to [1,2,3].

주장하고자 하는 부분을 확실히 하고자 논문의 Introduction에 어떠한 정보를 인용하는 것은 중요하다. 독자들이 전체 참고문헌을 찾을 수 있도록 하기 위하여 논문의 마지막에는 논문에서 사용된 모든 참고문헌들을 적어놓게 된다.

참고문헌을 사용할 때는 최초의 논문, 최초의 논문을 바탕으로 나온 최근의 논문, 그리고 알기 쉽게 잘 기술된 논문을 인용하는 것이 좋다. 그러나 논문을 보아도 내용을 알 수 없거나 다른 논문을 인용한 논문의 인용 피해야 한다. 왜냐하면 독자로 하여금 좌절과 기만을 안겨주기 때문이다.

특히, 최근논문의 인용은 중요하다. 왜냐하면 최근논문의 저자가 잠재적인 논문 리뷰어가 될수있기 때문이다.

좀 더 자세한 내용은 참고문헌과 참고문헌에 나와 있는 참고문헌을 참조하라고 할 때

- Please refer to [1] for more details.
- A review on integral models can be found in [1].
- See reference [2] and references therein.

- See reference [2] and references cited therein.
- For more details on the thin film equations, see the review paper [1] and references therein.
- For a survey of earlier work on equation (1) we refer to [1,2,3] and to the literature cited therein.

제 3 절 학위논문을 바탕으로 작성한 저널논문을 투고할 때

본인의 학위논문의 내용을 바탕으로 작성한 원고를 저널에 투고할 때 인용하는 표현

This paper is based on the author's Ph.D. thesis [1].

제 4 절 출판된 저널논문의 내용으로 학위논문을 작성할 때

한국과학기술단체총연합회에서 발간한 "Manual for Research and Publication Ethics in Science and Engineering [12] " 에 따르면 최근 많은 수의 이공계 분야에서 박사학위의 필요조건 중에 하나로 학술지에 연구논문 발표를 요구하고 있다. 결과적으로 많은 박사후보자들은 먼저 그들의 연구결과를 학술지에 발표하고 후에 이미 출판된 연구내용을 그들의 학위논문에 포함한다. 학술지와 학위논문에 자신의 중복된 자료와 문구를 사용하는 것은 비단 한국뿐만 아니라 전 세계적으로 통용되고 있다. 그러나 주의해야 할 것이 있다. 예를 들어 만약 한 학생이 다수의 연구자들과 같이 한 공동논문을 작성하였고 그 공동논문의 똑같은 내용을 그 학생의 학위논문에 포함했다면 표절과 저작권 침해 문제를 야기할 수 있다. **원칙적으로 아무리 적은 양의 부분이라도 다른 공동**

연구자의 데이터나 문구를 학위논문에 포함해서는 안 된다. 만약 다른 저자의 허가서 없이 사용하면 저작권 침해가 된다. 그러나 사전 허가를 받았다고 해도 여전히 표절과 데이터조작으로 연구부정으로 여겨진다. 만약 다른 연구자의 데이터를 꼭 사용해야 한다면 원논문으로 부터의 데이터나 테이블을 복사해 오는 것이 아니라 텍스트 요약으로 소개되어야 하고 반드시 적절히 인용이 되어야 된다.

제 5 절 논문의 outline 형식

Introduction의 마지막 문장은 이 논문의 outline을 기술한다. 다음을 참조하여 다양하게 사용해보자.

- The outline of this paper is as follows: in Section 2, we describe the discretisation of the equations by a semi-implicit backward Euler method in time and continuous piecewise linear finite elements in space. Section 3 describes the multigrid algorithm. Sections 4 and 5 discuss some numerical results in both one and two space dimensions and in Sections 6 and 7, we look at how adaptive time-stepping and non-uniform meshes effect the solver.

- This paper is organized as follows. In Section 2, we review the governing equations. In Section 3, we derive numerical solution with a nonlinear multigrid method. In Section 4, we present numerical results. Conclusions are made in Section 5.

- The remaining parts of this paper are organized as follows. In Section 2, we describe a phase-field model for the mixture of three immiscible fluids. In Section 3, we give a numerical solution. Representative numerical experiments for ternary fluid flow are provided in Section 4. In Section 5, conclusions are drawn.

- The contents of this paper are as follows: in Section 2, we briefly review the governing equations. In Section 3, we consider a fully discrete semi-implicit finite-difference scheme and describe a nonlinear multigrid V-cycle algorithm for the TDGL system. Numerical experiments such as a second-order convergence test and tests of the effects of parameters on the phase separation of the system are performed in Section 4. In Section 5, conclusions are given. In addition, we present a future direction for this current algorithm. The future plan is to incorporate hydrodynamic effects.

- The contents of this paper are: in Section 2 we discretize the new surface tension force formulation. In Section 4 we present numerical experiments to validate our new surface tension formulation. The experiments are simulations of 2 dimensional drop, 3 dimensional drop under shear flow, and axisymmetric thread breakup under capillary force. In Section 5, conclusions are given.

- The paper is organized as follows. In Section 2 we derive the regularized, strongly anisotropic Cahn–Hilliard equation. In Section 3 the fully discrete, nonlinear FAS multigrid scheme for the regularized equation is given and in Section 4 we discuss the corresponding block-structured, adaptive MLAT implementation. In Section 5, numerical results are presented. We give some concluding remarks in Section 6. In the Appendix, we discuss the link between the ill-posedness of the sharp and diffuse interface problems.

- The contents of this paper are as follows. In Section 2, we present the coupled NS and CH equations. In Section 3, we derive the discrete scheme, demonstrate the existence of a discrete energy functional. In Section 4, we present the nonlinear multigrid method for the fully discrete system in the absence of flow. In Section 5, we present the approximate projection method used to solve the discrete generalized NS equations. In Section 6, we perform a local mode analysis for the nonlinear multigrid scheme to analyze the smoothing factor. In Section 7, we present numerical results. In Section 8, we discuss future directions and present a simulation of the break-up of a liquid thread under the Rayleigh instability. In Appendix A, the derivation of the smoothing operator for the nonlinear multigrid scheme is presented. In Appendix B, the classical Crank-Nicolson discretization of the CH equation is presented and discussed.

- The paper is organized in the following manner. The governing equation in cylindrical coordinates is introduced in Section 2. The proposed schemes are numerically tested in Section 3. Finally, conclusions are derived in Section 4.

- The contents of this paper are as follows. In Section 2, the governing equations are presented. In Section 3, we derive the discrete scheme, demonstrate the existence of a discrete energy functional and prove stability and convergence of the algorithm. In Section 4, we present numerical experiments.

- The contents of this paper are: in Section 2, governing equations are given. In Section 3, we describe the numerical solution. In Section 4, we present numerical experiments to validate our new augmented projection scheme. In Section 5, conclusions are given.

- The contents of this paper are as follows. In Section 2, the governing equations are derived. In Section 3, we derive the discrete scheme and numerical solution. We also present the approximate projection method used to solve the discrete generalized NS equations. Numerical experiments are presented at Section 4. In Section 5, conclusions are drawn.

- This paper is organized as follows. In Section II we briefly review the governing equations. In Section III, we derive the numerical solution with a nonlinear multigrid method. In Section IV, we present numerical results. Conclusions are made in Section V.

- The contents of this paper are as follows. In Section 2 we briefly review governing equations for phase separation in a N-component system which takes a concentration dependence of the mobility. In Section 3 we consider a fully discrete semi-implicit finite difference scheme and describe an efficient and accurate nonlinear multigrid V-cycle algorithm for the N-component CH system. We present numerical experiments such as a second-order convergence test, comparison with a linear stability analysis of the equations, the evolution of triple junctions, and phase separation in a quaternary mixture in Section 4. Finally, in Section 5 we conclude.

- This paper is organized as follows: In Section II, we briefly review a derivation of the Cahn–Hilliard equation. This derivation is based on constrained gradient dynamics for a physically motivated functional. In Section III, we describe the discrete scheme and its properties, such as mass conservation and total energy, decrease. We present the numerical results in Section IV. Section V contains a discussion.

- This paper is organized as follows: In Section 2, we briefly review a derivation of the AC equation, based on gradient dynamics, with a physically motivated functional. In Section 3, we describe the unconditionally gradient stable discrete scheme and its properties such as the total energy decrease and the boundedness of the numerical solution. We present the numerical results in Section 4. In Section 5, we conclude. Appendix follows with details.

- The contents of this paper are organized as follows. In Section 2, we consider a fully discrete semi-implicit finite difference scheme and obtain sufficient stability estimates. Also, we describe a nonlinear multigrid V-cycle algorithm for the ternary CH system. Numerical experiments such as a second-order convergence test, comparison with linear stability analysis, different boundary conditions, and effects of a concentration dependent mobility are presented in Section 3. Finally, in Section 4 we conclude.

- The outline of the paper is as follows. In Section 2, we propose a phase-field model for four immiscible fluids. In Section 4, we perform some characteristic numerical experiments for quaternary fluid flows. In Section 5, conclusions are drawn.

첫 문장만 모아보면 다음과 같다.

- The contents of this paper are:
- The paper is organized as follows.
- This paper is organized as follows.
- The outline of the paper is as follows.
- The layout of this paper is as follows.
- The outline of this paper is as follows:
- The contents of this paper are as follows:
- The contents of this paper are as follows.
- The organization of the paper is as follows.
- The organization of this paper is as follows.
- The rest of the paper is organized as follows.
- The rest of this paper is structured as follows.
- The paper is organized in the following manner.

- The remainder of this paper is organized as follows.
- The contents of this paper are organized as follows.
- The contents of this paper may be summarized as follows.
- The remaining parts of this paper are organized as follows.

한 section에서 두 개 이상의 내용을 언급하고자 할 때, 아래와 같이 also를 이용하여 표현한다.

- In Section 3, we derive the discrete scheme and numerical solution. We also present the approximate projection method used to solve the discrete generalized NS equations.

제 6 절 Introduction의 예

다음은 "Energy Stable Schemes for Cahn–Hilliard Phase-Field Model of Two-Phase Incompressible Flows"라는 논문 [34] 의 Introduction이다.

본 연구의 중요성 부각

The phase-field approach for multi-phase incompressible flows have attracted much attention recently (cf. [11, 2, 16, 12, 15, 26] and the references therein).

간단한 기존의 연구 방법론 review

Since the phase-field (or diffusive interface) model can be considered as an approximation to the sharp interface model, one can use the gradient flow based on either the conserved Cahn–Hilliard dynamics (cf. [5]) or the Allen–Cahn dynamics (cf. [1]) with a non-local Lagrange multiplier, leading to the Cahn–Hilliard phase-field model and Allen–Cahn phase-field model, respectively. Both models, at least in the matched density case, can be derived from an energetic variational approach. Thus, they admit an energy law, making it possible to design numerical schemes which satisfy a corresponding discrete energy law that automatically ensures their numerical stability (cf., for instance, [1, 2, 3]).

기존 연구의 한계점

However, most of the analysis and simulation of the phase-field model for two-phase flows have been restricted to the matched density case or with a Boussinesq approximation. The main difficulty for two-phase flows with different density is that the standard phase-field model with variable density does not admit an energy law, making it difficult to carry out mathematical and numerical analysis. In a recent work (cf. [1]), the authors proposed a phase-field model with variable density which admits an energy law, and constructed efficient and simple energy stable time discretization schemes for the corresponding Allen–Cahn phase-field model.

기존 연구결과의 한계점을 극복한 본 연구 결과의 주된 내용

The main objective of this paper is to construct efficient and simple energy stable time discretization schemes for the Cahn–Hilliard phase-field model with matched density and variable density. The main additional theoretical and numerical difficulty associated with the Cahn–Hilliard model, as opposed to the Allen–Cahn model, is that the fourth-order spatial derivatives are involved in the Cahn–Hilliard equation for the phase function. By using a mixed formulation for the fourth-order Cahn–Hilliard phase equation and using the chemical potential to reformulate the surface tension term in the momentum equation, we are able to extend the results presented in [23] for the Allen–Cahn phase-field model to the Cahn–Hilliard phase-field model.

본문의 outline

The rest of the paper is organized as follows. In the next section, we present the Cahn–Hilliard phase-field model for two-phase incompressible flows with matched density and variable density. Then, in Section 3, we construct several efficient time discretization schemes for both matched density and variable density cases, and show that they are unconditionally energy stable. Some numerical results and discussions are presented in the last section.

7장

Material and methods

Material and methods 에서는 수행한 연구를 평가하고 다른 연구자들이 연구를 재현 할 수 있도록 연구를 어떻게 수행했는지 자세하게 설명하는 곳이다. 이미 발표된 방법들은 참고문헌 인용을 사용하고 관련된 수정사항만 기술한다. 테크닉칼한 디테일을 모두 설명 할 수는 없지만 다른 연구자가 재현 할 수 있도록 충분히 자세히 설명해야 한다 [4] . 각 저널마다 요구사항이 다르므로 Material and methods 을 작성하기 전에 투고하는 저널의 형식을 검토한다.

기술할 때에는 과거형에 3인칭 시점으로 한다.

◦ The sample was annealed for 6 h at 170 °C.

수학 관련 논문에서 주로 사용되는 section으로 다음은 governing equation의 몇 가지 예를 보여준다.

We consider an unconditionally gradient stable algorithm for the AC equation:

$$\frac{\partial c(\mathbf{x},t)}{\partial t} = -M(F'(c(\mathbf{x},t)) - \epsilon^2 \Delta c(\mathbf{x},t)), \quad \mathbf{x} \in \Omega, \ 0 < t \leq T, \qquad (7.1)$$

where $\Omega \subset \mathbf{R}^d$ $(d = 1, 2, 3)$ is a domain. The quantity $c(\mathbf{x}, t)$ is defined

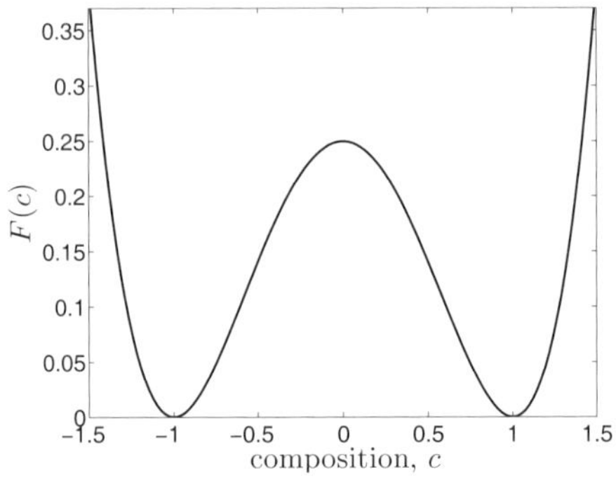

그림 7.1: A double well potential, $F(c) = 0.25(c^2 - 1)^2$.

to be the difference between the concentrations of the two mixtures' components. The coefficient M is a constant mobility. We take $M \equiv 1$ for convenience. The function $F(c)$ is the Helmholtz free-energy density for c. It has a double well form, i.e., $F(c) = 0.25(c^2 - 1)^2$ as in Ref. [1]. Figure 7.1 shows the function $F(c)$. The small constant ϵ is the gradient energy coefficient related to the interfacial energy. The boundary condition is

$$\frac{\partial c}{\partial \mathbf{n}} = 0 \text{ on } \partial\Omega, \tag{7.2}$$

where $\frac{\partial}{\partial \mathbf{n}}$ denotes the normal derivative on $\partial\Omega$. The physical meaning of the condition is that the total free energy of the mixture decreases in time.

The primitive variable formulation of the incompressible Navier–Stokes equations (NSE) on a domain $\Omega \subset \mathbf{R}^2$ (or $\mathbf{R}^3$) takes the form

$$\begin{aligned} \mathbf{u}_t + (\mathbf{u} \cdot \nabla)\mathbf{u} &= -\nabla p + \nu \Delta \mathbf{u}, & (7.3) \\ \nabla \cdot \mathbf{u} &= 0, & (7.4) \end{aligned}$$

where $\mathbf{u} = (u, v)^T$ (or $\mathbf{u} = (u, v, w)^T$), p, and ν are the velocity field, pressure, and kinematic viscosity, respectively. For now we consider the simplest physical boundary condition for $\mathbf{u}$, the no-penetration, no-slip condition

$$\mathbf{u}|_\Gamma = 0, \tag{7.5}$$

where $\Gamma = \partial\Omega$.

The problem of phase separation in binary mixtures has attracted much interest in recent years. In this paper we shall present and analyse a new model based on the following nonlocal reaction-diffusion equation for $u : \Omega \to \mathbb{R}^1$:

$$u_t = \Delta u - f(u) + \frac{1}{|\Omega|}\int_\Omega f(u)\mathrm{d}x \quad \text{for } x \in \Omega, \quad t > 0, \tag{7.6}$$

with no-flux boundary conditions

$$\mathbf{n} \cdot \nabla u = 0 \quad \text{for } x \in \partial\Omega \tag{7.7}$$

and initial data

$$u(x, 0) = g(x). \tag{7.8}$$

Here, $\Omega \subset \mathbb{R}^n$ is a smooth bounded domain with outer unit normal $\mathbf{n}$ and total volume $|\Omega|$, $f(u) = W'(u)$ where W is the double-well potential depicted in Fig. 1, and g, for simplicity, is taken to be a function satisfying the compatibility condition $\mathbf{n} \cdot \nabla g = 0$ on $\partial\Omega$.

제 1 절 유용한 표현

다음은 governing equations을 쓸 때 유용한 표현들이다.

- We refer the reader to [1] for further explanation.
- We refer the reader to [1,2] for details concerning the equation and physical background of it.
- For additional details about the adaptive multigrid cycle, one may refer to [1].

- $F_y + F_{y'} + \cdots = 0$, where the subscripts denote partial derivatives with respect to the corresponding arguments, and the dots denote terms of order higher than 1 relative to h and h'.
- Periodic boundary conditions are applied along both Cartesian axes.
- When $\delta = 0$, Eq. (1) becomes the usual Cahn–Hilliard equation.
- The subscript s in Eq. (1) denotes the partial derivative with respect to s.
- Here t denotes the time variable.
- Suppose $u(x,t)$ satisfies the following first-order linear partial differential equation :

$$a(x,t)\frac{\partial u}{\partial x} - b(x,t)\frac{\partial u}{\partial t} + c(x,t)u = 0,$$

where $-\infty < x < -\infty$, $0 < t < \infty$.

- In the following, the symbol (*) is suppressed for the dimensionless variables.
- $\Omega \subset \mathbb{R}^d$
- $\frac{\partial\phi}{\partial y}$, where the derivatives of ϕ are evaluated at $(\mathbf{x}, t)$.
- The new variables are chosen to be

$$x_t = \frac{N_t}{k},\ y_t = \frac{eP_t}{bk},\ \text{and } c = bk.$$

- $\frac{\partial u}{\partial t} = \frac{\partial^2 u}{\partial x^2}$, where u denotes a concentration, x a spatial coordinate, and t time.
- In this section, we shall first review the two-order parameter model proposed by Laradji et al. [1].
- Equations (1)–(3) are the Navier–Stokes equations.
(긴 하이픈 사용한다. 만약 짧은 하이픈을 사용한 경우 (1)-(3) 과 같다.)
- Let the vector field by denoted by $\mathbf{x}$ and let ϕ be a weighting factor that is continuously differentiable.
- $\mathbf{n}$ is the unit outer normal vector on $\partial\Omega$.
- , i.e.,
- , e.g.,
- (e.g., K has the same units as N_t).
- Equations (1) and (2), Equations (1)–(3)
- The term $rN_t(1 - N_t/K)$ represents logistic growth.
- A change of variable reduces the model to a simpler form.

- P and Q denote predator and prey densities, respectively.

- Note that our method dose not split the energy for Eq. (1) into convex and concave parts.

- An overview of the CH equation will be given in this section in order for the readers to understand the phase-field modeling.

- From now on we use boldface characters for vectors.

- With the unknown curve C, the level-set function $\phi(\mathbf{x})$ is defined as,

$$\phi(\mathbf{x}) = \begin{cases} dist(\mathbf{x}, C) & \text{if} \quad \mathbf{x} \in \text{inside } C, \\ 0 & \text{if} \quad \mathbf{x} \in C, \\ -dist(\mathbf{x}, C) & \text{if} \quad \mathbf{x} \in \text{outside } C. \end{cases} \tag{7.9}$$

  In other words, we define the function as $\phi(\mathbf{x}) = \pm d$, where d is the distance from $\mathbf{x}$ to C and the plus(minus) sign is chosen if the point $\mathbf{x}$ is outside(inside) C.

- In all these studies, the Cahn–Hilliard equation is endowed with Neumann or periodic boundary conditions.

- $y' = y(1-y)$, where we have omitted the independent variable t on which each function depends.

- where prime denotes differentiation.

- The construction of such φ will be given later.

- Our model is formulated in terms of predator and prey densities, $P(x, t)$ and $Q(x, t)$, where x denotes position in the one- or two-dimensional domain and t is time.

- Scaffold is degraded by diffusion, by advection, and so on.
- A PDE model is developed for modeling a bio phenomenon.
- In this paper, we do not go any further into the study of shocks. Instead we refer the interested reader to the survey article by P.D. Lax [1].

제 2 절 논의를 시작하는 표현

- First, we establish that
- Next work is to
- Our task reduces to
- It remains to show
- We are in a position to
- Finally, we arrive to show

제 3 절 수학적 표현

- 생략 부호

나란히금 위에 있는 생략부호($\cdots$)와 나란히금에 있는 생략부호 ($\ldots$). 일반적으로 위에 있는 생략부호는 $+, -, \leq$와 같은 연산을 생략할 때 쓰이며 아래에 쓰는 생략부호는 수학기호의 생략에 쓴다. 예를 들면, $x_1 + x_2 + \cdots + x_n$, $y_1 \leq y_2 \cdots \leq y_n$, $f_1, f_2, \ldots, f_n$.

- 괄호 쓰기

국어와 영어로 괄호 쓰기는 조금 다르다. 영어로 쓸 때에는 아래와 같은 순서로 괄호를 쓴다.

$$\{ \ [\ (\ \{ \ [\ (\qquad\qquad) \ ] \ \} \ ) \ ] \ \}$$

- 서수 쓰기

서수를 쓸 때에는 the nth term이라고 쓰지 않고 the nth term 혹은 the n-th term이라고 쓴다.

8장

Numerical solutions

이 장에서는 Introduction에서 서술했던 본 연구의 방법론을 자세하게 기술하여 기본 지식이 있는 다른 연구자들이 연구결과를 그대로 재현할 수 있게 하는 부분이다. 연구결과의 표현을 위해 필요하다면 Table과 Figure를 적절히 사용하도록 한다. 먼저 이 장에서는 다음과 같이 논문에서 사용되는 notation에 대해서 설명한다. 독자들이 논문의 내용을 잘 이해할 수 있도록 최대한 자세하게 설명해야 하지만 불필요한 설명은 최대한 줄인다.

- Express the roots in terms of the coefficients.
- The solution is determined uniquely up to an additive constant.
- ϕ^3, where the superscript 3 is an exponent.
- $v^n = g^n$. Note that the superscript on v is an index of the time level, while on g it is a power.
- Numerical solution is described in Appendix A.
- For simplicity, we consider only the two-dimensional case.

- A closed-form solution

- In this section, we present fully discrete schemes for the CH equation. In addition, we prove discrete versions of mass conservation and energy dissipation, which immediately imply the stability of the numerical scheme. We shall first discretize the CH equation (1) and (2) in two dimensional space, i.e., $\Omega = (a, b) \times (c, d)$. **One- and three-dimensional discretizations are analogously defined.** Let N_x and N_y be positive even integers, $h = (b-a)/N_x$ be the uniform mesh size, and $\Omega_h = \{(x_i, y_j) : x_i = (i-0.5)h, y_j = (j-0.5)h,\ 1 \le i \le N_x,\ 1 \le j \le N_y\}$ be the set of cell-centers.

- The Fourier transform of the characteristic function is performed analytically and numerically in one-, two-, and three-dimensional spaces.

- The BS equation is discretized on a non-uniform grid defined by $x_0 = 0$ and $x_{i+1} = x_i + h_i$ for $i = 0, \cdots, N_x - 1$, where N_x is the total number of grid points and h_i is the grid spacing, see Fig. 8.1.

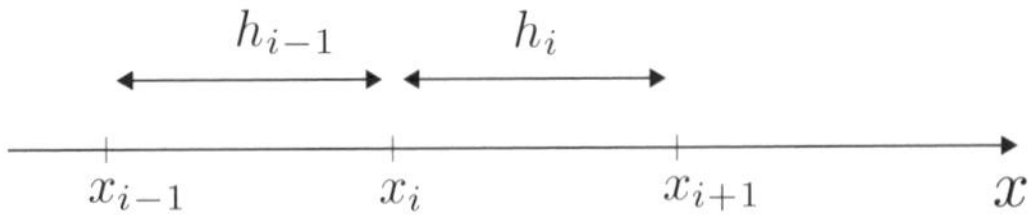

그림 8.1: A non-uniform grid with N_x points and grid spacing h_i.

[그림 8.1]과 같은 schematic을 만드는 MATLAB 코드는 14장 기초 LaTeX섹션을 참고하길 바란다.

Let c_{ij} and μ_{ij} be approximations of $c(x_i, y_j)$ and $\mu(x_i, y_j)$. We first implement the zero Neumann boundary condition (3) by requiring that

$$D_x c_{-\frac{1}{2},j} = D_x c_{N_x+\frac{1}{2},j} = D_y c_{i,-\frac{1}{2}} = D_y c_{i,N_y+\frac{1}{2}} = 0,$$

where the discrete differentiation operators are

$$D_x c_{i+\frac{1}{2},j} = \frac{c_{i+1,j} - c_{ij}}{h}, \quad D_y c_{i,j+\frac{1}{2}} = \frac{c_{i,j+1} - c_{ij}}{h}.$$

And we use the notation $\nabla_d c_{ij} = (D_x c_{i+\frac{1}{2},j}, D_y c_{i,j+\frac{1}{2}})$ to represent the discrete gradient of c at cell-edges. Correspondingly, the divergence at cell-centers, using values from cell-edges, is $\nabla_d \cdot (g^1, g^2)_{ij} = (g^1_{i+\frac{1}{2},j} - g^1_{i-\frac{1}{2},j} + g^2_{i,j+\frac{1}{2}} - g^2_{i,j-\frac{1}{2}})/h$. We then define the discrete Laplacian by $\Delta_d c_{ij} = \nabla_d \cdot \nabla_d c_{ij}$ and the discrete l_2 inner product by

$$(c, d)_h = h^2 \sum_{i=1}^{N_x} \sum_{j=1}^{N_y} c_{ij} d_{ij}, \tag{8.1}$$

$$(\nabla_d c, \nabla_d d)_e = h^2 (\sum_{i=0}^{N_x} \sum_{j=1}^{N_y} D_x c_{i+\frac{1}{2},j} D_x d_{i+\frac{1}{2},j} + \sum_{i=1}^{N_x} \sum_{j=0}^{N_y} D_y c_{i,j+\frac{1}{2}} D_y d_{i,j+\frac{1}{2}}). \tag{8.2}$$

We also define discrete norms as $||c||^2 = (c, c)_h$ and $|c|_1^2 = (\nabla_d c, \nabla_d c)_e$.

- Straightforward explicit time-marching requires that time steps be very small in order to maintain numerical stability.

2차원이나 3차원으로 기술하면 식이 복잡해지므로 기본 아이디어가 동일하다면 간단하게 1차원으로 기술하면서 **For simplicity of exposition**이란 표현을 사용한다.

- For the sake of simplicity, we assume that the mesh spacings in the x- and y-directions are equal.
- To keep the exposition simple, we omit a formal definition; for details see [1].

- For simplicity, we discretize both space and time with uniform mesh spacings of Δx and Δt, respectively.

- In this section, we propose an unconditionally stable second-order hybrid numerical method for the Allen–Cahn equation. **For simplicity of exposition**, we shall discretize the AC equation in one-dimensional space, i.e., $\Omega = (a, b)$. Two and three-dimensional discretizations are defined analogously. Let N be a positive even integer, $h = (b - a)/N$ be the uniform grid size, and $\Omega_h = \{x_i = (i - 0.5)h,\ 1 \le i \le N\}$ be the set of cell-centers. Let c_i^n be approximations of $c(x_i, n\Delta t)$, where $\Delta t = T/N_t$ is the time step, T is the final time, and N_t is the total number of time steps. We first implement the zero Neumann boundary condition, Eq. (1), by requiring that for each n,

$$\nabla_h c^n_{\frac{1}{2}} = \nabla_h c^n_{N+\frac{1}{2}} = 0, \tag{8.3}$$

  where the discrete differentiation operator is $\nabla_h c^n_{i+\frac{1}{2}} = (c^n_{i+1} - c^n_i)/h$.

- Now we present fully discrete schemes for the Eqs. (4) and (5) in two dimensional space, i.e., $\Omega = (a, b) \times (c, d)$. Let N_x and N_y be positive even integers, $\Delta x = (b - a)/N_x$ be the uniform mesh size, and $\Omega_{\Delta x} = \{(x_i, y_j) : x_i = (i - 0.5)\Delta x,\ y_j = (j - 0.5)\Delta y,\ 1 \le i \le N_x,\ 1 \le j \le N_y\}$ be the set of cell-centers.

또한 논문에서 사용할 방법(scheme)을 설명하고 덧붙여 이산화 (discretization)하여 그 특징(property)들을 기술하는 것이 필요하다. 이는 subsection으로 따로 나누어 기술해도 좋다.

The term ϵ is a computational constant employed to avoid division by zero.

- We propose the following operator splitting scheme, which is unconditionally stable second-order accurate hybrid scheme.

$$\frac{c_i^* - c_i^n}{\Delta t} = \frac{1}{2}(\Delta_h c_i^* + \Delta_h c_i^n), \tag{8.4}$$

$$\frac{c_i^{n+1} - c_i^*}{\Delta t} = \frac{c_i^{n+1} - (c_i^{n+1})^3}{\epsilon^2}. \tag{8.5}$$

  We can consider Eq. (8.4) as a Crank–Nicolson scheme for $c_t = \Delta c$ with an initial condition c^n.

- We present a semi-implicit time (Crank–Nicolson) and centered difference space discretization of Eqs. (4) and (5).

- The term ϵ is a computational constant employed to avoid division by zero.

- We use Δt_{min} and Δt_{max} are used to avoid using too small and too large time steps, respectively.

- We repeat the proof for the sake of completeness.

- For the sake of completeness, we give the proofs in the Appendix.

- Having determined these parameters we obtain an analytic solution $u(x, t)$ in a closed form.

- The resulting system of equations is solved by a nonlinear multigrid method.

- A detailed description of the adaptive data structure can be found in [1].

- An interested reader can find details of the numerical algorithm in [1,2].

- The points c_k $(k = 0,\ 1,\ 2)$ lie in the interior of the circular region.
- The quantities Δu_{ij}^n and Δw_{ij}^n are computed in a similar manner.
- We can rewrite Eq. (1) as

$$u_t + a(x)u_x = -a'(x)u.$$

- Substituting Eq. (2) into Eq. (1) results in $E = mc^2$.
- Substitution of Eqs. (1) and (2) into Eq. (3) gives

$$E = mc^2.$$

- In what follows, the method will be reviewed briefly because details can be found in [1-3].
- The proofs will all be based on the following remark: If $\leq x_n \leq s_n$ for $n \geq N$, where N is some fixed numbered, and if $s_n \to 0$, $x_n \to 0$.
- Brief details of the derivation of Eq. (1) are given in the Appendix.
- Detailed information can be found in [1].
- The detailed descriptions can be found in [1–3].
- Details of the algorithms employed herein can be found in references [1].
- The staggered grids of Harlow and Welch [1] are used for velocity and pressure fields. However, this type of boundary conditions requires a large distance x. This leads to heavy CPU time and memory storage.
- This is calculated by the Poisson equation $\Delta\phi = f$.

9장

Numerical results

Results는 명확하고 간결해야 한다. 논문의 결과에는 어떤 내용이 포함되어야 하는지 생각하여 적절한 결과를 기술한다. Numerical results는 다음과 같이 앞으로 나타낼 수치적 실험들의 전체적인 내용을 간략하게 기술하는 문구로 시작한다.

- To demonstrate the capability of our reconstructing scheme, several sets of synthetic and real medical data are used in the experiments.
- In order to demonstrate the efficiency and accuracy of the proposed method, we consider the following examples.
- We start with an example which illustrates the basic mechanism of thc algorithm.
- We start with the study of the CH equation in 1D because it is faster then 2D and 3D and there are many results which can be used to compare with our simulations.
- In this section we give the results of numerical calculations upon our model.

- In this section we investigate the performance of our spatial and temporal discretization strategies for the general Cahn–Hilliard model.

초기조건을 기술하는 표현

- The initial state is a random perturbation of maximum amplitude 0.05 around $\phi = 0$.
- The initial condition is

$$h(x, y, 0) = 0.5[h_\infty + b - (h_\infty - b)\tanh(3(y-7) + \mathrm{rand}(x, y))]$$

  on a domain $\Omega = (0, 200) \times (0, 400)$.
- The initial condition is as follows:
- We set the initial condition to be $\phi^0 = 0.0 + \eta$, where η is a small random perturbation across the surface.
- We take the initial condition as follows:
- The initial condition is small random perturbation of the stationary solution u^* and v^*.
- The initial condition is the same as in Eq. (1).
- The initial condition is the same as that in Fig. 1.

경계조건을 기술하는 표현

- To avoid boundary effects in the simulations we have chosen periodic boundary conditions.

공간 스텝과 시간 스텝을 기술하는 표현

- N_x and N_y are the number of cells in the x- and y-directions, respectively.
- 128×256 grid points, time step $\Delta t = 1.0$, and $\epsilon^3 = 100$ are used.
- The time step is chosen as $\Delta t = 0.1h$, where h is the mesh size.
- The time step is 0.01 and the mesh size is 0.0390625.
- The computation is done on a 256×256 grid.
- Numerical solutions of Eqs. (1) and (2) are obtained on a rectangular domain of dimensions [0, 1] in x and [0, 2] in y using a uniform mesh of 64×128 grid points.
- Numerical solutions are obtained on a domain $\Omega = (0,1)\times(0,1)$ using a mesh of 128×128 grid points.
- We used a domain of size 2×1.
- We tested our method with grid resolutions of 32×32, 64×64, and 128×128.
- The results using the PROST method for three different grid levels (32×32, 64×64, and 128×128) are compared with the analytical solution in Fig. 1.
- The effective fine resolution is 1024×2048.
- The present computations are carried out with $64 \times 128 \times 256$ grid points.

- The time-step Δt in the numerical simulations equals 0.001.
- The time step chosen was $\Delta t = 0.1h$.
- In all computations, we have fixed the physical parameters to be $\rho = 1$, $\eta = 0.01$, $\sigma = 0.1$, and the computational parameters to be $h = 0.1$ and $\Delta t = 0.01$.
- The parameters used are $Re = 100$, $We = 1$, and $Pe = 100$.
- The parameter values are $a = 2$ and $b = 3$.
- The parameters we have used are $Re = 100$ and $Pe = 20$.
- The computational parameters are the same as in Refs. [1,2,3].
- The computational parameters are the same as the above case except the Mach number (M) is set to 0.2.

The MC simulations were run until steady state is reached.

The simulation is continued until the steady state is obtained.

The computational cost is greatly reduced.

All approximations can be found in Appendices 1 and 2.

Numerical simulation을 통해 얻어진 수치결과의 신뢰도와 타당성을 위해 사용한 프로그램이나 실행된 컴퓨터의 사양을 기재해준다.

- All the algorithms are implemented using MATLAB for testing purposes, and the computations are carried out on an IBM RS/6000 43P Model 260 workstation.

- Tests were performed on a 3 GHz Intel Pentium with 3 GB of RAM loaded with MATLAB 2009 [1].
- The proposed model was implemented by MATLAB 7 on a computer with Intel Core 2 Duo 2.2 GHz CPU, 2G RAM, and Windows XP operating system.
- We performed our computations in Matlab 7 software on a Pentium IV, 2800 MHz CPU machine with 1 GB of memory.
- All coding is done in MATLAB.
- The programs are executed on a stardard Pentium D, 3 Ghz desktop PC.

- The computation continues until it reaches the given maximum iteration.
- A parametric analysis is performed to quantify the effects of model parameters on a regenration time for a targeted volume of regenerated ECM.

결과부분에 나오는 파라미터는 결과의 재현성을 위해서 자세하게 기술해준다. 다음은 numerical results에 유용하게 쓰이는 표현들이다.

- We give an example to test our code (the example is taken from Ref. [1]).
- For expositional simplicity, we focus on the standard lognormal Black-Scholes setting.
- Solutions are computed up to time $t = 0.5$.
- B-A는 Subtracting A from B라고 쓴다.
- We have performed simulations for $h = 0.001$ and verified that the results are not much different from the case of $h = 1$.

- A=B=C=0, where in the last equality we used the fact that ϕ satisfies Eq. (1).
- We have shown that ϕ also satisfies Eq. (1).
- Therefore, the integral curves of $\mathbf{V}$ in Ω are given by

$$x^2 + y^2 = c_1, \quad z = c_2. \tag{9.1}$$

Equations (9.1) describe circles parallel to the (x, y)-plane and centered on the z-axis (see Fig. 1).

Since our PDE based algorithms are iterative procedures, different convergence criterion will give different convergence times.

수식에 여러 개의 괄호를 사용할 경우, 다음의 괄호순서: ( ), [ ], { } 를 따르도록 한다. 예를 들어, $\max(a, b)$, $\max[f(a), f(b)]$, $\max\{[f(a) - b], c\}$.

In the Appendix, we provide a code.

특별한 언급이 없는 한 똑같은 변수를 사용한다고 선언할 때 사용하는 표현
Throughout this paper, we use $\epsilon = 0.01$. Unless otherwise stated, Unless otherwise noted, Unless otherwise indicated, Unless otherwise specified, From now on we take the partial derivatives of f and g to be evaluated at the steady state unless stated otherwise. We will use $h = 0.01$ in the subsequent sections. The CPU time is calculated in seconds in all the cases.

Convergence test

The method of manufactured exact solutions [25]

We consider one-dimensional Landau-Lifshitz equation with a source:

$$\mathbf{m}_t = -\mathbf{m} \times \mathbf{m}_{xx} + \mathbf{f} \text{ on } \Omega = (0,1). \tag{9.2}$$

An exact solution of Eq. (9.2) is

$$\mathbf{m}^e = \begin{pmatrix} u^e \\ v^e \\ w^e \end{pmatrix} = \begin{pmatrix} \cos(x^2(1-x)^2)\sin(t) \\ \sin(x^2(1-x)^2)\sin(t) \\ \cos(t) \end{pmatrix}.$$

In its component form, the forcing term $\mathbf{f} = \mathbf{m}_t^e + \mathbf{m}^e \times \mathbf{m}_{xx}^e$ can be calculated as follows.

$$\mathbf{f} = \begin{pmatrix} \cos(X)\cos(t) + [(X')^2\sin(X) - X''\cos(X)]\sin(t)\cos(t) \\ \sin(X)\cos(t) - [(X')^2\cos(X) + X''\sin(X)]\sin(t)\cos(t) \\ -\sin(t) + X''\sin^2(t) \end{pmatrix},$$

where $X = x^2(1-x)^2$. Now, we will solve Eq. (9.2) with an initial condition $\mathbf{m}(x,0) = (0,\ 0,\ 1)$ and zero Neumann boundary condition; i.e., $\mathbf{m}_x = \mathbf{0}$ at $\partial\Omega = \{0,1\}$. We define the numerical error $\mathbf{e}_i^n = \mathbf{m}_i^n - \mathbf{m}^e(x_i, t^n)$ for $i = 1, 2, \cdots, N_x$. The discrete l_2-norm and the maximum norm are defined as

$$\|\mathbf{e}^n\|_{l_2} = \sqrt{\sum_{1\le i\le N_x} \frac{\mathbf{e}_i^n \cdot \mathbf{e}_i^n}{3N_x}} \text{ and } \|\mathbf{e}^n\|_\infty = \max_{1\le i\le N_x} \sqrt{\mathbf{e}_i^n \cdot \mathbf{e}_i^n}.$$

To obtain an estimate of the convergence rate, we performed a number of simulations on a set of increasingly finer grids. We computed the numerical solutions on uniform grids, $h = 1/2^n$ for $n = 6, 7, 8, 9,$ and 10. For each case, we ran the calculation to time $T = 1$ with a time step $\Delta t = 0.32h$. The errors and rates of convergence are given in Table 9.1. The results suggest that the scheme is indeed second-order accurate in space and time.

case	64	rate	128	rate	256	rate	512	rate	1024
$\|\mathbf{e}^n\|_{l_2}$	6.5E-5	1.99	1.6E-5	1.99	4.1E-6	2.00	1.0E-6	2.00	2.5E-7
$\|\mathbf{e}^n\|_{\infty}$	1.1E-4	1.99	2.7E-5	1.99	6.7E-6	2.00	1.7E-6	1.99	4.2E-7

표 9.1: The l_2 and maximum norms and convergence rates with space step $h = 1/N_x$, time step $\Delta t = 0.32h$, total time $T = 1$, and an iteration convergence tolerance of 10^{-10}.

Exact solution 이 존재할 경우의 test

To obtain an estimate of the rate of convergence, we performed a number of simulations for a sample initial problem on a set of increasingly finer grids. We considered a domain, $\Omega = [0, 300] \times [0, 300]$. We computed the numerical solutions on uniform grids, $h = 300/2^n$ for $n = 5, 6, 7,$ and 8. For each case, we ran the calculation to time $T = 0.1$ with a uniform time step depending on a mesh size, $\Delta t = 0.032/2^n$. The initial condition is Eq. (1) with $K = 1$ and $X_1 = X_2 = 100$. The volatilities are $\sigma_1 = 0.5$ and $\sigma_2 = 0.5$. The correlation is $\rho = 0.5$, and the riskless interest rate is $r = 0.03$. We let $\mathbf{e}$ be the error matrix with components $e_{ij} = u(x_i, y_j) - u_{ij}$. $u(x_i, y_j)$ is the analytic solution of Eq. (2) and u_{ij} is the numerical solution. We compute its discrete L^2 norm $\|\mathbf{e}\|_2$ is defined

$$\|\mathbf{e}\|_2 = \sqrt{\frac{1}{N_x N_y} \sum_{i=1}^{N_x} \sum_{j=1}^{N_y} e_{ij}^2}.$$

The errors and rates of convergence are given in Table 9.2. The results show that the scheme is first-order accurate.

표 9.2: The L^2 norms of errors and convergence rates for u at time $T = 0.1$.

Case	32×32	rate	64×64	rate	128×128	rate	256×256
$\|\mathbf{e}\|_2$	0.028161	0.95	0.014562	1.07	0.006928	0.96	0.003572

Exact solution 이 존재하지 않는 경우의 test [27]

To obtain an estimate of the rate of convergence, we perform a number of simulations for a sample initial problem on a set of increasingly finer grids. The initial state for this convergence test on a domain, $\Omega = (0, 1) \times (0, 1)$, is

$$c^0(x, y) = 0.5 + 0.17 \cos(\pi x) \cos(2\pi y) + 0.2 \cos(3\pi x) \cos(\pi y) \qquad (9.3)$$

The numerical solutions are computed on the uniform grids, $h = 1/2^n$ for $n = 5, 6, 7, 8,$ and 9. For each case, the calculation is run to time $T = 0.3$ with the uniform time step, $\Delta t = 0.1h$, and $\epsilon = 0.01$.

We define the error of a grid to be the discrete l_2-norm of the difference between that grid and the average of the next finer grid cells covering it:

$$e_{h/\frac{h}{2}ij} \overset{def}{=} c_{hij} - \left(c_{\frac{h}{2}2i,2j} + c_{\frac{h}{2}2i-1,2j} c_{\frac{h}{2}2i,2j-1} + c_{\frac{h}{2}2i-1,2j-1} \right) /4.$$

The rate of convergence is defined as the ratio of successive errors: $\log_2 \frac{||e_{h/\frac{h}{2}}||}{||e_{\frac{h}{2}/\frac{h}{4}}||}$.

The errors and rates of convergence are given in table 9.3. The results suggest that the scheme is indeed second order accurate in space and time.

표 9.3: Convergence Results — Concentration c.

Case	32-64	rate	64-128	rate	128-256	rate	256-512
l_2	2.90e-02	2.37	5.61e-03	2.03	1.38e-03	2.01	3.43e-04

A reference solution was computed using a very fine grid (1080 cells). Table 1 shows the computed errors on a series of successively refined grids, with 40, 120, and 360 cells, respectively.

비교 연구를 할 때 필요한 문구

Comparison

- On the construction and comparison of difference schemes
- A comparison of different propagation schemes for the time dependent heat equation

- A comparison of three widely used time propagation algorithm for the time dependent Schödinger equation is described.

- In this section, we validate our scheme by comparison with previously reported numerical results. We then present an example to show the power of the adaptive mesh refinement method in computing the evolution of a thin liquid film. We are concerned here with the slow flow of a thin liquid layer on a solid or a substrate. Slight perturbations of the base state, applied along the front, initiate the fingering instability. The mathematical model (Eq. (1)) will be used for a numerical simulation of fingering flows. Here, $h_\infty = 0.2$, $b = 0.002$, and rand(x, y) is a random number in $[-1, 1]$. These perturbations model deviations from the straight front in the experiments.

- In our examples, we use an initial condition of $\phi = 0$ plus a very small zero mean perturbation.

- We set the following parameters: $Re = 100$.

- We take the following parameters: $Re = 100$.

- As the viscosity of the liquid is varied, the shape of the drop changed dramatically.

  The main result of the present study is shown in Fig. 3(left), which directly establishes the efficiency of our method. In Fig. 3(right), a close-up view of the adaptive mesh refinement around the front is illustrated. Compared with the elapsed time, the new adaptive method is more than 1000 times faster than the preceding uniform mesh method [1].

- Computational domain

- time step, temporal
- space step
- In this section, we perform numerical experiments such as a convergence test, a linear stability analysis, the evolution of triple junctions, and phase separation in a four component mixture.
- In this section, we validate our scheme by verifying the second-order convergence. We then perform numerical simulations of thin film propagation.
- Throughout the rest of the paper C denotes a generic positive constant (i.e., it can differ from place to place) independent of the time step τ and the relaxation parameter k.
- Throughout the paper, C will denote a generic positive constant which is independent of meshes but may not be the same at each occurrence.
- Throughout the rest of the paper, we shall assume that $F(c)$ is an even function.
- Mr. Kim, a mathematician, solved the problem.
- Find the angle between the velocity and acceleration vectors at time $t = 0$.
- We start with an example where one level set function is used to detect two different subdomains.
- This is illustrated in the following example.

Algorithm 기술하기

The proposed automatic shifting algorithm is as follows.

제 1 절 Figure와 Table의 설명

Author's guide에 figure를 원고의 맨 뒤에 위치하라는 요구가 없을 때는 원고 안에 넣는 것이 리뷰어의 수고를 덜어주는 것이다. 왜냐하면 원고를 읽기위해 앞뒤로 왔다갔다 해야 되기 때문이다.

제 2 절 Table과 Figure의 caption 쓰는 법

표나 그림의 caption을 사용하여 표나 그림을 본문에서 서술하는 방법에 대해서 알아보자. 일반적으로 표의 caption은 표위에 위치하며 그림의 caption은 그림 아래에 위치한다. Text가 표나 그림을 감싸지 않게 한다.

Caption 기술 방법

- 그림이나 표의 caption은 하나의 완전한 문장으로 나타낼 필요는 없으나 그림이나 표의 내용을 잘 이해할 수 있도록 간결하게 보충해서 부가적으로 써야한다.
- The arrows indicate the direction of evolution.
- Comparison of theoretical results with experiment for Marangoni-stress-driven flows on a vertical plate.
- The $c = 0.5$ contours overlaid with (a) vorticity field and (b) pressure field at time $t = 3.125$.
- Solutions obtained from the closed-form formulae of the Black–Scholes equation for European option with varying time to maturity.
- The graphs of the free energies. Solid curve: equation (1); dotted curve: equation (2).

- Schematic illustration of the two immiscible fluids and surfactant system.
- Schematic of a compound liquid jet.
- Flow schematic for a capsule deforming in shear flow.
- Dark regions correspond to negative values, bright regions correspond to positive values.
- The dashed line corresponds to the value obtained from the Green function calculation.
- Optimal length L^* against α with varying ϵ.
- Color figure: the reader is referred to the web version of this article.
- Time history of drag coefficient for flow over a transversely oscillating circular cylinder at $Re = 100$: (a) $\alpha = 1,\ \beta = 1$; (b) $\alpha = 2,\ \beta = 2$; and (c) $\alpha = 3,\ \beta = 3$.

본문에서 Table과 Figure를 설명할 때 문장의 첫 단어로 시작된다면 약어를 사용하지 않고 풀어서 사용한다. 그 밖의 구절에서는 약어를 사용하여 기술한다.

- Figure 1 shows the evolution of spinodal decomposition.
- Figures 3(a) and (b) show ....
- These are shown schematically in Fig. 3.

- The top row of this figure shows a conventional GAC leaking through this boundary, while the bottom row shows a region-based GAC implemented using (1).

- As can be seen from Fig. 1, the wavelength is not constant along the axis.
- As can be seen in Fig. 1, there is a truly pronounced difference between the curves.
- As we can see from Fig. 1, the wavelength is not constant along the axis.
- As we can see in Fig. 1, there is a truly pronounced difference between the curves.
- Qualitatively, the observed domain topologies resemble an equilibrium spinodal decomposition.
- The velocities are interpolated using all the Eulerian values around point $\mathbf{x}$, as illustrated by Fig. 1.
- This solution is shown by the heavy curve in Figure 2.
- The reason behind the discrepancy in floating-point capability between the CPU and the GPU is that the GPU is specialized for compute-intensive, highly parallel computation, which exactly what graphics rendering does. Therefore the GPU is designed such that more transistors are devoted to data processing rather than data caching and flow control, as schematically illustrated by Figure $1-2$.
- This solution is graphed in Fig. 1.
- Evolution directions are indicated by arrows.
- Note also that the following figures show only the part of the computational domain between $x = 5$ and $x = 20$, since this contains all the essential features.
- Temporal evolution of the numerical solution

- Figure 1.5.1 shows a sequence of evolving profiles during relaxation. Profiles are shown at equal time intervals after every 25 time steps.
- The evolution of spinodal decomposition is shown in Fig. 1.
- Figures 1(a) and 1(b) follow the evolution of the fluid front as a function of time.
- Figure 1 shows a comparison between computed results and the Marangoni-stress-driven experiments of Cazabat et al. [1].
- The contour lines are from $c = 0.1$ to $c = 0.9$ with 0.1 step size.
- Snapshots of the concentration field are shown with filled contours at the three levels $c = 0.25$, 0.5, and 0.75.
- The simulation is shown enlarged in Fig. 3.7.
- The entire process is illustrated schematically in Fig. 1.
- The simulation domain is schematically illustrated in Fig. 1.
- Overlayed original and optimized masks.
- The dimensionless times are shown below each figure.
- In Fig. 2, we plot the solutions at $t = 0, 0.1, 0.2, 0.5$.
- Figure 2 shows the evolution of the fluid front at $t = 0,\ 1875,$ and 2850.
- The inscribed figures correspond to equilibrium states.
- Figure 1 shows L^* as a function of α.
- Figures 5(a)–(d) are the computational results.
- We plot the interface positions at $t = 0, 0.1, 0.2, 0.5$.

- Each row shows two views of the surface at the same point in time.
- 수치방법의 수렴도를 나타낼 때 주로 표를 사용한다.
- Table 1 demonstrates the second-order accuracy of our approach as we refine the grid.
- Table 1 shows the convergence rate of the scheme.
- 표나 그림의 형식은 투고 예정인 저널의 최근 출간된 몇 편의 논문을 참고 한다.

1 2 3
4 5 6
7 8 9
left to right and top to bottom.
1 4 7
2 5 8
3 6 9
top to bottom and left to right.

제 3 절 Figure 작성시 유의사항

◦ 본문 내용을 읽지 않고도 표나 그림의 내용을 이해할 수 있도록 표나 그림을 작성해야 된다.
◦ 그림 작성 시 내용을 잘 알 수 있도록 폰트의 크기나 그림의 표현에 주의한다. Ticks의 크기는 본문에 있는 숫자의 크기의 대략 80 % 정도되게 한다. 또한 프린트 했을 때 나타내고자 하는 부분이 선명하게 보이는지 확인한다. ([그림 9.1] 참고)

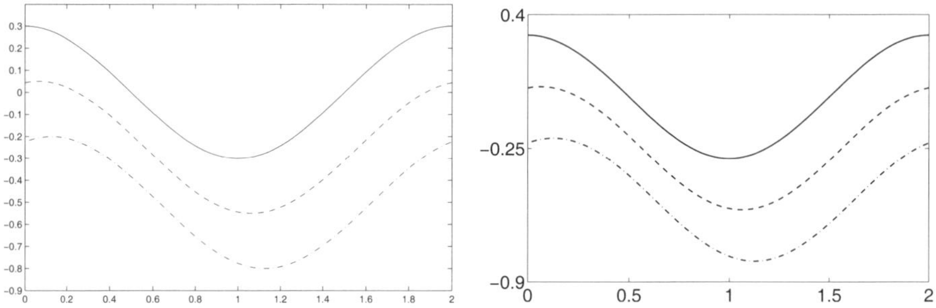

(a) (b)

그림 9.1: (a) Ticks의 크기와 그래프의 굵기가 작은 경우. (b) 적당한 경우.

3.1 Figure copyright 얻는 방법

* 이미 출판된 논문의 그림(본인의 논문을 포함)을 사용할 경우에는 필히 출판사의 사용허락을 받아야 하고 다음과 같이 그림의 caption 부분에 이를 다음과 같이 명시한다.

1. Reprinted from Bearer *et al.* [3], with permission from the American Association for Cancer Research.

2. Reprinted with permission from Liu et al. [1]. Copyright 2009 by the American Physical Society.

3. Reprinted from Carlson et at. [1] with permission from Elsevier Science.

4. With kind permission from Springer Science + Business Media, Journal of Mathematical Biology, Nonlinear simulation of solid tumor growth using a mixture model: invasion and branching, Vol. 58, 2009, p. 723, V. Cristini, X. Li, J.S. Lowengrub and S.M. Wise.

1. 인용하고자 하는 논문을 구글에서 검색하여 그 저널 사이트로 들어간다.
2. 논문 제목 주변 메뉴에 있는 ‘Right & Permissions’라는 메뉴를 클릭한다.

Browse the Journal | Articles ASAP | Current Issue | Submission & Review | Open Access | About the Journal

Letter

Next Article > | Table of Contents

Comparative Study of the Dynamics of Lipid Membrane Phase Decomposition in Experiment and Simulation

Stefan Burger†, Thomas Fraunholz‡, Christian Leirer†, Ronald H. W. Hoppe‡§, Achim Wixforth†, Malte A. Peter‡∥, and Thomas Franke*†

† Institut für Physik, Microfluidics Group, Universität Augsburg, Universitätsstraße 10, 86159 Augsburg, Germany

‡ Institut für Mathematik, Universität Augsburg, Universitätsstraße 14, 86159 Augsburg, Germany

§ Department of Mathematics, University of Houston, Houston, Texas 77204-3008, United States

∥ Augsburg Centre for Innovative Technologies, 86135 Augsburg, Germany

Langmuir, **2013**, *29* (25), pp 7565–7570

DOI: 10.1021/la401145t

Publication Date (Web): May 28, 2013

*E-mail: thomas.franke@physik.uni-augsburg.de.

Article Options

ACS ActiveView PDF
Hi-Res Print, Annotate, Reference QuickView

PDF (1587 KB)

PDF w/ Links (322 KB)

Full Text HTML

Abstract
Figures
References

Add to ACS ChemWorx

Add to Favorites
Download Citation
Email a Colleague
Order Reprints
Rights & Permissions
Citation Alerts

SciFinder® Sign in

Abstract

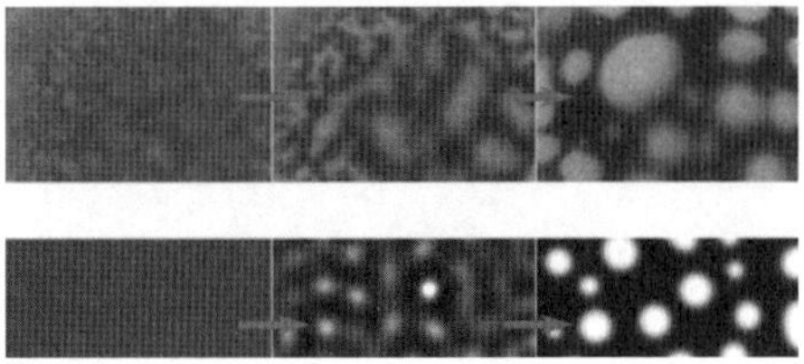

3. ‘Permissions’을 클릭하면 나오는 화면([그림 9.2(a)])에서 ‘reuse in a journal’을 선택한다.
4. [그림 9.2(b)]와 같이 설정한다.
5. Permission을 얻는 마지막 단계는 저널마다 조금씩 다르다. 이 경우 별도의 허가 없이 바로 사용가능하다.

* 컬러 그림일 경우 흑백 프린터로 출력했을 경우에도 보기 좋도록 주의하고 될 수 있는 한 흑백 그림으로 제시한다. 이는 컬러로 그림을 넣고 본문에서 그림을 설명할 때 컬러로 설명을 하면 흑백으로 인쇄한 것과 일치하지 않아서 논문 내용을 이해하는데 지장이 있기 때문이다.

* 여러 그림이 함께 포함된 경우, [그림 9.3]과 같이 caption을 작성하며, [그림 9.4]와 같이 sub-index (예를 들면, (a), (b))이후의 영문은 대문자로 시작한다.

- As time increases these curves move to the right with speed v.
- In a magnification of the region of the secondary neck (Fig.3(b)), the interface thins near the main drop.
- These results strongly suggest that

제 4 절 Discussion

Discussion은 연구의 결과들을 반복해서 기술하는 것이 아니라 중요성에 대해서 탐구해야 한다. Results와 Discussion을 합해서 기술해도 무방하다.

It is worth pointing out that for moderate accuracy, GMRES was slightly better than CG.

(a)

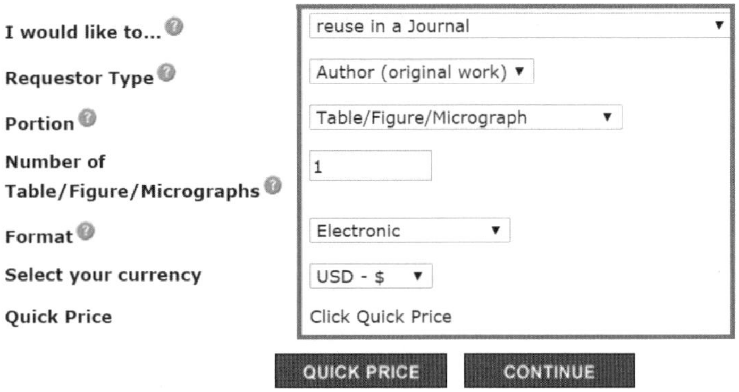

(b)

그림 9.2: Figure copyright 얻는 방법

Copyright Clearance Center RightsLink®

Home | Account Info | Help

ACS Publications
Most Trusted. Most Cited. Most Read.

Title: Comparative Study of the Dynamics of Lipid Membrane Phase Decomposition in Experiment and Simulation

Author: Stefan Burger, Thomas Fraunholz, Christian Leirer, et al

Publication: Langmuir

Publisher: American Chemical Society

Date: Jun 1, 2013

Logged in as:
Junseok Kim
Account #:
3000472239
LOGOUT

PERMISSION/LICENSE IS GRANTED FOR YOUR ORDER AT NO CHARGE

This type of permission/license, instead of the standard Terms & Conditions, is sent to you because no fee is being charged for your order. Please note the following:

- Permission is granted for your request in both print and electronic formats, and translations.
- If figures and/or tables were requested, they may be adapted or used in part.
- Please print this page for your records and send a copy of it to your publisher/graduate school.
- Appropriate credit for the requested material should be given as follows: "Reprinted (adapted) with permission from (COMPLETE REFERENCE CITATION). Copyright (YEAR) American Chemical Society." Insert appropriate information in place of the capitalized words.
- One-time permission is granted only for the use specified in your request. No additional uses are granted (such as derivative works or other editions). For any other uses, please submit a new request.

If credit is given to another source for the material you requested, permission must be obtained from that source.

BACK | CLOSE WINDOW

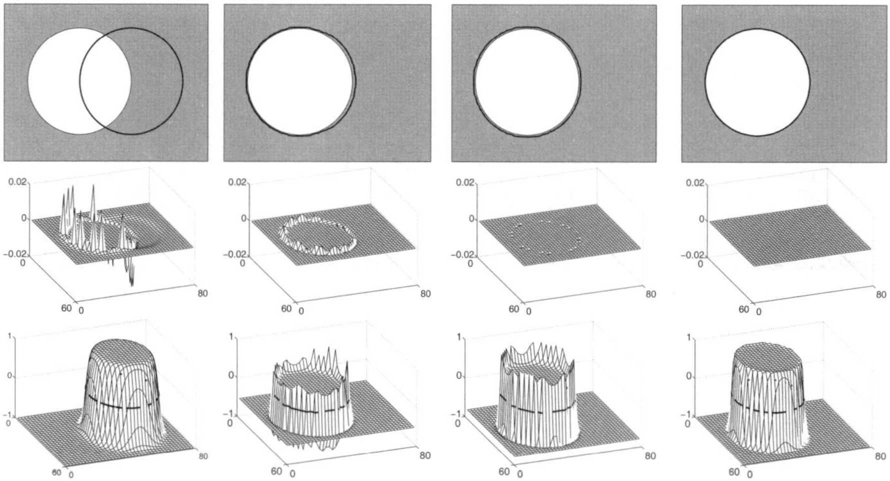

(a) (b) (c) (d)

그림 9.3: Synthetic image segmentation using the proposed method. Top: the evolution of the zero level set of ϕ. Middle: the evolution of the right hand side term of Eq. (2), i.e., $\lambda[(1-\phi^{n+1})(f_0-c_2^n)^2 - (1+\phi^{n+1})(f_0-c_1^n)^2]$. Bottom: the evolution of ϕ and its zero level set. Columns (a)-(d) are at $n = 0$, 1, 2, and 6, respectively.

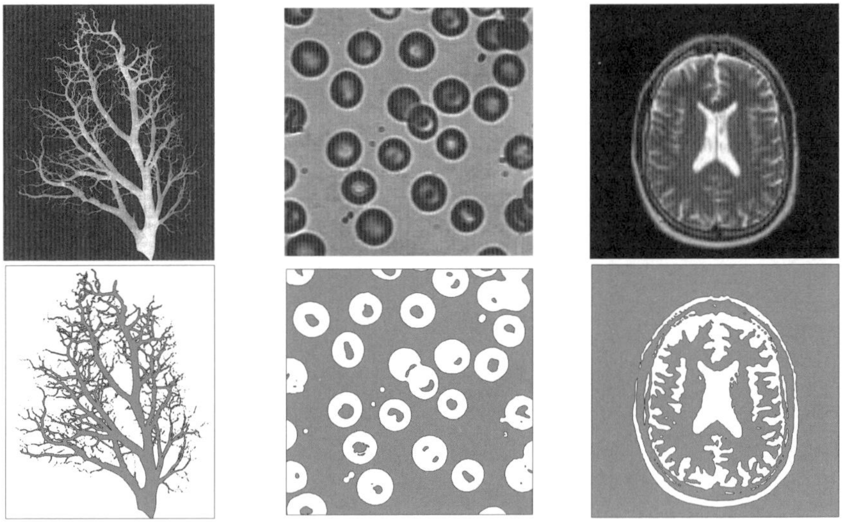

(a) (b) (c)

그림 9.4: Medical image segmentations. Top row: original images. Bottom row: converged results. (a) Blood vessels image with size=600×514. (b) Cell image with size=272×262. (c) Brain MR image with size=350×350.

10장

Conclusion

대부분의 독자들은 Abstract와 Conclusion 부분을 먼저 읽기 때문에 Conclusion을 잘 작성해야 된다. **Conclusion에서는 논문의 주요 연구결과를 명확하게 요약하고 연구결과가 적용될 수 있는 일반화를 기술하며 앞으로의 연구주제를 제시한다.** 간단하게는 Abstract의 내용을 과거형 시제를 사용하여 서술할 수도 있다. 하지만 이때에는 Abstract와 문장을 너무 같게 써서는 안 된다. 단지 내용을 참고하여 새로이 쓰도록 한다. 결론 부분의 1/3 정도는 초록 부분의 내용, 1/3은 논문의 본문 내용으로부터 의미 있는 결론, 그리고 나머지 1/3은 앞으로의 연구주제를 기술하기도 한다. 다음 표현은 미래연구 내용에 대한 기술방법이다. 미래연구주제에 관해서는 저자가 직접 진행하고 있거나 미래에 하겠다는 것과 주제가 오픈되어 있어서 관심이 있는 누구나 연구를 진행해 보라고 추천하는 경우가 있다. **미래주제와 본 연구와의 연관성을 보여주는 것은 본 논문이 미래에 인용이 될 것임을 함축한다.**

- **In future work**, we will investigate the effects of edge diffusion, anisotropy and elastic interactions as these phenomena can play a critical role in step meandering and bunching instabilities

- **As future research** the methodology introduced in this paper can be combined with a fast summation technique.

- More extensive three-dimensional simulations and more detailed analysis will be carried out **in our future works**.

효율적으로 Conclusion을 작성하는 삼단계

- 주요 연구결과를 명확하게 요약
- 연구결과가 적용될 수 있는 일반화를 기술
- 미래주제 추천

* 연구논문의 Conclusion을 쓸 때, 무조건적으로 과거시제를 사용하지는 않는다. 예외인 경우 중 일반적인 사실을 기술할 때에는 현재시제를 사용해야 한다. 몇 가지 예를 소개한다.

- The earth moves around the sun.
- Glass breaks easily.
- Fire burns.
- Tree turns green in spring.
- Practice makes perfect.
- It can be generalized to three-dimensional problems fairly easily.

The numerical results are in good agreement with experimental data and other numerical solutions.

제 1 절 유용한 표현

다음은 여러 논문들의 Conclusion 부분이다.

- **In this article, we proposed a new phase-field model for the incompressible, immiscible ternary fluid flows with interfaces.** The model consists of a Navier–Stokes equation with an extra surface tension term resulting from the presence of interfaces and a Cahn–Hilliard equation with the corresponding transport term. We used a recent chemical potential [5] and continuous surface tension force formulation [20], which has the capability to generalize to multicomponent fluid flow models. We presented several illustrative numerical examples which exhibited various physical mechanisms of the model and demonstrated its robustness and versatility. **In upcoming work**, we will investigate the cases with more than three-component fluid flows with surface tension. In that work, we will generalize the continuous surface tension force formulation to multicomponent (more than three) fluid flows.

- **A new surface tension force formulation for diffuse-interface models has been derived for incompressible, immiscible Navier–Stokes equations separated by an interface. The new formulation allows us to calculate pressure field directly from the governing equations. Numerical experiments have been presented to demonstrate the accuracy and effectiveness of the method. The results showed that the method is promising in the numerical simulation of two-phase fluid flows.** In the future, we would like to incorporate adaptive mesh refinement method into the diffuse-interface method. When we solve fluid flow problems with moving interfaces numerically, high grid resolution is needed to adequately solve the equations. However, there are often also large portions of the domain where high levels of refinement are not needed; using a highly refined mesh in these regions represents a waste of computational effort. By locally refining the mesh only where needed, Adaptive Mesh Refinement (AMR) allows concentration of effort where it is needed, allowing better resolution of the problem. Fig. 16 illustrates this concept. We recursively refine the mesh around the interface to resolve interfacial area and put most of computational load on that region. Currently, we are developing AMR diffuse-interface model for an incompressible two-phase fluid flow system using the adaptive framework [1] from "The Center for Computational Sciences and Engineering at Lawrence Berkeley National Laboratory".

- **In this paper, an efficient and accurate numerical scheme was proposed for solving the CH equation with a variable mobility.** The new scheme is solved by a nonlinear multigrid method and is second-order accurate in space and time. We have studied the dynamics of the one-, two-, and three-dimensional CH equations with a constant mobility and a compositional-dependent mobility. Particularly, we compared the kinetics of bulk-diffusion-controlled coarsening and interface-diffusion-controlled coarsening. We found, in the case of a variable mobility, after the early stages there is very little interaction of regions that do not intersect and the evolution takes place locally where the local mass is preserved. The final frame yields a numerical stationary solution consisting of many components that do not intersect. While, in the case of the constant mobility, diffusion through bulk regions is still possible and disconnected regions influence each other in order to decrease the total amount of interfacial area. For large times, constant mobility CH systems generically lead to situations where each phase occupies only one connected part of the domain.

  An efficient, second order accurate finite difference scheme was used to simulate a phase-field model of the dynamics of step-flow during epitaxial growth. Step meandering and bunching was studied. Step-step interactions were seen to reduce the meandering instability. **In future work**, we will investigate the effects of edge diffusion, anisotropy and elastic interactions as these phenomena can play a critical role in step meandering and bunching instabilities [1].

- We proposed the generalized continuous surface tension force (GCSF) model for surface tension for multi-component fluid flow. In the GCSF model, a surface force was formulated to model numerically the surface tension effects at fluid interfaces having finite thickness. The method is ideally suited for multi-component fluid flows. We overcame previous shortcomings on the extension to multi-component (more than three) fluid flows. The GCSF model has been validated successfully on both static and dynamic interfaces having surface tension. An important aspect of the GCSF is its generality with respect to the number of the fluid components. In general, for N component fluids, the surface tension force formulation is

$$\mathbf{SF}(\mathbf{c}) = \sum_{i=1}^{N-1} \left(\sum_{j=i+1}^{N} \frac{\sigma_{ij}}{2} [\mathbf{sf}(c_i) + \mathbf{sf}(c_j)] \delta(c_i, c_j) \right).$$

Although this generalized surface tension force formulation was described in the context of the phase-field method, we expect that it can be useful in other methods such as the level set method. Further topics of our future research related to the presented GCSF include higher order numerical treatments and sophisticated formula to accurately recover the interfacial angles at triple points where three fluids are in contact. Also, to speed up the calculations, we will investigate an adaptive time stepping algorithm as in [10].

11장

Acknowledgements

일반적으로 acknowledgements는 Appendix나 Reference 바로 앞에 오지만 저널에 따라서는 연구비 지원에 따른 사사는 논문의 첫 페이지 footnote 위치에 놓이는 경우도 있다.

> 한국연구재단의 지원을 받은 연구결과의 사사문구는 다음과 같다. 다만 사업별 그리고 연도별 사사문구의 차이가 있을 수 있으므로 재단 홈페이지를 통해 확인해 보아야 한다.
>
> - This research was supported by Basic Science Research Program through the National Research Foundation of Korea(NRF) funded by the Ministry of Education, Science and Technology (No. 한국연구재단에서 부여한 과제 관리번호).

세 명 이상의 공동 저자가 있을 때 그 중 일부가 A라는 기관을 사사할 경우는 다음과 같이 쓴다.

- The first(John) and second(Porter) authors acknowledge the support of

A.

두 개 이상의 기관을 사사하고 싶을 때에는 다음과 같이 쓰도록 하자.

- This research was supported by A. This research was supported by B.
- This research was supported by A. The first author (G.D. Hong) was supported by B. The corresponding author (J.S. Kim) was also supported by C.

논문의 주제를 제안해 준 연구자에게 감사 표현할 때, 다음과 같이 표현한다.

- The author thanks John Lowengrub for suggesting this problem and for valuable discussions regarding the energy stability of the proposed scheme.
- The authors thank Herman Frieboes, Junseok Kim, Xiangrong Li, John Sinek, and Xiaoming Zheng for many useful discussions.
- The authors would like to acknowledge fruitful conversation with our colleagues J.S. Kim, J.S. Park, and J.S. Lee.
- The authors would like to thank Professor John Lowengrub for helpful conversations on interface computations.

지도교수에게 감사를 표하고자 할 때, 다음의 표현을 이용한다.

- The author thanks his advisor, John Lowengrub, for intellectual and financial support.

예를 들어 본인의 논문에 다른 연구자의 프로그램 코드를 사용하였다면 다음과 같이 감사를 표할 수도 있다.

- We greatly appreciate Dr. Junseok Kim for generously providing the multigrid code for the binary and ternary Cahn–Hilliard equations without the presence of elastic energy.

- The authors appreciate the help of Dr. Junseok Kim in using the ODE solver, bvp5c.

- The authors would like to thank C. Permann (INL), J. Miller (INL), and R.H. Stogner (Univ. of Texas, Austin) for their invaluable assistance in the preparation of this manuscript.

주의할 사항은 만약에 논문의 결과가 잘못되었을 경우 많은 도움을 주었다고 언급한 사람에게 누가 될 수 있으므로 사전에 허락을 받거나 논문의 결과에 확신이 있을 때 사사한다 [4] .

The authors are indebted to John Kim for his pioneering work on the method and for helfful discussions on the use of the method in the context of IBM computations.

We also thank the Center of Applied Scientific Computing at Lawrence Livermore National Laboratory for providing us with access to the computational resources required to perform the simulations of cardiac blood-muscle-valve mechanics.

Junseok Kim would like to acknowledge the hospitality received at Minnesota during his visit where he accomplished this work.

논문이 학위 논문에 바탕을 두었을 경우에는 다음과 같이 표현한다.

This work is a part of the first author's Ph.D. thesis at Courant Institute of Mathematical Sciences, New York University.

학위논문 사사

I am heartily thankful to my supervisor, Jane Eyre, whose encouragement, guidance and support from the initial to the final level enabled me to develop an understanding of the subject. Lastly, I offer my regards and blessings to all of those who supported me in any respect.

제 1 절 Appendix

저자가 독자의 논문의 이해를 돕기 위해서 좀 더 자세하게 기술한 내용들은 Appendix에 넣어 논문을 작성한다. 논문사사와 참고문헌 사이에 Appendix를 위치시킨다.

```
\section*{Appendix}
\appendix
```

The Mathematica code follows with some explanations of critical steps.

The program code is available upon request.

Brief details of the derivation of the finite-difference approximation (1) are given here.

A sample MATLAB code is given in Appendix A.

12장

References

인터넷 홈페이지의 reference format과 pdf 에서의 reference format이 다른 수 있다. 또한 같은 저널에서도 년도에 따라 다를 수 있으므로 pdf와 최근 형식을 따른다. 참고문헌을 리스트 할 때에는 저자의 알파벳 순서로 하는 것이 중복을 피할 수가 있다. 최종 제출할 때에는 저널 포맷에 맞게 다시 순서를 변경한다. **Journal short name**을 찾으려면 다음 웹주소를 간다.

`http://images.webofknowledge.com/WOK46/help/WOS/A_abrvjt.html`

참고문헌을 적을 때는 인용을 하려는 논문을 인용한 논문을 찾아서 그 논문의 참고문헌에 있는 것을 사용한다.

Reference는 논문을 쓰면서 인용된 논문이나 책, 혹은 인터넷 사이트를 제시하는 부분이다. **저널에 따라 참고문헌을 쓰는 다양한 형식이 있으므로 반드시 확인하여 작성한다.** 확실한 방법은 최근에 출판된 논문(3-4편 정도)에 나오는 참고문헌 형식을 따르는 것이다.

References 리스트에는 본문에서 인용된 것만 그리고 출판되었거나 출판예정인 논문만 포함해야 한다. Personal communications and unpublished works should only be mentioned in the text.

(1) 비영어권 나라의 저자 이름을 쓸 때, 다음의 Mathematical accents를 참고하여 쓰자.

$\hat{a}$	`\hat{a}`	$\breve{a}$	`\breve{a}`	$\grave{a}$	`\grave{a}`	$\bar{a}$	`\bar{a}`
$\check{a}$	`\check{a}`	$\acute{a}$	`\acute{a}`	$\tilde{a}$	`\tilde{a}`	$\vec{a}$	`\vec{a}`
$\dot{a}$	`\dot{a}`	$\ddot{a}$	`\ddot{a}`	$\mathring{a}$	`\mathring{a}`		

예를 들어 á 는 다음과 같이 입력한다. `$\acute{\mbox{a}}$`

(2) and의 유무

(3) 세 명의 저자를 A, B, and C 또는 A, B and C 중 어떻게 표현할 것인가?

(4) 논문 저널명의 약어가 올바르게 쓰였는가?

(5) 주의할 점은 다른 논문의 참고 문헌에서 복사하여 붙여넣기를 할 때, 간혹 page number가 123?456으로 붙는 경우가 있으니 확인하자.

(6) 참고문헌의 나열이 제1저자명의 알파벳 순서의 나열인가? 아니면 본문에서 인용되는 순서의 나열인가?

(7) 저자의 first name을 줄이지 않고 그대로 사용하였는가?

(8) 투고하려는 저널의 논문이 references에 있는지 확인한다. 이는 논문이 해당 저널에 적합한지에 대한 간접적인 척도이다.

(9) 저자 이름 표기 확인 - 저널의 형식에 맞추어 저자 이름을 표기 한다. 예를 들어, 홍길동인 경우,

- Hong, G. D.
- Hong, G-. D.
- G. D. Hong

- G. Hong
- GD Hong

등으로 표기가 가능하니 반드시 확인한다. Reference는 저자 이름 중 성(surname, last name)의 알파벳 순서대로 나열하는 것이 일반적이다.

저널별 reference format 예

A.M. Roma, C.S. Peskin, M.J. Berger, An adaptive version of the immersed boundary method, J. Comput. Phys. 153 (2) (1999) 509–534.

F.H. Harlow and E. Welch (1965), Numerical calculation of time-dependent viscous incompressible flow of fluids with free surface. *Phys. Fluids* **8** 2182–2189.

Anderson, D., McFadden, G., Wheeler, A.: Diffuse-interface methods in fluid mechanisms. Annu. Rev. Fluid Mech. **30**, 139–165 (1998).

R. J. BRAUN AND B. T. MURRAY, *Adaptive phase-field computations of dendritic crystal growth*, 174 (1997), pp. 41–53.

Q. Du, C. Liu, and X. Wang, J. Comput. Phys. **212**, 757 (2006).

제 1 절 논문 마무리

공동논문일 경우 각자의 스타일로 각 섹션을 작성했으므로 전체적으로 일관성을 갖는 문장 스타일로 바꾸어야 한다. 논문 작성을 완료하였을 경우 본인이 사용한 표현들이 혹시 표절에 해당하는지 염려될 수 있다. 표절 검사와 관련된 많은 사이트가 존재하지만 그 중 한 가지 예를 보이면 카피킬러 라는 사이트가 있다. 홈페이지 주소는 www.copykiller.co.kr이고, 해당 페이지는 다음과 같다.

그림 12.1: 논문 표절 검사 사이트

13장

논문 투고과정

이 장에서는 논문을 저널에 투고 할 때 필요한 과정을 자세히 기술한다.

우선 연구 결과가 논문 출판으로서의 가치가 있는지 객관적으로 판단한다. 논문의 객관적 가치를 가늠하는 간접적인 척도로 논문결과의 하이라이트를 3개 정도 문장으로 써본다. 좋은 저널에 한 편의 논문을 발표하는 것이 조금 덜 좋은 저널에 여러 편 발표하는 것 보다 좋다는 일반적인 견해가 있지만, 대학원생일 때는 본인이 작성하고 있는 논문 결과의 성격에 따라 저널 수준을 정하는 것이 좋다. 또한 국내 학문의 발전에 기여한다는 점에서 해외 SCI나 SCIE 저널보다는 학진등재지 및 국내 SCIE, 국내 SCI에 먼저 투고를 고려해 보도록 하자.

논문을 투고할 때는 투고하는 원고가 최종본이라 생각하고 최대한 완성도를 높여서 제출하도록 한다. 논문을 투고할 학술지 선택은 작성중인 논문의 내용과 결과의 중요도에 따라서 가장 알맞은 학술지를 선택하도록 하며 선택시기는 논문 작성이 거의 완성되었을 때가 가장 알맞다고 생각한다. 논문에서 명확한 내용이 없거나 주장하고자 하는 바를 논리적이고 합리적으로 기술하지 못하면 좋은 논문이 될 수 없다. 투고할 저널을 선택할 시에는 현재 원고에 적어도 다섯 개 이상 참고문헌으로 포함되어 있는 저널을 선택하는 것이 좋다. 이는 현재 논문이 해당 저널에 적합한지 판단할 수 있는 간접적인 척도

이기도 하기 때문이다. 투고하는 논문은 paper라기 보다는 manuscript이라고 한다.

논문 투고시 유의사항.

1. 이전에 출판된 내용을 중복 제출해서는 안 된다.
2. 여러 저널에 같은 논문을 동시에 투고해서는 안 된다.
3. 논문의 모든 참여 저자가 투고에 동의 해야 한다.
4. 연구가 이루어진 회사나, 연구소, 학교의 암시적인 혹은 명시적인 동의가 있어야 한다.
5. 이전에 출판된 내용인 그림이나 사진은 출판사로부터 사용 permission을 받아야 한다.

논문을 투고할 저널을 선정한다. 저널 선정 시 논문의 내용과 가장 일치하는 저널을 선정하는 것이 좋다. 투고할 저널을 잘못 선택하면 리뷰과정 없이 리젝 되거나 리뷰과정이 필요이상으로 오래 걸린 끝에 리젝된다. 따라서 신중하게 투고할 저널을 선택해야 한다. 논문을 투고하기 위한 저널을 선택할 때에는 다음과 같은 사항에 유의하여 결정하도록 한다.

• 투고할 논문의 주제를 다루고 있는 저널 (저널의 투고 규정에 명시한 주제 범위와 논문의 성격 및 유형, 실제 수록된 논문들 사례, 간혹 컨퍼런스 특별호로 실리기도 하는 논문 주제는 제외한다. 왜냐하면 저널의 주된 관심 주제가 아닌경우도 있기 때문이다.)

• 권위있고 보편적으로 사용되는 국제적인 색인지 (SCI, SCIE)에 등재된 저널

• 인용도 (Impact Factor)가 높은 저널

• 논문심사 소요 기간

• 투고료 및 게재료 유무 (필히 확인한다.)

• 저널논문의 포맷

• 비교적 게재율이 높은 Open Access 전용 저널

[그림 13.1]은 논문 투고에서부터 출판까지의 일반적인 과정을 도식화한 것이다.

저널 등록

↓

논문 제출: Guide for authors 정독, 논문접수 확인 메일

↓

논문 심사

↓

논문 심사 결과 통보: accept, minor revision, major revision

↓

논문 최종 proof

그림 13.1: 논문 심사 과정.

논문 투고 과정은 주로 저널 홈페이지에 가입하는 과정에서 부터 시작하여 주로 다음 [그림 13.2]과 같은 순서로 이루어진다.

1. 저자는 해당 저널의 웹페이지에 가입하여 논문을 제출한다. (이메일이나 직접 편지로 논문을 받는 저널도 있다.)

2. 여러 에디터 중 적합한 에디터가 선정되어 논문을 관할한다. (저자가 에디터를 직접 선정하는 저널도 있다.)

3. 에디터는 심사 여부를 결정하여 논문에 번호를 부여한다.

4. 에디터는 저널의 성격과 맞지 않거나, 많은 논문이 밀려 심사가 필요하지 않다고 판단할 경우 rejection 결정을 하게 된다. 반면 심사가 필요하다고 에디터가 결정하면 심사자에게 심사를 맡기게 된다. (저자가 직접 심사자를 추천하는 저널도 있다.)

5. 심사자는 논문의 채택 여부를 결정하고 주요한, 혹은 작은 심사를 결정하여 피드백을 에디터에게 보내며, 이러한 피드백을 에디터는 저자에게 보

낸다.

6. 심사자의 심사의견서를 참고하여 에디터는 채택 여부를 결정한다. 채택되지 않으면 저자에게 결과가 알려지고 투고 과정이 종료된다. 만약 채택되면 에디터는 저자에게 채택 결정을 통지한다.

7. 에디터는 저자에게 교정할 내용과 출판에 관한 세부 사항을 공지한다.

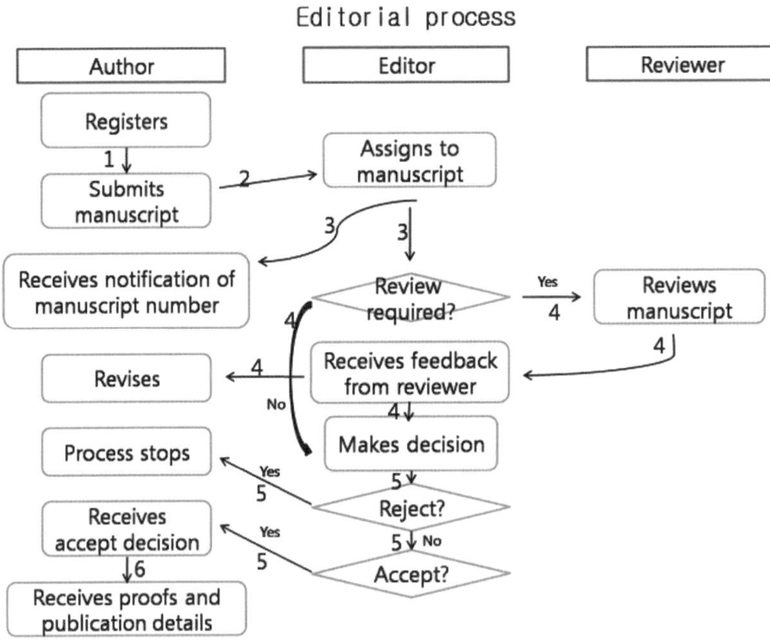

그림 13.2: 논문 투고 및 심사 과정

논문 저널 사이트에 있는 논문의 현재 status는 보통 다음과 같이 진행된다.

Submitted to journal – With editor – Under review – Required reviews completed – Decision in process

논문리뷰과정을 요약하면 다음과 같다. 저자가 논문을 저널에 투고하면 학회 직원이 논문의 기본 형식이 저널의 기준에 맞는지 검토를 하고 맞지 않으면 저자에게 논문을 반려해서 수정하게 한다. Editor는 associate editor를 선정하거나 본인이 직접 저자가 추천한 reviewer나 다른 reviewer에게 논문심사를 의뢰하는데 통상 3 ~ 4주의 기간을 주지만 강제성을 갖는 것이 아니라서 보통 기간이 잘 지켜지지는 않는다. 연구 분야에 따라 차이가 나겠지만 6개월 이상 연락이 없으면 progress check 메일을 보내본다. 모든 review report가 끝나면 논문의 채택 여부를 editor가 결정한다.

> 보통 저널이름에 'Letters'가 포함된 저널은 논문의 페이지 수를 제한하는 경우가 많다. 다음은 투고한 논문의 페이지 수가 저널에서 제한한 수를 넘었을 경우 받게되는 편집자의 답변이다.
>
> I am writing regarding some information about your manuscript. After further evaluation, we have discovered that your manuscript exceeds the page limits for Applied Mathematics Letters. We are suggesting that you try a different journal. Please note that the page limit for Applied Mathematics Letters is six single sided pages.

저널마다 각기 다른 논문 제출 형태를 가지고 있다. 어떤 저널은 논문을 pdf로 받고 추후 심사결과에 따라서 논문 원본과 관련된 소스파일을 요청하거나 처음부터 모든 논문 소스파일을 웹에 업로드 하는 것을 요구하기도 한다. 후자의 경우 저널 홈페이지에서 "Submit your Article"을 클릭하면 된다. 처음 투고하는 저널은 우선 register를 한다. 등록 후에는 ID와 password를 이용하여 log in 한다.

Limit of 6 typeset pages 라는 것은 manuscript가 paper로 조판되었을 때의 페이지 수 이므로 manuscript는 double space로 8 페이지 정도로 작성해도 무방하다.

Guide for authors를 자세하게 본다.

Journal of computational physics 저널의 경우 저자에 대한 의무에 대해서 다음과 같이 기술하였다.

표준 보고 논문의 저자들은 독창적인 연구결과와 연구의 중요성에 대한 객관적인 토론뿐 아니라 실행한 연구에 대해 정확한 설명을 제시해야 한다. 논문은 충분히 자세하게 기술되어야 하고 참고문헌이 있어서 다른 연구자가 연구결과를 재생산할 수 있어야 한다. 사기성이 있거나 고의로 부정확한 진술은 비윤리적인 행위이며 용납할 수 없다.

독창성과 표절 저자들은 전적으로 독창적인 연구결과임을 확인해야 하며, 만약 다른 연구자의 연구결과를 사용했다면 적절하게 인용해야 한다. 다른 연구자의 결과를 마치 자신의 연구결과인 것처럼 사용하는 표절은 연구윤리에 위배되고 용납될 수 없다.

이중투고 저자들은 본질적으로 같은 연구결과를 여러 개의 저널에 게재하면 안되고 투고해서도 안된다. 이는 연구윤리에 위배되고 용납될 수 없다. 따라서 일반적으로 저자는 이미 출간된 논문을 또 다른 저널에 게재할 목적으로 투고해서는 안 된다.

소스에 대한 사사 다른 연구자의 연구결과에 대한 적절한 사사를 명시해야 한다.

논문의 공동저자 공동저자는 논문에 대한 개념, 구성, 실험, 혹은 해설에 중요한 기여를 한 사람들로 제한해야 한다. 그렇지 않은 경우에는 논문의 사사부분에 그 기여를 기술하도록 하라. 교신저자는 알맞은 공동저자가 저자로 포함되어 있는지 그렇지 않은 공동저자가 포함되어 있는지 확인해야 한다. 또한 모든 공동저자가 투고할 논문의 최종버전을 확인하고 논문투고를 승인하는지 확인해야 한다.

같은 논문을 여러 저널에 동시에 투고하는 일이 없도록 한다. 서울대학교 연구윤리 지침(2010년)에 따르면 학위논문의 전부 또는 일부를 별개의 논문 또는 저서로 게재· 출간하는 경우는 중복 게재로 간주하지 않는다. 다만 정확한 출처표시 또는 인용표시를 하는 것을 원칙으로 한다. 각 저널의 투고 시스템이 다르기 때문에 투고 전에 guide for authors를 잘 읽어보기 바란다.

논문심사자는 투고논문에 대한 심사의견서를 editor에게 제출하면 editor는 이를 바탕으로 투고논문의 게재를 허락하거나 거절한다. 따라서 논문심사자가 게재허락 또는 거절하였다고 해서 항상 투고논문에 대한 결정이 일치하지는 않는다. 한 예로 Elsevier 출판사의 리뷰가이드에 따르면 peer review의 목적은 첫째, 좋은 연구결과만 출판이 되도록 거름막 역할을 하는 것이고 둘째, 투고된 논문의 질을 적절한 comment로 향상시키는 것이다.

논문의 질을 평가할 때 다음의 기준이 사용된다. reviewer가 이러한 기준을 적용하기 때문에 역으로 논문 저자들은 이러한 기준에 맞추어 논문을 작성하면 게재율을 높일 수 있다.

1. Originality: 논문이 충분히 novel 하고 학문적으로 interesting 한가?

2. Structure: 논문의 구조가 일목요연해서 독자가 논문의 내용을 별 무리 없이 읽을 수 있는가?

3. Title: 제목이 논문의 내용을 기술하는가?

4. Abstract: 논문의 내용을 잘 반영하는가?

5. Introduction: 논문의 저자가 이루고자 하는 것을 정확하게 기술하는가? 그리고 연구할 문제를 명확하게 기술하는가? 관련 선행연구들을 요약하고 설명하는가?

6. Methodology: 제안한 방법론이 타당한가?

7. Results: 연구결과를 설명하는가?

8. Conclusion and discussion: 결론에서의 주장이 결과에 의해 검증이 되는가? 연구결과가 과학지식을 한층 더 진보하게 했다는 것을 결론이 설명하고 있는가?

9. 언어: 많은 오타나 문법적 오류는 논문리뷰 자체를 진행 못하게 하는 주된 요인이므로 각별한 주의를 요한다.

> 다음 사이트는 논문의 영문교정을 해주는 유료 서비스 업체이다.
>
> - 하리스코 (HARRISCO) http://www.harrisco.net
> - 에디티지 (editage) http://editage.hibrain.net/editing

10. 인용: 만약 논문이 이전 연구에 바탕을 두었다면 적절하게 인용을 하였는가? 중요한 논문의 인용이 누락되지 않았는가? 참고문헌은 정확한가?

11. 만약에 논문이 다른 논문의 상당 부분을 표절했다고 의심이 되면 이전 논문에 대한 언급을 상세하게 기술해서 에디터에게 알려준다.

12. 만약에 논문의 내용이 사기에 가깝다면 이를 에디터에게 알려준다.

몇몇 학술지들은 논문의 인용횟수를 늘려 IF를 높이기 위해 많은 독자에게 관심이 있는 논문을 선호하는 경향이 있다.

논문의 질을 평가하는데 IEEE 저널은 다음의 기준이 사용된다

- Is the topic appropriate for publication in these transactions?
- Is the topic important to colleagues working in the field?
- Is the paper technically sound?
- Is the coverage of the topic sufficiently comprehensive and balanced?
- How would you describe technical depth of paper?
- How would you rate the technical novelty of the paper?
- How would you rate the overall organization of the paper?
- Are the title and abstract satisfactory?
- Is the length of the paper appropriate? If not, recommend how the length of the paper should be amended, including a possible target length for the final manuscript. Are symbols, terms, and concepts adequately defined?
- How do you rate the English usage?
- Rate the Bibliography.
- How would you rate the technical contents of the paper?
- How would you rate the novelty of the paper?
- How would you rate the "literary" presentation of the paper?

- How would you rate the appropriateness of this paper for publication in this IEEE Transactions?

논문 평가는 peer review 이다. 관련 있는 분야의 연구자가 논문을 심사한다. 논문평가 결과는 다음과 같이 분류된다.

1. Accept in the present form
2. Minor revision
3. Major revision
4. Rejection

제 1 절 Journal Finder

다음 사이트는 논문의 초록을 입력하면 적당한 저널을 찾아주는 웹사이트이다. `http://journalfinder.elsevier.com/` 라는 elsevier에서 제공하는 사이트가 있다. 이 사이트는 elsevier의 저널들 중에서 해당 내용에 적합한 저널을 찾아주는 사이트 이다.

제 2 절 Cover Letter

Cover Letter는 논문 원고와 함께 보내는 것이 좋다. 여러 명의 저자가 있다면 제출하는 저자의 주소를 적도록 한다. 또한, Editor에게 보내는 Cover Letter에는 작성한 manuscript의 significance와 novelty를 언급한다. 이렇게 함으로써 저널 Editor는 투고하는 논문에 조금 더 관심을 가질 것이다. 다음은 단독 논문일 경우 Cover Letter 예이다. 제출하는 원고가 새로운 것이고 다른 저널에 투고하여 심사 중이 아니라는 것을 밝힌다.

Cover Letter

July 14, 2009
Journal A

Dear Editor:
Please consider the manuscript entitled "A numerical method for the Cahn–Hilliard equation" authored by Junseok Kim which I am submitting for consideration for publication in Journal A. This manuscript is new and is not being considered elsewhere.
Sincerely,
Junseok Kim
Professor
Department of Mathematics
Korea University

다음은 공동 논문일 경우 Cover Letter 예이다.

Cover Letter

July 14, 2009
Journal A
Dear Editor:
Please consider the manuscript entitled "A numerical method for the Cahn–Hilliard equation" authored by Junseok Kim and Hongil Dong which we are submitting for consideration for publication in Journal A. This manuscript is new and is not being considered elsewhere.
Sincerely,
Junseok Kim
Professor
Department of Mathematics
Korea University

다음 메일은 논문제출시 추가 사항을 보완하여 cover letter를 재제출할 것을 요청하는 메일이다.

Date: 26-09-2011
To: "Junseok Kim" cfdkim@korea.ac.kr
From: "Journal of Biomechanics" JBM@elsevier.com
Subject: Please edit your submission

Title: Computational fluid dynamics on a cannula inserted in a vessel
Dear Professor Kim,

Your submission entitled "Computational fluid dynamics on a cannula inserted in a vessel" has been received by Journal of Biomechanics. However, before we can proceed with the review process we ask you to make the following changes to your submission: Please include the following information in your Cover Letter:

* A statement that all authors have made substantial contributions to all of the following: (1) the conception and design of the study, or acquisition of data, or analysis and interpretation of data, (2) drafting the article or revising it critically for important intellectual content, (3) final approval of the version to be submitted. Acknowledgements All contributors who do not meet the criteria for authorship as defined above should be listed in an acknowledgements section. Examples of those who might be acknowledged include a person who provided purely technical help, writing assistance, or a department chair who provided only general support. Authors should disclose whether they had any writing assistance and identify the entity that paid for this assistance.

* A statement that the manuscript, including related data, figures and tables has not been previously published and that the manuscript is not under consideration elsewhere.

Thank you for submitting your work to the journal. If you have any questions, please don't hesitate to contact me.

Yours sincerely,

Raquel Redondo

Editorial Office

Journal of Biomechanics

제 3 절 논문 투고하기 전 Check List

논문의 마무리 또한 매우 중요한 과정 중 하나이다. 다음을 체크해가면서 논문을 다시 한 번 살펴보자. 이와 더불어 투고하고자 하는 저널에서 제시하는 Guides for author를 참고하도록 한다.

• Abstract를 온라인에 copy & paste 할 때 문장이 인위적으로 칸 바꾸기 되지 않도록 조절한다.

• 논문을 online으로 제출하고 online 버전을 local 컴퓨터에 저장해 둔다. 이는 나중에 revision이 왔을 때 참고하기 위해서 이다.

• 온라인 html 로 된 논문 reference 형식과 pdf로 된 논문 reference 형식에는 차이가 있을 수 있다. 따라서 pdf reference 형식을 따라야 한다.

• Reference에 있는 저자들에게 논문 review 가 갈수 있음을 염두에 두자.

Manuscript submission

• 논문 내용은 이전에 출판된 것이 아니어야 한다.

• 다른 저널에 현재 심사 중인 논문은 안 된다.

• 논문의 모든 공동저자가 논문 출판을 승인해야 한다.

Keywords 논문의 핵심이 되는 단어를 적는다. 저널마다 keyword와 동시에 MSC 또는 PACS code를 적어야 하는 경우가 있다. 아래의 사이트를 참고하도록 하자.

Mathematics Subject Classification (MSC) http://www.ams.org/msc/
Physics and Astronomy Classification Scheme (PACS)
http://www.aip.org/pacs/

classification 보통 저널마다 classification 리스트들이 주어지며 논문의 내용과 부합하는 것을 선택하면 된다.

현재 작성중인 full paper의 내용을 논문 발표 실적으로 인정되지 않는 conference proceeding 으로 발표할 경우 중복 게재의 오해를 방지하기 위해 proceeding 내용을 paper의 내용과 다른 것이 되게 작성한다.

Check List

체크(∨)	내용
	논문의 목적이 분명하게 기술되어 있는가? Is the goal of the paper clear?
	투고할 저널이 적절한가? 적절하지 않은 저널에 투고할시 시간을 낭비할 수 있다.
	인용이 올바르게 되었는지 확인
	인용되지 않은 참고 문헌은 삭제
	참고 문헌을 알파벳 순서대로 또는 인용 순서대로 정렬
	여러 개의 인용시 순서 확인 ([3, 11]처럼 순서 확인)
	사사 표시 확인
	저자 이름 스펠링 표기법 확인 (W.F. or W. F.)
	교신저자표시(Corresponding author)
	저자 소속 주소 확인

	본문 단어 오타 확인
	모든 Figure에 대하여 설명하였는지 확인
	모든 Table에 대하여 설명하였는지 확인
	참고문헌 저널명 약자 확인
	투고하는 저널의 최근 2년간 문헌을 세 개 이상 인용하였는가? (연구주제와 일치하는 참고문헌 선택)
	투고하는 저널의 형식을 최근 발표된 3개 정도의 논문을 참고 한다. 제목, Fig 약자, 주소, Reference 형식 등
	Cover letter에 투고하는 저널명을 맞게 사용하였는가?
	참고문헌의 대소문자 확인 (특히 book의 포멧확인)
	식, 그림, 테이블에서 중복 label은 없는가?
	방정식이 칸을 넘지 않게 한다.
	Cover letter 에 논문의 significance 와 novelty를 언급했는가?
	다른 논문에서 가져온 표현을 그대로 사용했는가? 표절을 방지하기 위해서 원문과 너무 비슷하게 바꿔 쓰지 말아야 한다. 자신의 어휘로 인용할 구절을 더욱 명확하고 선명하게 표현하고 출처를 밝히면 표절을 방지할 수 있다 [5] . **중요) 꼭 확인하고 논문 전체를 다시 쓸 것**
	Abstract에는 포함될 내용들이 모두 들어있는가? (5장 Abstract 참조).
	So 라는 표현은 구어적인 느낌이 강하므로 다른 표현 (therefore, thus, hence)으로 바꾼다.

	didn't나 Let's 등 구어체 언어를 사용하지 않았는가?
	전화번호, Fax 번호, 주소는 정확하게 기재되었는가?
	Numerical scheme이 포함되는 경우 convergence test 는 했는가?
	Highlights와 Graphical Abstract 도 논문평가의 한 요소이다.
	그림파일은 그림번호로 정한다. e.g., Fig1.eps
	Template 이 없는 저널에 투고시 Preprint submitted to Elsevier Science와 같은 표현은 삭제 후 제출한다.
	학위논문의 일부 내용을 저널에 제출시 다음과 같은 문구를 논문 사사에 넣는다. This work is based on the author's Ph.D. thesis [1].
	논문 투고시 최신 버전의 원고를 투고한다. 실수로 이전 버전의 원고를 투고하지 않게 주의한다.
	논문 내용을 이전에 학회에서 발표한 경우 다음을 논문 첫 페이지 하단이나 논문사사에 넣는다. An earlier version of this paper was presented at the KSIAM 2011 Spring Conference
	Conflict of Interest The authors declare that there is no conflict of interests regarding the publication of this article.
	논문저자순서와 논문사사 문구에 대해서 다시 한 번 확인한다. 추후 revision과 final proofreading에서 수정 할 수도 있지만 경우에 따라서는 수정하기 힘든 경우와 사유서를 제출해야 하는 경우도 있다.

	본문에서 사용한 symbols가 두 개이상의 의미로 정의되지 않았는지 확인한다. ϵ: interface thickness, ϵ: tolerance

Author's guide에 나오는 내용에 대한 Check List

체크(∨)	내용
	Figures should not be placed in between the text. It should be provided at the end of references.
	Double line spacing for the manuscript.
	위 주의 사항을 모두 체크하였습니다. 이름:

논문 온라인 탑재시 manuscript tex 파일과 함께 cls 파일을 같이 탑재해야 할 때도 있다.

논문 카테고리

• full paper, research paper, regular paper, original paper (일반적인 논문)

• review (리뷰 논문) • erratum (오타 정정)

• Letter, short communication, rapid communication 등과 같은 단신출판은 그 분야에서 중요한 결과를 갖게 되었을 때 빨리 학계에 알려서 그 결과를 공유하며 토론하고자 하는 출판 방법이다 [4] .

3.1 Reviewer 선정 방법

보통 3명에서 많게는 8명 정도의 reviewer 리스트를 논문 투고할 때 제공해야 한다. Reviewer를 제안할 때는 투고하고자 하는 논문의 분야를 너무 모르는 사람은 되도록 제안하지 않도록 한다. 가능한 심사자는 본인 논문을 인용한 연구자나 본인이 논문을 리뷰한 연구자가 될 수 있다.

논문 reviewer는 1) 투고하려는 원고의 연구 분야의 전문가 이어야 한다. 2) 원고의 연구 분야에 최근 10년간 관련 논문을 출간해야 한다. 3) 현재 활발하게 연구를 하고 있어야 한다. 인터넷 서칭을 통해 연구자의 홈페이지 확인을 하면 알 수 있다.

투고예정의 연구논문에 인용된 논문의 저자 위주로 찾는 것이 좋다. 왜냐하면 본인의 논문을 인용하였기 때문에 논문 리뷰에 긍정적일 수 있기 때문이다. 또한 reviewer의 정확한 이메일 주소와 소속을 미리 조사하도록 한다. 많은 reviewers를 추천할수록 논문 프로세싱을 빠르게 할 수 있다 (단, 리뷰어 추천자 수에 제한이 있는지 확인한다). 제안하는 이유를 쓸 때는 reviewer의 성별을 나타내는 he나 she보다는 reviewer의 이름을 사용하도록 한다. 왜냐하면 last name만을 보고 성별을 구별하기가 쉽지 않은 경우가 있기 때문이다.

예) : Junseok Kim is an expert in this research area.

논문을 리뷰 하는 것은 학계에 대한 봉사이다. **내가 투고한 논문을 다른 연구자가 리뷰해주기를 원하는 것처럼 다른 연구자가 투고한 논문도 분야가 맞으면 리뷰를 해주는 것이 학계에서의 에티켓으로 생각해야 된다.** 또한 리뷰를 많이 하는 것은 본인이 논문을 투고할 때 추천 리뷰어로 선택할 수도 있어서 좋다.

editor 각 저널의 분야마다 editor들이 있다. editor를 굳이 선택해야 하는 것은 아니지만 좀 더 빠른 논문 심사 과정을 위해서는 투고하는 논문 분야의 editor를 선택하는 것이 좋다.

attach 논문 파일을 업로드할 때는 각 저널마다 시스템이 다르므로 주의하도록 하자. 업로드할 파일들을 개별적으로 업로드할 수도 있지만 대부분의 저널들은 zip파일을 올렸을 경우 자동적으로 압축을 풀어 업로드가 되는 시스템을 구축하고 있으니, 압축하여 한 번에 올리는 것이 간편하다.

withdrawal 논문 파일을 업로드하는 경우 저널에 따라 소스파일 전체를 혹은 compile한 파일을 올려야 하므로 저널에서 요구하는 형태를 확인한 후 논문 파일을 업로드 하도록 한다. 저널의 규정에 맞지 않는 파일을 업로드 하였을 경우 이미 투고한 파일을 삭제하고 다시 업로드 하도록 한다. 다음은 잘못된 논문 파일을 업로드 하였을 경우 저널담당자에게 보내는 메일의 예이다.

> Dear editor,
> We have recently submitted our manuscript (Manuscript FLD-10-0109 - International Journal for Numerical Methods in Fluids). However we have submitted the wrong files. So, we wish to withdraw the Manuscript FLD-10-0109 - International Journal for Numerical Methods in Fluids.
> (We already have re-submitted the proper ones again : Manuscript FLD-10-0110 - International Journal for Numerical Methods in Fluids)
> Thank you in advance.

제 4 절 Technical Check in Progress

투고한 논문이 저널 규정에 맞게 작성이 되지 않은 경우 심사를 받기 전 저널의 편집장으로부터 다음과 같은 메일을 받게 된다.

Thank you for submitting your work to Journal ABC.
Before we pass on manuscripts to the Journal Editor, who is responsible for the scientific assessment, we perform an initial check against formal technical criteria (structure of submission, adherence to the Guide for Authors and English language usage). We regret to inform you that your manuscript does not meet the journal's required standard for the reasons detailed in the comments below.
You are welcome to resubmit your manuscript. Should you do so, please ensure that every aspect of the manuscript is in accordance with the Guide for Authors. You must also submit a separate list of responses to the problems that were raised, under the submission item "Responses to technical check results". We regret that without a completed "Responses" sheet, your manuscript will not be further processed.
PLEASE NOTE: resubmission is not a guarantee that your paper will subsequently proceed to the peer review process, which is a decision to be made at the sole discretion of the Editor.
Yours sincerely,
Comments:
1) Full contact addresses of only 3-5 potential reviewers including their e-mail addresses should be provided.
2) Graphical abstract should be structured under the heading "Graphical abstract".

위에서 제기된 문제점들에 대하여 다음과 같이 Responses to technical check results을 작성한 후 pdf 파일로 저장하여 온라인으로 재 투고한다.

<JOURNAL TITLE>
<MANUSCRIPT TITLE>

Dear editor,
Thank you for your useful comments and suggestions on the language and the structure of our manuscript. We have modified the manuscript accordingly, and the detailed corrections are listed below point by point:
1) Full contact addresses of only 3-5 potential reviewers including their e-mail addresses should be provided.
ϒ We suggested 5 potential reviewers including their e-mail addresses.
2) Graphical abstract should be structured under the heading "Graphical abstract".
ϒ We corrected a graphical abstract that structured under the heading "Graphical abstract".
The manuscript has been resubmitted to your journal. We look forward to your positive response.
<Signature>

위에서 언급된 Graphical abstract이란 투고한 논문을 대표하는 그림을 말한다 ([그림 13.3] 참고). Graphical abstract을 정할 때는 논문의 주제를 가장 잘 나타낼 수 있으며 한눈에 알아보기 쉬운 논문 안에 있는 그림을 선택하는 것이 좋으며, 논문을 투고할 때 함께 투고하면 된다.

제 5 절 Revision

다양한 이유로 revision을 할 수 없는 경우에는 revision rejection을 한다.

5.1 Revision 기간

Revision 기간은 각 논문의 경우마다 다르다. 어떤 경우에는 한 달, 길게는 1년을 부여하기도 한다. 아주 minor한 경우에는 바로 답변을 보내주어도 상관없지만 major revision인 경우에는 시간을 들여 정성껏 꼼꼼히 코멘트에 대해서

Graphical abstract

The effect of h_∞ on the finger shape for Marangoni-driven flow. (a) $h_\infty = 0.175$, (b) $h_\infty = 0.20$, and (c) $h_\infty = 0.225$. The evolution of the fluid front is from bottom to top. The times are at $t = 1250$, 1500, 1875, and 2500.

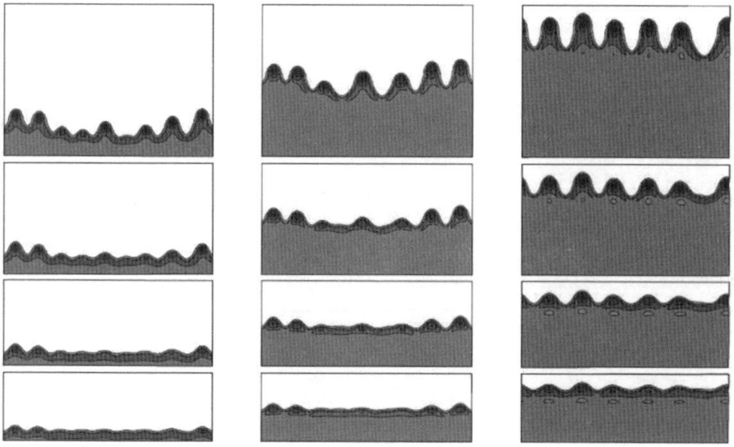

(a) (b) (c)

그림 13.3: Graphical abstract

적절한 답변과 논문을 수정하여 제출해야 한다. 가능한 한 달 이내로 신속하게 답변을 보내다. 너무 늦게 보내는 경우 처음 리뷰어가 논문리뷰를 거절 할 수도 있다. 그럴 경우에는 논문심사가 상당히 지연될 수도 있다.

5.2 Revision cover letter

다음은 revision cover letter에 대한 샘플이다.

> **Cover Letter**
>
> July 14, 2009
> Journal A
> Dear Editor:
> According to reviewers' comments, we have revised our manuscript. We have enclosed the responses (which summarize the revisions and corrections) to reviewers.
>
> We are looking forward to hearing from you.
>
> Sincerely,
> Junseok Kim
> Professor
> Department of Mathematics
> Korea University

5.3 Revision reply letter

Revision Letter에 첨부된 reviewer들의 질문과 코멘트 내용에 따라 논문을 수정하고 reply letter에 수정사항에 대하여 기술한다. 이때 reviewer의 질문(Q)을 먼저 쓰고 답변(A)을 한다. 이는 reviewer가 지난번에 심사했을 때 어떤 질문을 했는지 모두 다 기억못할수도 있기 때문이다. Word로 쓰고 pdf파일로 저장해서 온라인으로 접수한다.

다음은 reply letter에 대한 샘플이다.

Reply Letter

November 5, 2009
Journal A
Dear Editor and Reviewer:
Thank you so much for reviewing my manuscript and useful comments. We are submitting the revised version of our manuscript. We gave point by point responses of all the comments made by the reviewers.

Q. On the other hand, the gyromagnetic term in the LL equation is a conservative term. Therefore, any reliable numerical method for the LL equation without damping and with zero Neumann data must be compliant with this property. The authors offer numerical evidence of this result (section 3), but a proof is not provided. Further, the authors claim that their numerical method is second order, but only numerical evidence is offered.
A. We provided proofs of the conservations of the magnitude and energy and the second order accuracy of the numerical method in new Section 2.2 in the revised paper.

The authors' information is follows: Email is `cfdkim@korea.ac.kr`
Sincerely,
Junseok Kim
Professor
Department of Mathematics
Korea University

A. 에는 수정된 사항이 revised manuscript의 어느 부분에 있는지 (Section 2.2) 표기를 해준다.

Dear Editor,

We are very grateful to you and the journal's reviewers for the comments on the original version of our manuscript. We have carefully revised the manuscript according to the comments and answered all questions by the reviewers. The details are provided in the supplementary files.

Sincerely,

Junseok Kim

5.4 Revision 후에 Acknowledgements에 Referee에게 감사 표현하기

Revision 후에 Acknowledgements에 Referee에게 comment에 대한 감사 표현은 다음을 참고하자.

- The authors thank an anonymous referee for very useful comments on this paper.

- The authors also wish to thank the anonymous referee for the constructive and helpful comments on the revision of this article.

- The authors also wish to thank the reviewers for the constructive and helpful comments on the revision of this article.

- We thank A and B for their comments on an early version of this paper.

- I thank the reviewers. Their comments helped to improve the paper.

- We thank A, B, C, and D for stimulating discussions and for very helpful comments on the paper.

- The authors are grateful to the anonymous referees whose valuable suggestions and comments significantly improved the quality of this paper.

5.5 Revision 제출할때 Check List

체크(V)	내용
	저자 이름과 소속기관이 제대로 되어있는가?
	Acknowledgements에 Referee에게 감사 표현하기
	제출할 파일들이 최근 업데이트 된 것인가?
	논문 내용을 수정할 때 관련된 부분들도 같이 수정을 했는가?
	Acknowledgements에 연구비 지원 기관과 과제 번호가 맞는가?
	전문 영문교정을 받은 경우: Reply letter에 "This manuscript has been edited by a professional scientific English language editing service." 라 쓴다.
	Revision version에서 최초 제출한 원고에 있었던 참고문헌이 삭제되었는지 확인한다.

제 6 절 Proofreading or galley proofs

Proofreading은 논문이 출판되기 전 논문의 저자들에게 마지막으로 오타나 문법적인 오류를 체크하는 과정이다. 이때 논문 사사나 변경된 소속 주소를 요청할 수 있다.

These proofs should be returned within four working days of receipt.

제 7 절 Copyright 싸인하기

유럽식 날짜표기

10 March 2015, 10th March 2015, 10/3/2015, 10/03/15

미국식 날짜표기

March 10, 2015, March 10th, 2015, 3/10/2015, 03/10/15

제 8 절 논문 accept 된 후 open access

"오픈 액세스 (Open access)란 현행 학술커뮤니케이션의 모순을 극복하기 위한 대안으로 등장한 것 중 하나로 법적, 경제적, 기술적 장벽 없이 전 세계 이용자 누구라도 자유롭게 무료로 정보에 접근할 수 있도록 저작물 생산자와 이용자가 정보를 공유할 수 있도록 하는 것을 말한다. 오픈액세스는 저자의 비용 부담, 이용자의 무료 접근, 시공간을 초월한 상시적 접근, 저자의 저작권 보유 등의 4대 원칙을 강조하는 정보 공유 체제이다" [42] .

Open access는 독자들에게 무료로 논문을 제공되는 온라인 서비스로 논문의 저자에게 일정금액을 요구합니다 (대략 무료-5000불 사이).

제 9 절 Review 기간이 너무 오래 걸릴 때 보내는 메일

9.1 독촉 메일

독촉 메일을 보내고 나서 메일 수신확인을 원할 때 사용하는 표현: Please kindly acknowledge receipt of this e-mail.

> Dear Kim(Editor's name),
>
> 논문이름
>
> It is more than six months since we submitted the above mentioned manuscript to you for possible publication in Good Journal. We would like to know what is the current status of our manuscript. The manuscript number is MATH01234567.
>
> We are looking forward to your reply.
>
> Thank you.
>
> Sincerely yours,
>
> J.S. Kim

Dear Kim(Editor's name),

We submitted the manuscript MATH01234567 entitled "Adaptive mesh refinement for thin film equations" for publication in Good Journal as an original paper in June 21, 2016.

Today we checked that current status/date of the manuscripts has not been changed since we initially submitted the manuscript. We would like to know the current status of the manuscript.

We look forward to hearing from you.

Sincerely yours,

J.S. Kim

9.2 Withdraw 메일

리뷰기간이 지나치게 오래 걸리거나 리뷰 프로세스를 진행하지 않는다고 판단이 되면 논문을 철회한다.

Dear Editor

We wish to withdraw our manuscript because it took so long time since we submitted our manuscript. The manuscript number is MATH01234567.

We are looking forward to your reply.

Thank you.

Sincerely yours,

J.S. Kim

Withdraw 메일에 대한 저널의 공식 답변

Title: PR-D-14-00443 - Confirmation of manuscript being officially

Ref: PR-D-14-00443 Title: Three-dimensional volume reconstruction from slice data using phase-field models

Dear Prof. Kim

I want to confirm that your submitted manuscript is now considered to be withdrawn, and its record in the online system is now closed.

Pattern Recognition

제 10 절 논문의 게재율

일반적으로 게재율(100×게재논문수/투고논문수)은 1년동안 투고된 논문 중 실제로 학술지에 실린 논문의 비율을 말한다 [4] . 논문의 게재율은 학술지마다 다르다. 일반적으로 분야별로 IF가 높을수록 논문의 게재율은 낮아진다. 게재율에 대해서 유의할 점은 예를 들어 30% 게재율을 가진 저널이 있다고 한다면 이 수치는 본인이 10개의 논문을 제출하면 그 중 3편의 논문이 채택되는 것이 아니다. 좋은 논문을 투고하는 연구자의 논문은 거의 100%에 가깝게 채택되는 반면 새로운 내용이 없는 논문은 대부분 게재불가를 받을 수 있다는 사실이다.

제 11 절 Reject

11.1 Reject 사유

1. 저널형식에 맞지 않는 논문 포맷
2. 빈번한 오타나 문법적 오류 (분야의 전문성이 의심됨)
3. 논문의 novelty가 없는 경우
4. 논문에서 주장하는 내용과 결과가 다른 경우

Peter Thrower에 따르면 다음의 8가지의 이유로 저널에 투고한 원고가 리젝을 당한다 [43] .

1. Technical screening을 충족시키지 못할때 에디터에게 원고가 전달되기전에 리젝이 된다. 주된 이유로는 다음과 같다.

◦ 원고에 표절이 의심되거나 또다른 저널에 현재 리뷰중인 원고

◦ 원고가 완전하지 않을 때; 타이틀, 저자명, 소속주소, 키워드, 참고문헌, 표, 그림과 같은 주요 요소가 빠져있는 원고

◦ 영어표현이 충분하지 않아 동료심사 프로세스를 진행할수 없는 원고

◦ 그림이 완전하지 않고 볼 수 있을 정도로 명확하지 않을 때

◦ 원고가 투고하는 저널의 “the Guide for Authors”의 규정을 따르지 않을 때

◦ 참고문헌이 완전하지 않거나 너무 오래된 참고문헌 목록만 있을 때

2. 저널의 목적과 범위에 속하지 않을때

3. 연구결과가 완전하지 않고 부족 할 때

4. 데이타 분석에 오류가 있거나 다시 재현 할 수 없는 경우나 전공분야의 기준을 충족시키지 못할 때

5. 결론이 연구결과에 의해서 정당화 되지 못할 때

6. 저자의 이전 출간한 논문과 비교해 보았을 때 아주 미미한 확장인 경우

7. 영어표현이나 논문 구조, 그림 등이 서툴러서 논문내용을 이해하기가 힘들 때

8. 저널 독자들에게 그리 흥미롭지 않는 내용일 때

11.2 Reject 후 다른 저널에 재투고

저널에 투고한 논문이 게재불가 판정을 받은 경우 심사평을 잘 참조해서 좀 더 완성된 논문을 작성한 후에 논문의 성격에 잘 맞는 다른 저널을 찾아 투고한다. 이때 다른 저널에서도 같은 reviewer에게 논문 심사 의뢰가 갈 수 있다는 사실을 염두에 두고 심사평을 심사숙고하여 필히 수정해서 투고한다. 또한 논문의 완성도를 높이기 위해서 전체적으로 다시 작성한다.

11.3 투고 후 곧바로 reject인 경우

논문을 투고할 때는 우선 자신이 투고하고자 하는 논문과 저널의 성격이 맞는지 확인하여야 한다. 다음은 성격이 맞지 않는 저널에 논문을 투고하였을 경우 편집자의 답변이다.

Thank you for submitting your paper to A journal. The pre-review process has now been completed. It has been found that, unfortunately, the paper is not appropriate for this journal. We believe that the material presented would be much more appreciated in a mathematics oriented journal. Consequently, I suggest that you resubmit your paper to a more appropriate publishing medium. Thank you for your interest in and support of A journal.

다음은 editor의 공손하고 형식적인 editor reject의 예이다. 이런 경우 다시 한 번 투고할 논문을 전반적으로 검토하고 다른 저널에 투고하면 된다.

We have examined your paper, and conclude that it is not suitable for this Journal. It is our consensus that a specialized journal in this area would bring your paper to the attention of a more interested audience. This is not a judgment on the technical quality of your manuscript.

일반적으로 상위저널에 게재되기는 힘들지만 많은 부분이 논문 reviewer와 에디터에게 달렸으므로 같은 내용의 논문이 하위저널에서 reject 될 수도 있고 반면에 상위저널에서 게재가 될 수도 있다.

다음은 reject 사유의 예이다.

- The numerical method in the paper to solve the equation is standard.

제 12 절 논문 심사하기

논문 심사를 요청하는 메일을 받았을 경우 본인의 연구 분야와 일치하는지 그리고 리뷰를 수행 할 수 있을 정도로 능력이 있는지 객관적으로 판단하고 가급적 논문 리뷰 초대를 수락하고 성의껏 심사한다. 반면에 연구 분야와 일치하지 않는 논문의 심사를 요청 받았을 경우에는 정중하게 논문심사를 거절한다.

Peer review는 다음의 두 가지 기능을 가지고 있다.

첫째: 필터로써의 기능이다. 출간되기 전에 연구가 적절하게 검증을 받는 것이다.

둘째: 연구의 질을 향상 시키는 것이다. 다른 전문가에 의한 엄밀한 리뷰는 중요한 포인트를 연마하고 부주의한 오류를 수정하게 한다.

논문을 리뷰 할 충분한 시간이 있는가? 논문을 리뷰하는 것은 상당한 시간을 요한다. 잠재적인 conflicts of interest 가 있는가? 예를 들어, 같은 학교 혹은 같은 과 연구자의 논문이나 저자 중에 전에 공동 연구를 진행 한 적이 있는가? 논문과 연관되어 직업적인 혹은 금전적인 연관이 있는가? 이러한 것이 있다면 에디터의 리뷰초청에 대한 답변에서 밝혀 주어야 한다. 리뷰는 비밀을 유지해야 하고 제 3자에게 논문을 누설해서도 안된다. 리뷰어의 정체는 논문의 저자에게 일반적으로 비밀로 한다. 리뷰어는 논문의 저자와 연락을 해서는 안 된다. 리뷰를 완료했을 때는 리뷰리포트를 작성 할 때 우선 간단한 논문 내용을 요약을 하면서 시작한다. 이는 저자와 에디터에게 리뷰어가 논문을 이해했다는 것을 확인하는 것이다. 콤맨트는 예의가 있고 건설적이어야 하며 리뷰어의 이름과 같은 개인적인 내용을 포함하면 안 된다. 논문의 부족한 점에 대한 통찰을 제공하는 것은 중요하다. 그리고 저자와 에디터가 리뷰어의 콤맨트의 이유에 대해서 완전히 이해 할 수 있게 설명을 해야 한다. 어떤 리비젼이 필요한지 명백하게 언급을 하고 에디터에게 리비젼된 논문을 리뷰할 것인지 아닌지를 알려준다.

12.1 Galley proof를 할 때 받는 내용

보통 galley proof는 2-3일 정도 준다. “In order to expedite the publication of your manuscript, please send us your galley proof corrections, either by fax or via the Manuscript Tracking System, within 2 – 3 days.”

14장

기초 LaTeX

제 1 절 영문 LaTeX을 위한 Miktex 설치방법

다음 일련의 설치과정은 윈도우 10에서 테스트 해 본 결과이다. 설치에 필요한 파일 등은 http://math.korea.ac.kr/~cfdkim 에 있다.

`Latex.zip` 파일을 다운로드 한다.

우선, `basic-miktex-2.9.6022.exe`파일을 실행하여 MiKTeX 2.9를 설치한다. 기본 설치 위치는 `C:\Program Files\MiKTeX 2.9)`이다.

WinEdt를 설치 한 후, Options → Configuration Wizard... 메뉴를 선택한 다음, 다이얼로그 윈도우의 Filetype Associations 탭에서 Modify filetype associations... 버튼을 눌러 `.tex` 파일을 WinEdit와 연결시킨다.

명령프롬프트에서 updmap을 실행한다.

`ghostv` 폴더에서 `gs851w32.exe`와 `gsv47w32.exe`를 실행하여 설치한다.

제 2 절 수식 LaTeX

수리과학 논문을 작성하는데 유용하게 쓰일 수 있는 기본적인 LaTeX기능들을 간략하게 실어보았다. 이 절에서 쓰인 기본 LaTeX문서작성법에 관한 내용들은 The Not So Short Introduction to LaTeX2e (2005 김강수, 이기황, MIKA, 김지운, 샘처럼 옮김)[9] 을 참고하였다. 더 자세한 내용은 위 참고 문헌을 찾아보길 바란다. 또한 다양한 도식(schematic illustration)을 그리는 MATLAB 코드도 함께 첨부하였다.

긴 수식 방정식이 두 페이지를 걸쳐서 있을 때 유용한 명령어로 적당한 길이로 수식을 나눈다.

```
\allowdisplaybreaks
```

여러 행의 수식을 나열할 때 LaTeX에서는 보통 `eqnarray` 환경을 사용한다. 정렬을 위해 사용한 탭 `&`이 들어간 곳은 다른 수식 환경에서보다 많이 벌어진다. `\setlength\arraycolsep{2pt}`를 설정하여 등호의 좌우측 간격을 줄일 수 있다. `\begin{document}` 전에 넣어주면 논문 전체에 적용하게 된다.

$$f(x) \quad = \quad \cos x \tag{14.1}$$

$$f'(x) \quad = \quad -\sin x \tag{14.2}$$

```
\begin{eqnarray}
f(x) & = & \cos x \\
f'(x) & = & -\sin x
\end{eqnarray}
```

$$
\begin{eqnarray}
f(x) & = & \cos x \tag{14.3} \\
f'(x) & = & -\sin x \tag{14.4}
\end{eqnarray}
$$

```
{\setlength\arraycolsep{2pt}
\begin{eqnarray}
f(x) & = & \cos x \\
f'(x) & = & -\sin x
\end{eqnarray}}
```

수식의 공백은 스페이스바로 조절 할 수는 없고 \,, \quad, \qquad와 같은 명령으로 지정해야 한다.

$A \, A \quad A \qquad A$

```
$ A \, A \quad A \qquad A $
```

- 짧고 긴 하이픈 (-–): Joint names 에는 En dash를 사용한다.

Cahn–Hilliard

```
Cahn--Hilliard
```

볼드체의 그릭문자는 다음과 같이 한다.

$\boldsymbol{\mu}$

```
$\boldsymbol{\mu}$
```

$$f(x) = \cos x \tag{14.5}$$

```
\begin{eqnarray}
f(x) =  \cos x \label{fc}
\end{eqnarray}
```

위 식 (14.5)을 본문에서 언급할때는 해당하는 식의 줄에 `\label{fc}` 넣고 본문에는 다음과 같이 쓴다. 여기서 `fc` 는 식별자로 임의의 문자를 사용해도 된다.

(14.5)

```
\eqref{fc}
```

수식 번호를 두 줄의 식 중간에 쓸 때에는 split을 이용한다.

$$\begin{split}\phi_t &= \Delta \phi,\\ \phi_t &= \frac{\phi-\phi^3}{\epsilon^2}.\end{split} \tag{14.6}$$

```
\begin{align}
\begin{split}
\phi_t&=\Delta \phi,\\
\phi_t&=\frac{\phi-\phi^3}{\epsilon^2}.\label{gv_eq}
\end{split}
\end{align}
```

2.1 괄호의 크기

$\Big((x+1) (x-1) \Big) ^{2}$

$\big(\Big(\bigg(\Bigg(\quad \big\}\Big\}\bigg\}\Bigg\} \quad \big\|\Big\|\bigg\|\Bigg\| \quad \big/\Big/\bigg/\Bigg/ \quad \big| \Big| \bigg| \Bigg|$

```
$\Big( (x+1) (x-1) \Big) ^{2}$\\
$\big(\Big(\bigg(\Bigg($\quad $\big\}\Big\}\bigg\}\Bigg\}$
 \quad $\big\|\Big\|\bigg\|\Bigg\| \quad
$\big/\Big/\bigg/\Bigg/$ \quad $\big| \Big| \bigg| \Bigg|$
```

\left[와 \right] 를 사용한 예제와 큰 각진 괄호(대괄호) \biggl 과 \biggr을 사용한 예제를 비교하여 보자.

$$\mathrm{corr}(X,Y)= \frac{\displaystyle\sum_{i=1}^n(x_i-\overline x) (y_i-\overline y)}{\displaystyle\left[\sum_{i=1}^n(x_i-\overline x)^2 \sum_{i=1}^n(y_i-\overline y)^2 \right]^{1/2}}$$

```
\begin{displaymath}
\mathop{\mathrm{corr}}(X,Y)= \frac{\displaystyle
\sum_{i=1}^n(x_i-\overline x) (y_i-\overline y)}
{\displaystyle\left[ \sum_{i=1}^n(x_i-\overline x)^2
\sum_{i=1}^n(y_i-\overline y)^2 \right]^{1/2}}
\end{displaymath}
```

$$\mathop{\mathrm{corr}}(X,Y)= \frac{\displaystyle \sum_{i=1}^n(x_i-\overline x) (y_i-\overline y)}{\displaystyle\biggl[\sum_{i=1}^n(x_i-\overline x)^2 \sum_{i=1}^n(y_i-\overline y)^2 \biggr]^{1/2}}$$

```
\begin{displaymath}
\mathop{\mathrm{corr}}(X,Y)= \frac{\displaystyle
\sum_{i=1}^n(x_i-\overline x) (y_i-\overline y)}
{\displaystyle\biggl[ \sum_{i=1}^n(x_i-\overline x)^2
\sum_{i=1}^n(y_i-\overline y)^2 \biggr]^{1/2}}
\end{displaymath}
```

2.2 줄바꿈, 쪽바꿈, 행간 간격 조절

- `\\` 또는 `\newline` 새로운 단락을 시작하지 않고 줄을 바꾼다.
- `\newpage` 새로운 페이지를 시작한다.
- `\vspace{5mm}` 행간 간격을 주어진 길이값 만큼 간격을 준다.

2.3 함수 표현

변수들은 기울어진 글자체로 나타내는데 비해 `log` 같은 함수 이름은 곧게 선 글자체(로만체)로 쓰는 것이 일반적이다. 주요 함수 이름 앞에 \를 붙이면 로만체로 변한다.

$log(x),\ \log(x),\ sin x,\ \sin x$

```
$ log(x), \log(x), sin x, \sin x $
```

내적을 나타낼 때는 $<,>$ 대신에 $\langle,\rangle$ 을 사용한다.

$\langle x, y \rangle$

```
$ \langle x, y \rangle$
```

2.4 Font sizes 조절

기본적으로 정해진 크기보다 작거나 크게 폰트를 출력하고자 한다면 다음 명령어를 이용하여 조절할 수 있다.

tiny scriptsize footnotesize small

```
{\tiny tiny}, {\scriptsize scriptsize},
{\footnotesize footnotesize}, {\small small}
```

normalsize large Large LARGE huge Huge

```
{\normalsize normalsize}, {\large large}, {\Large Large},
{\LARGE LARGE}, {\huge huge}, {\Huge Huge}
```

2.5 Case

각각의 조건에 따라 함수값이 다른 함수를 표현할 때 세로로 된 괄호로 묶어서 표현한다. 이때 \begin{cases} 와 \end{cases} 사이에 괄호로 묶을 내용을 입력하면 된다.

$$f(x) = \begin{cases} 0 & \text{if } x = 0, \\ x & \text{otherwise.} \end{cases} \tag{14.7}$$

```
\begin{equation}
f(x) = \begin{cases}
            0 & \text{if ~$x=0$,} \\
            x & \text{otherwise.}
       \end{cases}
\end{equation}
```

$$\frac{\max_{1 \leq m \leq M} |\phi^n_m|}{\max_{1 \leq m \leq M} |\phi^0_m|} = \frac{\displaystyle\max_{1\leq m \leq M} |\phi^n_m|}{\displaystyle\max_{1 \leq m \leq M}|\phi^0_m|} \tag{14.8}$$

```
\begin{equation}
\frac{\max_{1 \leq m \leq M} |\phi^n_m|}
{\max_{1 \leq m \leq M}|\phi^0_m|} =
\frac{\displaystyle\max_{1\leq m \leq M} |\phi^n_m|}
{\displaystyle\max_{1 \leq m \leq M}|\phi^0_m|}
\end{equation}
```

2.6 Verbatim 환경

`\begin{verbatim}`과 `\end{verbatim}` 사이에 오는 텍스트는 LaTeX명령이 전혀 수행되지 않고 모든 줄 바꿈과 공백들이 입력된 그대로 출력된다. 문단 안에서는 다음 명령을 이용하여 표현할 수 있다.

```
\verb+text+
```

+는 처음과 끝을 나타내는 문자의 한 예이다. *와 빈 칸을 제외한 다른 문자를 + 대신 사용할 수도 있다. 이 책에 수록된 많은 LaTeX예들은 이 명령을 사용하여 조판된 것이다.

```
eg_pchip.m will generate the following figure.
eg_pchip.m will generate the following figure.
```

```
\verb+eg_pchip.m+ will generate the following figure.
\verb#eg_pchip.m# will generate the following figure.
```

```
10 PRINT "HELLO WORLD ";
20 GOTO 10
```

```
\begin{verbatim}
10 PRINT "HELLO WORLD ";
20 GOTO 10
\end{verbatim}
```

문장 내에 포함되는 수식은 $와 $ 사이에 넣어서 표현한다. 여러 줄의 수식을 나타낼 때에는 \[와 \] 또는 \begin{displaymath}와 \end{displaymath}로 수식을 둘러싸면 된다. 이렇게 하면 수식의 오른쪽에 수식번호는 생략되어 표현된다. 만약 수식번호를 보이게 하고 싶으면 equation 환경을 사용한다.

Add a and b to get c.
Or, using a more mathematical approach:

$$c = a + b$$

or you can type less with:

$$a + b = c$$

```
Add $a$ and $b$ to get $c$.
Or, using a more mathematical approach:
\begin{displaymath}
```

```
c=a+b
\end{displaymath}
or you can type less with:
\[ a+b=c \]
```

수식 번호를 자동으로 매겨주기를 원한다면 equation 환경을 사용하자. 수식에 붙인 `\label`을 `\ref`로 참조하려면 다음과 같이 한다.

$$\epsilon > 0 \tag{14.9}$$

From Eq. (14.9), we can see it is positive

```
\begin{equation}
\epsilon > 0 \label{eq:eps}
\end{equation}
From Eq. (\ref{eq:eps}), we can see it is positive
```

displaymath 환경의 수식은 본문 중에 들어간 수식과 표현방식이 다르다는 점에 주의하자.

$\lim_{x \to 1}(x+1) = 2$

```
$ \lim_{x \to 1}(x+1) = 2 $
```

$$\lim_{x \to 1}(x+1) = 2$$

```
\begin{displaymath}
\lim_{x \to 1}(x+1) = 2
\end{displaymath}
```

2.7 위첨자와 아래첨자

위첨자와 아래첨자는 각각 ^와 _문자를 사용하여 나타낸다.

$a_1,\ x^2,\ e^{-\alpha}$

```
$ a_1, x^2, e^{-\alpha}$
```

2.8 제곱근

제곱근은 \sqrt로 입력하며, n차 제곱근(nth root)은 \sqrt[n]이라고 쓰면 만들어진다.

$\sqrt{x+y},~\sqrt[3]{2}$

```
$\sqrt{x+y}, ~\sqrt[3]{2}$
```

2.9 분수 표현

분모 · 분자가 아래위로 붙는 보통 분수 표현은 \frac{...}{...} 명령으로 만든다.

$$\frac{x^2}{k+1}$$

```
\begin{displaymath}
\frac{x^2}{k+1}
\end{displaymath}
```

시작과 끝을 나타내는 문자를 쓸 때, 여는 문자 앞에 \left 명령을 두거나 닫는 문자 앞에 \right 명령을 두면 LaTeX이 알아서 여는 문자와 닫는 문자의 정확한 크기를 결정한다. \left와 \right는 반드시 짝을 이루어 사용되어야 하며, 둘 다 같은 줄에 조판되도록 해야 크기가 정확하게 결정된다는 것을 명심해야 한다. 열어놓고 닫지 않으려 한다면 닫는 괄호가 보이지 않게 하는 명령 \right.을 사용해야 한다.

$$1 + \left(\frac{1}{1-x^2} \right)^3$$

```
\begin{displaymath}
1 + \left( \frac{1}{ 1-x^2 } \right) ^3
\end{displaymath}
```

2.10 수식 모드 그룹짓기

대부분의 수식 모드 명령어는 오직 명령어 다음에 오는 한 문자에 대해서만 효력을 갖기 때문에 중괄호 {...}를 사용하면 함께 묶어 명령이 여러 글자에 적용되도록 할 수 있다.

$a^x+y \neq a^{x+y}$, $e^{x^2} \neq {e^x}^2$, a^3_{ij}, $x^{\frac{2}{k+1}}$

```
$a^x+y \neq a^{x+y}, e^{x^2} \neq {e^x}^2, a^3_{ij},
x^{\frac{2}{k+1}}$
```

2.11 수식 내 텍스트

수학식의 변수명은 기울인 글꼴을 사용하고 수식 자체의 독특한 간격은 스스로 결정하는데, 만약 수식 내에서 일반 텍스트을 쓰고자 한다면 \textrm{...} 명령어를 사용해서 입력해야 한다.

$$x^2 \geq 0 \qquad \textrm{for all } x \in \mathbf{R}$$

```
\begin{displaymath}
x^{2} \geq 0\qquad \textrm{for all }x\in\mathbf{R}
\end{displaymath}
```

다음 예와 같이 amsfonts 혹은 amssymb 패키지에서 `\mathbb` 명령을 사용하여 얻어지는 blackboard bold 문자를 사용하는 것이 관행인 경우도 있다.

$$x^{2} \geq 0\qquad \textrm{for all }x\in\mathbb{R}$$

```
\begin{displaymath}
x^{2} \geq 0\qquad \textrm{for all }x\in\mathbb{R}
\end{displaymath}
```

`\mbox` 와 `\text` 의 차이 수식에서 한글(문자)을 입력하는 방법에는 `\mbox` 와 `\text` 명령어를 사용하는 두 가지 방법이 있다. 이들 두 가지 명령어에는 다음과 같은 차이가 있다.

(`\mbox`의 경우) C_i such that $\forall i$ (`\text`의 경우) C_i such that $\forall i$

```
\scriptstyle (\verb+\mbox+ \mbox{의 경우})~C_i
\mbox{ such that } \forall i
(\verb+\text+ \mbox{의 경우})~C_i \text{ such that } \forall i
```

위에서 보듯이 `\mbox` 는 수식모드에서 빠져나와 수식과는 상관없이 한글이 입력되지만 `\text` 는 수식모드에서 빠져나와도 수식과 조화를 이루며 입력된다.

2.12 수학 기호 표현

- 그리스 소문자를 표기하는 방법

α, β, γ, δ, ϵ, ε, ζ, η
`\alpha,\beta,\gamma,\delta,\epsilon,\varepsilon,\zeta,\eta`

θ, ϑ, κ, λ, μ, ν, ξ, π, ρ
`\theta, \vartheta, \kappa, \lambda, \mu, \nu, xi, \pi, \rho`

σ, τ, ϕ, φ, χ, ψ, ω
`\sigma, \tau, \phi, \varphi, \chi, \psi, \omega`

- 그리스 대문자를 표기하는 방법

Γ, Δ, Θ, Λ, Π, Σ, Φ, Ψ, Ω
`\Gamma,\Delta,\Theta,\Lambda,\Pi,\Sigma,\Phi,\Psi,\Omega`

- 이항 관계 연산자

$\leq$, $\ll$, $\subset$, $\subseteq$, $\in$, $\geq$, $\gg$, $\supset$, $\supseteq$
`\le, \ll, \subset, \subseteq, \in, \ge, \gg, \supset, \supseteq`

$\ni$, $\|$, $\equiv$, $\doteq$, $\sim$, $\simeq$, $\approx$, $\cong$

\ni, \|, \equiv, \doteq, \sim, \simeq, \approx, \cong

$\propto$, $\perp$, $\ne$, $\pm$, $\cdot$, $\times$, $\cup$, $\oplus$, $\otimes$

\propto, \perp, \ne, \pm, \cdot, \times, \cup, \oplus, \otimes

$\bigtriangleup$, $\lhd$, $\mp$, $\div$, $\setminus$, $\cap$, $\bigcirc$

\bigtriangleup, \lhd, \mp, \div, \setminus, \cap, \bigcirc

$\bigtriangledown$, $\rhd$, $\triangleleft$, $\triangleright$, $\star$

\bigtriangledown, \rhd, \triangleleft, \triangleright, \star

$\Box$, $\ast$, $\circ$, $\bullet$, $\diamond$, $\dagger$, $\ddagger$, $\dots$, $\cdots$

\Box,\ast,\circ,\bullet,\diamond,\dagger,\ddagger,\dots,\cdots

$\sum$, $\prod$, $\int$, $\oint$, $\bigcup$, $\bigcap$, $\vdots$, $\ddots$

\sum, \prod, \int, \oint, \bigcup, \bigcap, \vdots, \ddots

∇, ∂, ∞, $\prime$, $\exists$, $\forall$

\nabla, \partial, \infty, \prime, \exists, \forall

$\because, \therefore$

```
\because, \therefore
```

- 특수 문자 문서로 출력하기

\$, &, %, #, _, {, }, \

```
\$, \&, \%, \#, \_, \{, \}, \backslash
```

- 온도, 각도 등의 도 기호 ($\circ$)

It is $35\,^{\circ}\mathrm{C}$.

```
It is $35\, ^{\circ}\mathrm{C}$.
```

- 프라임($'$)

$y=x^2,\ y'=2x,\ y''=2$

```
y=x^2, y'=2x, y''=2
```

- 벡터

짧은 벡터와 긴 벡터

$$\vec{a} \quad \overrightarrow{AB}$$

```
\begin{displaymath}
\vec a\quad\overrightarrow{AB}
\end{displaymath}
```

- 선분 및 직선

`\overline`, `\underline` 명령은 지정된 부분의 위·아래에 수평 줄을 그린다.

$\overline{m+n}$, $\overleftrightarrow{AB}$

```
$ \overline{m+n}, \overleftrightarrow{AB} $
```

- 수평 중괄호

`\overbrace`, `\underbrace` 명령은 지정된 범위에 걸치는 긴 수평 중괄호 (horizontal braces)를 만든다.

$\underbrace{a+b+\cdots+z}_{26}$

```
$ \underbrace{ a+b+\cdots+z }_{26} $
```

2.13 수식 표현

적분 기호는 `\int` 명령으로 생성할 수 있으며, 합을 나타내는 기호는 `\sum` 으로 만들 수 있다. 적분이나 합(`\sum`) 의 상한과 하한 값은 윗첨자와 아래 첨자를 나타낼 때 쓰는 `^`와 `_`으로 지정할 수 있다.

$$\lim_{x \rightarrow 0}, \quad \sum_{i=1}^{n}, \quad \int_{0}^{\frac{\pi}{2}}, \quad \prod_\epsilon$$

```
\begin{displaymath}
\lim_{x \rightarrow 0}, \sum_{i=1}^{n},
 \int_{0}^{\frac{\pi}{2}}, \prod_\epsilon
\end{displaymath}
```

복잡한 수식에서 첨자형 지수의 위치 조절을 위해 `\subbstack` 명령과 subarray환경을 이용할 수 있다.

$$\sum_{\substack{0<i<n \\ 1<j<n}} P(i,j) = \sum_{\begin{subarray}{l} i\in I \\ i<j<m \end{subarray}} Q(i,j)$$

```
\begin{displaymath}
 \sum_{\substack{0<i<n \\ 1<j<n}}
 P(i,j) = \sum_{\begin{subarray}{l} i\in I \\ i<j<m
 \end{subarray}} Q(i,j)
\end{displaymath}
```

둥근 괄호(`(...)`)와 각진 괄호(`[...]`)는 키보드의 해당 키로부터, 중괄호는 `\{` 또는 `\}`로 입력할 수 있으나 그밖의 다른 짝맞춤 기호들은 지정된 명령어로 나타난다.

$$a, b, c \neq \{a, b, c\}$$

```
\begin{displaymath}
```

```
{a,b,c}\neq\{a,b,c\}
\end{displaymath}
```

나머지 연산(modulo) 함수에는 두 가지 명령이 있다. 이항연산 "a mod b"는 \bmod 명령을 사용하여 표현하며, "x ≡ a (mod b)"와 같은 표현은 \pmod 명령을 사용한다.

$a \bmod b,\ x \equiv a \pmod{b}$

```
a \bmod b, x \equiv a \pmod{b}
```

이항계수 또는 그와 비슷한 구조를 나타내기 위해서는 \binom명령어를 사용하면 된다.

$$\binom{n}{k} \qquad \mathrm{C}_n^k \qquad {}_n\mathrm{C}_r$$

```
\begin{displaymath}
\binom{n}{k} \qquad \mathrm{C}_n^k \qquad _n\mathrm{C}_r
\end{displaymath}
```

이항관계(binary relations)를 나타내기 위해서는 \stackrel 명령어를 사용한다. 이는 정상적으로 식자되는 두 번째 인자의 위에 첫 번째 인자를 첨자 크기로 적어준다.

$$\int f_N(x) \stackrel{!}{=} 1$$

```
\begin{displaymath}
\int f_N(x) \stackrel{!}{=} 1
\end{displaymath}
```

2.14 수식의 간격

수식 내 간격이 맘에 들지 않는다면 특별한 간격주기 명령을 사용하여 조절할 수 있다.

$\frac{3}{18}$ quad ( )는 \,로 나타내며, $\frac{4}{18}$ quad ( )는 \:로, $\frac{5}{18}$quad ( )는 \;로 나타낼 수 있다. 스페이스 문자(\A)는 중간 정도의 간격으로 띄어주고, \quad ( )와 \qquad ( )는 넓게 간격을 벌려준다. \quad 간격은 사용중인 글꼴에서 'M'자의 폭과 동일하다. \! 명령은 $-\frac{3}{18}$quad() 역방향으로 사이띄기(negative space)한다.

$$\int\!\!\!\int_{D} g(x,y) \, \mathrm{d} x\, \mathrm{d} y$$

instead of

$$\int\int_{D} g(x,y)\mathrm{d} x \mathrm{d} y$$

```
\newcommand{\ud}{\mathrm{d}}
\begin{displaymath}
\int\!\!\!\int_{D} g(x,y) \, \ud x\, \ud y
\end{displaymath}
instead of
\begin{displaymath}
\int\int_{D} g(x,y)\ud x \ud y
\end{displaymath}
```

미분의 d기호는 관행상 로만 글자체로 인식한다. amsmath패키지 사용을 선언하였다면 \iint, \iiint, \iiiint, \idotsint 명령은 다중적분의 적분기호 사이 간격을 정밀하게 조정할 수 있는 다른 방법을 제공한다.

$$\iint_{D} \, \mathrm{d} x \, \mathrm{d} y$$

```
\newcommand{\ud}{\mathrm{d}}
\begin{displaymath}
\iint_{D} \, \ud x \, \ud y
\end{displaymath}
```

2.15 수식의 글꼴 크기

LaTeX이 자동으로 크기를 선택하기는 하지만, 간혹 LaTeX에게 글자 크기를 정해주어야 할 필요가 있는 경우도 있다. 수식 모드에서 글꼴 크기는 네 가지 명령으로 지시한다.

${\displaystyle \int f^{-1}(x-x_a)\,dx} \quad {\textstyle \int f^{-1}(x-x_a)\,dx} \quad {\scriptstyle \int f^{-1}(x-x_a)\,dx} \quad {\scriptscriptstyle \int f^{-1}(x-x_a)\,dx}$

```
${\displaystyle \int f^{-1}(x-x_a)\,dx},
 {\textstyle \int f^{-1}(x-x_a)\,dx},
 {\scriptstyle \int f^{-1}(x-x_a)\,dx},
 {\scriptscriptstyle \int f^{-1}(x-x_a)\,dx}$
```

2.16 수식의 공백 처리

\phantom 명령을 사용하면 최종 출력물에는 나타나지 않는 문자만큼의 공간을 확보할 수 있다.

$$
{}^{12}_{6}\textrm{C}, \qquad {}^{12}_{6}\textrm{C}
$$

```
\begin{displaymath}
{}^{12}_{\phantom{1}6}\textrm{C}, {}^{12}_{6}\textrm{C}
\end{displaymath}
```

$$
\Gamma_{ij}^{k}, \qquad \Gamma_{ij}^{k}
$$

```
\begin{displaymath}
\Gamma_{ij}^{\phantom{ij}k}, \Gamma_{ij}^{k}
\end{displaymath}
```

2.17 수식의 수직 정렬

배열은 array 환경으로 조판한다. 이 array 환경은 tabular환경과 비슷하게 동작한다. 줄 바꿈은 \\ 명령을 사용한다.

$$
\mathbf{X} = \left(\begin{array}{ccc}
x_{11} & x_{12} & \ldots \\
x_{21} & x_{22} & \ldots \\
\vdots & \vdots & \ddots
\end{array} \right)
$$

```
\begin{displaymath}
\mathbf{X} = \left( \begin{array}{ccc}
x_{11} & x_{12} & \ldots \\
x_{21} & x_{22} & \ldots \\
```

```
\vdots & \vdots & \ddots
\end{array} \right)
\end{displaymath}
```

긴 수식은 자동으로 줄 바꿈이 되지 않으므로 긴 식의 줄 바꿈할 부분과 들여쓰기할 부분을 지정해야 한다. 여기서 \nonumber 명령은 수식의 오른쪽에 수식 번호를 넣지 않도록 한다. 필요 없는 수식의 번호 붙이지 않을때 \notag 도 사용할 수 있다.

$$\begin{aligned} \sin x &= x - \frac{x^3}{3!} + \frac{x^5}{5!} \\ &\quad -\frac{x^7}{7!} + \cdots \qquad (14.10) \end{aligned}$$

```
\begin{eqnarray}
\sin x & = & x -\frac{x^3}{3!} +\frac{x^5}{5!} \nonumber \\
& & -\frac{x^7}{7!}+\cdots
\end{eqnarray}
```

2.18 인터넷 주소

인터넷 주소를 기입할 시에는 다음과 같이 한다.

http://math.korea.ac.kr/~cfdkim/

```
http://math.korea.ac.kr/$\sim$cfdkim/
```

url 패키지를 사용하면 (\usepackage{url}) 인터넷 주소에 하이퍼링크가 만들어지면서, 틸데문자를 그대로 사용할 수 있으며, 인터넷 주소에 해당하는 부분이 적당히 행나눔이 된다는 장점이 있다.

```
http://math.korea.ac.kr/~cfdkim/

\url{http://math.korea.ac.kr/~cfdkim/}
```

2.19 상호 참조

본문의 특별한 부분을 상호 참조해야 하는 경우는 다음을 이용한다.

```
\label{marker}, \ref{marker}, \pageref{marker}
```

여기서 marker는 사용자가 적절히 선택하면 되는 식별자이다. LaTeX은 \ref를 만나면, 그에 해당하는 \label명령이 쓰인 곳을 찾아서 장· 절 · 그림 · 표 · 정리 등의 번호로 \ref를 바꾸어 넣는다.

A reference to this subsection looks like: "see section 2.19 on page 202."

```
A reference to this subsection \label{sec:this} looks like:
 ``see section \ref{sec:this} on page \pageref{sec:this}.''
```

따옴표를 입력할 때에는 주의해야 한다. 여는 작은 따옴표(')는 키보드에서 숫자 1의 왼쪽에 있는 키를 사용하고, 닫는 작은따옴표(')는 원래 사용하던 키를 사용한다. 큰 따옴표는 작은따옴표를 두 개 겹쳐서 쓰면 된다.

2.20 각주

각주는 현재 쪽의 하단에 인쇄된다. 각주는 항상 그 각주가 참조하는 단어나 문장 뒤에 놓여야 한다. 따라서 한 문장 또는 문장의 일부를 참조하는 각주는 쉼표나 마침표 다음에 와야 한다.

```
\footnote{footnote text}
```

다음은 각주를 사용한 예이다.

Footnotes[1] are often used by people using LaTeX.

[1]This is a footnote.

```
Footnotes\footnote{This is a footnote.} are often used by
 people using \LaTeX.
```

2.21 강조

강조를 지시하는 몇 가지 명령어를 살펴보자.

- {\bf m} : **굵다**
- \underline{text} : <u>밑줄</u>
- \emph{text} : *이탤릭 강조*

다음 예제는 *이탤릭*을 이용한 강조와 글꼴로서 *이탤릭*을 사용한 경우의 차이점을 보여주고 있다.

If you use emphasizing inside a piece of emphasized text, then LaTeX uses the normal *font for emphasizing.*

```
\emph{If you use emphasizing inside a piece of emphasized
 text, then \LaTeX{} uses the \emph{normal} font for
 emphasizing.}
```

You can also emphasize *text if it is set in italics,*

```
\textit{You can also \emph{emphasize} text if it is set
 in italics,}
```

다음 예제는 `\usepackage{color}` 라는 패키지를 이용하여 글자의 색을 지정해서 강조 하는 방법이다.

The text is blue.

```
\usepackage{color}
{\color{blue} The text is blue.}
```

color는 red, green, blue, cyan, yellow, magenta등이 가능하다.

2.22 Itemize, Enumerate, Description 환경

`itemize` 환경은 단순 나열, `enumerate` 환경은 숫자 번호가 붙은 나열, `description` 환경은 사전에서 볼 수 있는 형식으로 바로 설명이 붙는 나열을 나타내는 데 쓰인다.

1. You can mix the list environments to your taste:
    - But it might start to look silly.
    - \- With a dash.
2. Therefore remember:

    Stupid things will not become smart because they are in a list.

    Smart things, though, can be presented beautifully in a list.

```
\flushleft
\begin{enumerate}
\item You can mix the list environments to your taste:
\begin{itemize}
\item But it might start to look silly.
\item[-] With a dash.
\end{itemize}
\item Therefore remember:
\begin{description}
\item[Stupid] things will not become smart because they are
in a list.
\item[Smart] things, though, can be presented beautifully
in a list.
\end{description}
\end{enumerate}
```

2.23 차례 만들기

다음 명령은 이 명령이 위치한 곳에 만들어진 차례를 넣는다. 이 명령어를 통해 toc라는 확장자를 갖는 파일이 생성된다.

```
\tableofcontents
```

2.24 제목과 장, 절

장(chapter), 절(section), 그리고 소절(subsection) 등으로 나누는 명령은 다음과 같다. 단, article 클래스에는 '장(chapter)'이라는 개념이 없다.

```
\chapter{...}
\section{...}
```

```
\subsection{...}
\subsubsection{...}
```

문서 전체의 제목(Title)을 붙이는 명령은 다음과 같다.

```
\maketitle
```

Title에 포함될 내용은 다음 명령에 의하여 지정되어 있어야 한다.

```
\title{...}, \author{...}, \date{...}
```

제 3 절 매크로(macro) 정의

자주 쓰는 명령어들을 간단하게 줄여 하나의 문자로 치환한 것을 매크로라고 한다. LaTeX에서는 다음과 같은 방법으로 사용한다.

```
\newcommand{\be}{\begin{eqnarray*}}
\newcommand{\end}{\end{eqnarray*}}
```

\newcommand{A}{B}는 B의 표현을 A로 정의한다는 뜻이다.

\begin{eqnarray*}의 표현을 매크로 기능을 사용하면 간단하게 \be로 사용할 수 있다는 장점이 있다. 자주 쓰는 표현이나 긴 표현은 매크로 기능을 이용하면 LaTeX을 훨씬 편리하게 이용할 수 있을 것이다.

사용예)

```
\be f(x) = \begin{cases}
0 & \text{if ~$x=0$,} \\
x & \text{otherwise.}
\end{cases}
\ee
```

제 4 절 Tables and Figures

표와 그림은 논문을 읽는 독자에게 정보를 강조하고 쉽게 전달할 수 있도록 만드는 도구이다. 따라서 저자가 사용하는 표나 그림의 수가 곧 저자가 시사 하고자 하는 정보의 양에 의존한다고 해도 과언이 아니다. 저자는 논문에 사용되는 모든 표와 그림에 대하여 언급을 해야 한다. 하지만 단순히 표와 그림이 무엇이지를 설명하는 문장은 피하도록 하자. 예를 들어,

`Figure 2 shows the change in color during the experiment.`

이런 표현보다는 주된 결과를 주장하는 방향으로 기술하는 것이 좋다.

`The solution got darker as time progressed (Figure 2).`

4.1 Table

표 14.1은 다음의 코드에 의해 실행된다:

```
\begin{table}[h]
\caption{Comparison of $l_2$ error and (CPU time).}
\begin{center}
\begin{tabular}{|c|c|c|}
```

```
\hline
Mesh &  Bi-CGStab &  OSM  \\
\hline
$32 \times 32$   &  0.0161~~(0.33)~ & 0.0160~(0.31) \\
$64 \times 64$   &  0.0126~~(1.67)~ & 0.0126~(1.17) \\
$128 \times 128$ & 0.0078~~(6.42)~ & 0.0076~(4.67) \\
$256 \times 256$ &  0.0089~(90.50) & 0.0087~(19.34) \\
\hline
\end{tabular}
\end{center} \label{tab1}
\end{table}
```

표 14.1: Comparison of l_2 error and (CPU time).

Mesh	Bi-CGStab	OSM
32×32	0.0161 (0.33)	0.0160 (0.31)
64×64	0.0126 (1.67)	0.0126 (1.17)
128×128	0.0078 (6.42)	0.0076 (4.67)
256×256	0.0089 (90.50)	0.0087 (19.34)

표 14.2와 같이 `\usepackage{slashbox}` 를 사용하여 하나의 칸을 대각선으로 나눠서 표현한다. 이 명령어를 사용할 때는 현재 작업하고 있는 tex파일과 동일한 폴더 안에 slashbox.sty 파일이 있어야 한다. 표 14.2는 다음의 코드에 의해 실행된다.

```
\begin{table}[h]
\caption{Comparison of $l_2$ error and (CPU time).}
\begin{center}
\begin{tabular}{|c|c|c|}
\hline
\backslashbox{Mesh}{Method} &  Bi-CGStab &  OSM  \\
\hline
$32 \times 32$   &  0.0161~~(0.33)~ & 0.0160~(0.31) \\
$64 \times 64$   &  0.0126~~(1.67)~ & 0.0126~(1.17) \\
$128 \times 128$ & 0.0078~~(6.42)~ & 0.0076~(4.67) \\
$256 \times 256$ &  0.0089~(90.50) & 0.0087~(19.34) \\
\hline
\end{tabular}
\end{center}
\end{table}
```

표 14.2: Comparison of l_2 error and (CPU time).

Mesh \ Method	Bi-CGStab	OSM
32×32	0.0161 (0.33)	0.0160 (0.31)
64×64	0.0126 (1.67)	0.0126 (1.17)
128×128	0.0078 (6.42)	0.0076 (4.67)
256×256	0.0089 (90.50)	0.0087 (19.34)

표 14.3와 같이 `\multicolumn` 를 사용하여 하나의 칸을 여러 칸으로 나눠

서 표현한다.

```
\begin{table}[h]
\caption{Option price}
\begin{center}
\begin{tabular}{|c|*{4}{c|}c|}
\hline Underlying assets & \multicolumn{4}{|c|}
{Option price(OSM)} & Option price(Exact) \\
\cline{2-5}
$(x,\ y)$ & $h=2$  & $h=1$  & $h=0.5$ & $h=0.25$ & \\
\hline
(90, 90)  & 1.5391 & 1.5325 & 1.5287  &  1.5267  & 1.5475 \\
\hline
(100, 100)& 3.1319 & 3.1403 & 3.1442  &  3.1461  & 3.1935 \\
\hline
(110, 110)& 4.9759 & 4.9963 & 5.0064  &  5.0115  & 5.0889 \\
\hline
\end{tabular}
\end{center}
\end{table}
```

비슷한 예를 하나 더 살펴보자.

```
\begin{table}[h]
\begin{center}
\caption{Relative errors} \label{tab_h}
\begin{tabular}{|c|*{6}{c|}c|}
```

표 14.3: Option price

Underlying assets $(x,\ y)$	Option price (OSM)				Option price (Exact)
	$h=2$	$h=1$	$h=0.5$	$h=0.25$	
(90, 90)	1.5391	1.5325	1.5287	1.5267	1.5475
(100, 100)	3.1319	3.1403	3.1442	3.1461	3.1935
(110, 110)	4.9759	4.9963	5.0064	5.0115	5.0889

```
\hline & \multicolumn{3}{c|}{$\Gamma_{xx}$}
& \multicolumn{3}{c|}{$\Gamma_{xy}$}\\
\cline{2-7}
$h$ & 2nd order & 4th order & 6th order & 2nd order
& 4th order & 6th order \\
\hline 1.000000 & 2.067e-3 & 1.355e-3 & 1.354e-3 & 1.628e-3
& 7.011e-4 & 6.985e-4 \\
\hline 0.500000 & 5.172e-4 & 3.387e-4 & 3.387e-4 & 4.075e-4
& 1.748e-4 & 1.747e-4 \\
\hline 0.250000 & 1.293e-4 & 8.467e-5 & 8.466e-5 & 1.019e-4
& 4.368e-5 & 4.367e-5 \\
\hline 0.125000 & 3.233e-5 & 2.117e-5 & 2.117e-5 & 2.548e-5
& 1.092e-5 & 1.092e-5 \\
\hline 0.062500 & 8.014e-6 & 5.212e-6 & 5.209e-6 & 6.345e-6
& 2.698e-6 & 2.694e-6 \\
\hline 0.031250 & 2.021e-6 & 1.283e-6 & 1.258e-6 & 1.676e-6
& 7.938e-7 & 8.082e-7 \\
\hline 0.015625 & 1.312e-7 & 1.066e-7 & 1.232e-7 & 2.696e-7
```

```
 & 9.779e-10 & 1.646e-8 \\
 \hline
\end{tabular}
\end{center}
\end{table}
```

표 14.4: Relative errors

h	Γ_{xx}			Γ_{xy}		
	2nd order	4th order	6th order	2nd order	4th order	6th order
1.000000	2.067e-3	1.355e-3	1.354e-3	1.628e-3	7.011e-4	6.985e-4
0.500000	5.172e-4	3.387e-4	3.387e-4	4.075e-4	1.748e-4	1.747e-4
0.250000	1.293e-4	8.467e-5	8.466e-5	1.019e-4	4.368e-5	4.367e-5
0.125000	3.233e-5	2.117e-5	2.117e-5	2.548e-5	1.092e-5	1.092e-5
0.062500	8.014e-6	5.212e-6	5.209e-6	6.345e-6	2.698e-6	2.694e-6
0.031250	2.021e-6	1.283e-6	1.258e-6	1.676e-6	7.938e-7	8.082e-7
0.015625	1.312e-7	1.066e-7	1.232e-7	2.696e-7	9.779e-10	1.646e-8

다음 표 14.5와 같이 `\slashbox`, `\multicolumn`, `\booktabs` 를 사용하여 위에서 해 보았던 것들을 적용해 보자. 여기서 `\LL` 은 편의를 위해서 미리 정의한 것으로, `\newlength\LL\settowidth\LL{100}` 이다.

```
\begin{table}[htbp]
\caption{Relative errors}
```

```
\begin{center}
\begin{tabular}{cc|ccccccc}
 \toprule
   &\backslashbox{error}{$h$} & $1$ & 0.5 & 0.25 & 0.125
   & 0.0625 & 0.03125 \\
 \midrule
 \multirow{3}{\LL}{$\Gamma_{xx}$}
   & 2nd order  & 2.067e-3 & 5.172e-4 & 1.293e-4 & 3.233e-5
   & 8.083e-6   & 2.021e-6\\
   & 4th order  & 1.355e-3 & 3.387e-4 & 8.468e-5 & 2.117e-5
   & 5.292e-6   & 1.323e-6\\
   & 6th order  & 1.354e-3 & 3.387e-4 & 8.467e-5 & 2.117e-5
   & 5.292e-6   & 1.323e-6\\
\midrule
 \multirow{3}{\LL}{$\Gamma_{xy}$}
   & 2nd order  & 1.628e-3 & 4.075e-4  & 1.019e-4  & 2.548e-5
   & 6.369e-6   & 1.592e-6\\
   & 4th order  & 7.011e-4 & 1.748e-4  & 4.368e-5  & 1.092e-5
   & 2.730e-6   & 6.823e-7\\
   & 6th order  & 6.985e-4 & 1.747e-4  & 4.367e-5  & 1.092e-5
   & 2.730e-6   & 6.823e-7\\
 \bottomrule
\end{tabular}
\end{center}
\end{table}
```

표 14.5: Relative errors

	error \ h	1	0.5	0.25	0.125	0.0625	0.03125
	2nd order	2.067e-3	5.172e-4	1.293e-4	3.233e-5	8.083e-6	2.021e-6
Γ_{xx}	4th order	1.355e-3	3.387e-4	8.468e-5	2.117e-5	5.292e-6	1.323e-6
	6th order	1.354e-3	3.387e-4	8.467e-5	2.117e-5	5.292e-6	1.323e-6
	2nd order	1.628e-3	4.075e-4	1.019e-4	2.548e-5	6.369e-6	1.592e-6
Γ_{xy}	4th order	7.011e-4	1.748e-4	4.368e-5	1.092e-5	2.730e-6	6.823e-7
	6th order	6.985e-4	1.747e-4	4.367e-5	1.092e-5	2.730e-6	6.823e-7

4.2 MATLAB에서 그림 만들기

MATLAB에서 그림을 eps file을 만드는 경우 save를 통해 만들게 되면 저장된 eps file에 원하지 않는 여백이 생길 수 있어서 다음과 같은 방법을 이용하는 것이 좋다.

```
>> print('-deps','filename.eps')
```

MATLAB에서 Figure창을 띄어 놓은 상태에서 위의 명령어를 Command Window에 입력하면 현재 디렉토리에 filename.eps라는 이름의 그림이 저장된다. 또는 Editor에 추가하여 써놓아도 저장된다. 또한, for loop를 사용해서 여러 개의 다른 이름으로 .eps 파일을 간편하게 만들 수 있다. 다음은 for 구문을 사용한 예제이다.

```
for i=1:n
   ss=sprintf('filename\%d.eps',i);
```

```
   print('-deps',ss);
end
```

MATLAB에서 그림 만드는 방법을 소개한다.
다음 MATLAB 코드 BandDomain.m 은 [그림 14.1]를 만든다.

```
% BandDomain.m %
clear all; clc; clf; figure(1); hold on; n = 300;
th = linspace(0,2*pi,n); r=2.5;
p=patch(r*cos(th),r*sin(th), [0.7 0.7 0.7]); hold on
r=1.5; p=patch(r*cos(th),r*sin(th), [1 1 1]);
r = 2; plot(r*cos(th),r*sin(th),'k-','linewidth',2);
r = 2.5; plot(r*cos(th),r*sin(th),'k--','linewidth',2);
r = 1.5; plot(r*cos(th),r*sin(th),'k--','linewidth',2);
fs = 20;
text('Interpreter','latex','String','$$\Omega_\delta$$',...
    'Position',[-1.8 1.111 64.42],'FontSize',fs)
text('Interpreter','latex','String','$$2\delta$$', ...
    'Position',[1.3 1.13 64.42],'FontSize',fs)
text('Interpreter','latex','String','$$S$$', ...
    'Position',[3.0 0 64.42],'FontSize',fs)
text('Interpreter','latex','String','$$\partial\Omega_\delta$$',...
    'Position',[-3.4 -1.3 64.42],'FontSize',fs);
annotation('doublearrow',[0.582 0.62],[0.62 0.6931]);
annotation('arrow',[0.72 0.66],[0.52 0.52]);
annotation('arrow',[0.326 0.4165],[0.4212 0.4656]);
annotation('arrow',[0.3291 0.35],[0.4212 0.4586]);
axis image; a = 4.5; axis([-a a -a a]); axis off;
```

다음 MATLAB 코드 BandDomainDetail.m 은 [그림 14.2]를 만든다.

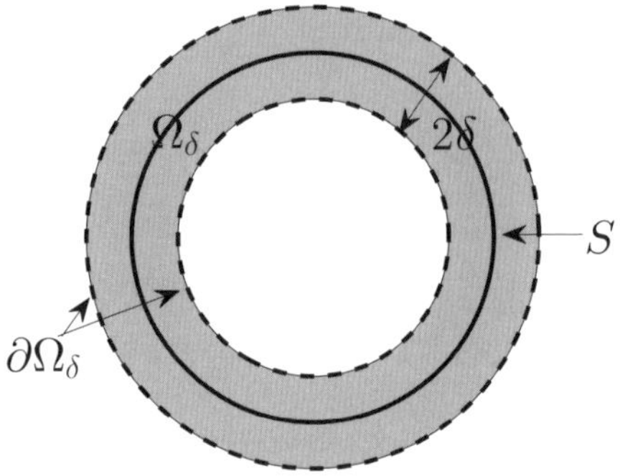

그림 14.1: BandDomain.m

```
% BandDomainDetail.m %
clear all; clc; clf; figure(1); hold on; n = 300;
th = linspace(0,pi/2,n); r = 2;
plot(r*cos(th),r*sin(th),'k-','linewidth',2);
r = 2.5; plot(r*cos(th),r*sin(th),'k--','linewidth',2);
r = 1.5; plot(r*cos(th),r*sin(th),'k--','linewidth',2);
plot(1.18, 2.2, 'ok', 'markerface','k', 'markersize',12);
plot(1.21, 0.88, 'ok', 'markerface','k', 'markersize',12); fs = 28;
text('Interpreter','latex','String', ...
    '$$\partial \Omega_{\delta}$$','Position', ...
    [0.5 1.1 64.42],'FontSize',fs)
text('Interpreter','latex','String', ...
    '$$\partial \Omega_{\delta}$$','Position', ...
    [1.7 2.0 64.42],'FontSize',fs)
text('Interpreter','latex','String','$$cp(\textrm{x}_1)$$',...
    'Position',[0.35 1.66 64.42],'FontSize',fs)
text('Interpreter','latex','String','$$cp(\textrm{x}_2)$$',...
    'Position',[1.55 1.32 64.42],'FontSize',fs)
text('Interpreter','latex','String','$$S$$', ...
```

```
    'Position',[-0.13 2.0 64.42],'FontSize',fs)
text('Interpreter','latex','String','$$\textrm{x}_1$$',...
    'Position',[1.12 2.3 64.42],'FontSize',fs)
text('Interpreter','latex','String','$$\textrm{x}_2$$',...
    'Position',[1.02 0.75 64.42],'FontSize',fs)
annotation('arrow',[0.5 0.444],[0.83 0.68], 'linewidth', 1.5);
annotation('arrow',[0.51 0.6],[0.4 0.498], 'linewidth', 1.5);
axis image; axis off;
```

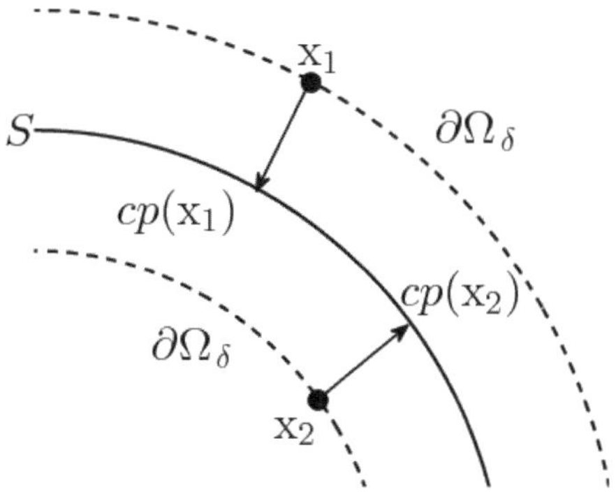

그림 14.2: BandDomainDetail.m

다음 MATLAB 코드 SchematicPointsAll.m 은 [그림 14.3]를 만든다.

```
% SchematicPointsAll.m %
clear; clf; N=15;h=1/N;
for i=1:N
    x(i)=(i-1)*h;
end
y=x; x2=linspace(0,1,N+1);y2=x2;
figure(1); hold;
for i=1:N
```

```
    for j=1:N
        plot(x(i),y(j),'.', 'Markersize', 28)
    end
end
clf;
for j=1:N+1
    line([x2(1) x2(end)],[y2(j) y2(j)],'color','k')
    line([x2(j) x2(j)],[y2(1) y2(end)],'color','k')
end
for i=1:N
    for j=1:N
        d(i,j)=0.27-sqrt((x(i)-0.5)^2+(y(j)-0.5)^2);
        if (abs(d(i,j))<1.01*sqrt(2)*h)
            u(i,j)=0;
        else
            u(i,j)=1;
        end
    end
end
v=0*u;
for i=2:N-1
    for j=2:N-1
      if ((abs(u(i+1,j)-u(i-1,j))+abs(u(i,j+1)-u(i,j-1)))*u(i,j)>0.5)
            v(i,j)=1000;
      else
            v(i,j)=0;
      end
    end
end
dx=0*d; dy=0*d; fig1=figure(1); hold on; s=0.5*h; dd=-abs(d);
for i=2:N-1
    for j=2:N-1
```

```
        if (v(i,j)>0.5)
            plot(x(i),y(j),'ko', 'Markersize', 9)
            dx(i,j)=(dd(i+1,j)-dd(i-1,j))/(2*h);
            dy(i,j)=(dd(i,j+1)-dd(i,j-1))/(2*h);
        end
    end
end
for i=2:N-1
    for j=2:N-1
        if (v(i,j)>0.5)
            dx(i,j)=(dd(i+1,j)-dd(i-1,j))/(2*h);
            dy(i,j)=(dd(i,j+1)-dd(i,j-1))/(2*h);
        end
    end
end
for i=2:N-1
    for j=2:N-1
        if (u(i,j)==0)
            plot(x(i),y(j),'k.', 'Markersize', 25)
        end
    end
end
line([x2(7) x2(11)],[y2(3) y2(3)],'color','k','linewidth',5)
line([x2(7) x2(7)],[y2(3) y2(7)],'color','k','linewidth',5)
line([x2(7) x2(11)],[y2(7) y2(7)],'color','k','linewidth',5)
line([x2(11) x2(11)],[y2(3) y2(7)],'color','k','linewidth',5)
[xx,yy]=meshgrid(x,y); contour(xx,yy,d,[0 0],'k', 'linewidth', 2);
axis image; axis off; view(0,90);
```

다음 MATLAB 코드 SchematicLaplacian.m 은 [그림 14.4]를 만든다.

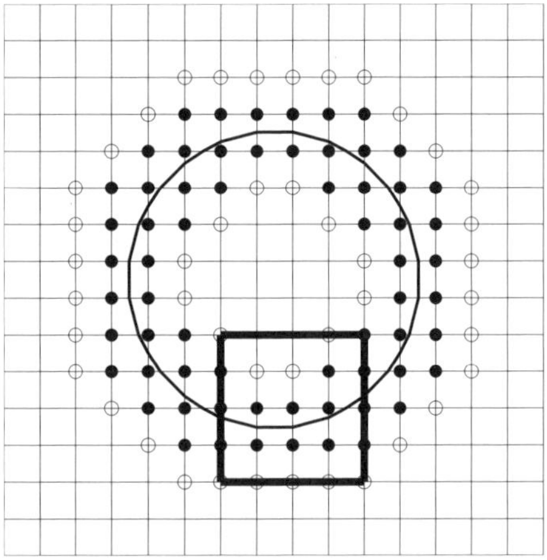

그림 14.3: SchematicPointsAll.m

```
% SchematicLaplacian.m %
clear; clf; N=15;h=1/N; schematic = 2;
for i=1:N
    x(i)=(i)*h;
end
y=x; x2=linspace(0,1,N+1);y2=x2; figure(1); hold;
for i=1:N
    for j=1:N
        plot(x(i),y(j),'.', 'Markersize', 28)
    end
end
clf
%%%%%%%% For schematic1 %%%%%%%%%%
if schematic == 1
    c = 0.7;
    cx = [((x(7)+2*x(8))/3) ((x(7)+2*x(8))/3) ((x(9)+2*x(8))/3)...
```

```
((x(9)+2*x(8))/3)];
    cy = [y(5)+h/6 y(3)-h/6 y(3)-h/6 y(5)+h/6];
    patch(cx, cy, [c c c],'edgecolor','none')
    hold on
    cx = [x(7)-h/6 x(7)-h/6 x(9)+h/6 x(9)+h/6];
    cy = [((y(3)+2*y(4))/3) ((y(5)+2*y(4))/3) ((y(5)+2*y(4))/3)...
((y(3)+2*y(4))/3)];
    patch(cx, cy, [c c c],'edgecolor','none')
else
    %%%%%%%%%%%% For schematic2 %%%%%%%%%%%
    c = 0.7;
    cx = [x(8)-h/8 x(8)-h/8 x(9)+h/8 x(9)+h/8];
    cy = [y(4)+h/8 y(3)-h/8 y(3)-h/8 y(4)+h/8];
    patch(cx, cy, [c c c],'edgecolor','none')
end
hold on
for j=1:N+1
    line([x2(1) x2(end)],[y2(j) y2(j)],'color','k')
    line([x2(j) x2(j)],[y2(1) y2(end)],'color','k')
end
for i=1:N
    for j=1:N
        d(i,j)=0.27-sqrt((x(i)-0.5)^2+(y(j)-0.5)^2);
        if (abs(d(i,j))<1.01*sqrt(2)*h)
            u(i,j)=0;
        else
            u(i,j)=1;
        end
    end
end
hold on
v=0*u;
```

```
for i=2:N-1
    for j=2:N-1
      if ((abs(u(i+1,j)-u(i-1,j))+abs(u(i,j+1)-u(i,j-1)))*u(i,j)>0.5)
            v(i,j)=1000;
      else
            v(i,j)=0;
      end
    end
end
dx=0*d; dy=0*d; figure(1); hold on; s=0.5*h; dd=-abs(d);
for i=2:N-1
    for j=2:N-1
        if (v(i,j)>0.5)
            plot(x(i),y(j),'ko', 'Markersize', 20)
            dx(i,j)=(dd(i+1,j)-dd(i-1,j))/(2*h);
            dy(i,j)=(dd(i,j+1)-dd(i,j-1))/(2*h);
        end
    end
end
if schematic ~= 1
    quiver(x(8), y(5), -dd(8,5)*dx(8,5), -dd(8,5)*dy(8,5), 0,...
'linewidth',3, 'Color',[0 0 0])
    plot(x(8)-dd(8,5)*dx(8,5), y(5)-dd(8,5)*dy(8,5), 'kd',...
'linewidth',2, 'Markersize', 27)
    text('Interpreter','latex', 'String','$${\bf x}_{ijk}$$',...
        'position',[0.51 0.35 0],'FontSize',26)
    text('Interpreter','latex', 'String','$${\rm cp}({\bf...
x}_{ijk})$$','position',[0.53 0.21 0],'FontSize',26)
else
    text('Interpreter','latex', 'String','$$\Delta_h...
\phi_{ijk}^n$$','position',[0.51 0.25 0],'FontSize',26)
end
```

```
for i=2:N-1
    for j=2:N-1
        if (u(i,j)==0)
            plot(x(i),y(j),'k.', 'Markersize', 53)
        end
    end
end
[xx,yy]=meshgrid(x,y); contour(xx,yy,d,[0 0],'k', 'linewidth', 2)
axis image; axis([x(6) x(10) y(2) y(6)]); axis off; view(0,90);
if schematic == 1
    print('-deps', 'schematic_points1')
else
    print('-deps', 'schematic_points2')
end
```

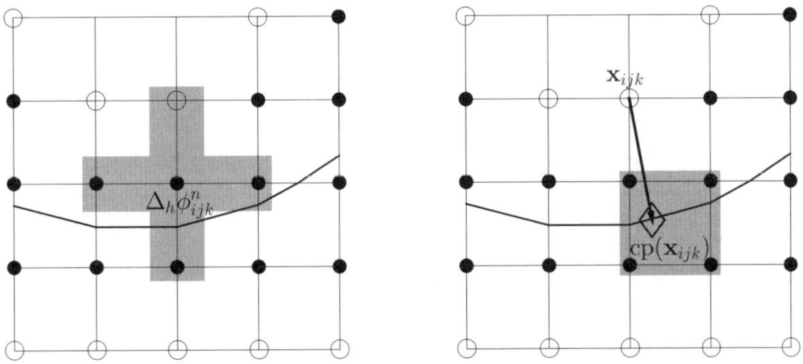

그림 14.4: SchematicLaplacian.m

먼저, 다음 [그림 14.5]은 Newton's iteration 방법 schematic 이다. 다음 MATLAB 코드 figNewt.m 은 [그림 14.5]을 만든다.

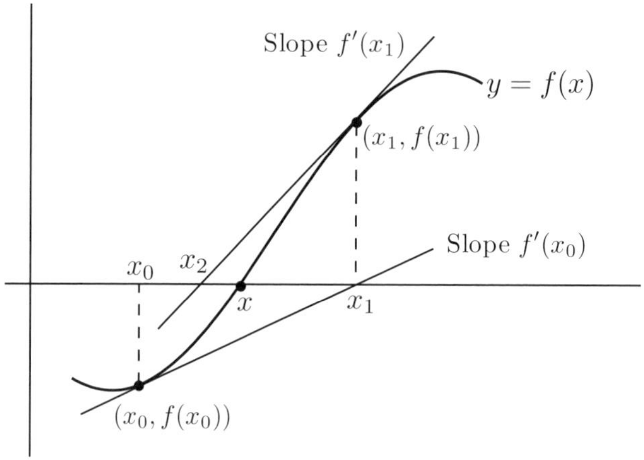

그림 14.5: figNewt.m

```
% figNewt.m
clear;clf;x=linspace(-pi/2,pi/2,100);
plot(x,1.2*sin(x/0.8)+0.4,'k-','linewidth',1.5);hold on;
plot([-2.1 2.8],[0 0],'k-','linewidth',1.0);plot([-1.9 -1.9],...
[-1.3 2.1],'k-','linewidth',1);
text(-0.32,0,'\bullet','fontsize',16)
text('Interpreter','latex','String','$$x$$','Position', [-0.3...
-0.15],'FontSize',16)
text('Interpreter','latex','String','$$x_0$$','Position', [-1.15...
0.1],'FontSize',16)
text(-1.1,-0.75,'\bullet','fontsize',16); plot([-1.05 -1.05],...
[-0.75 0],'k--','linewidth',1)
plot([-1.5 1.2],[-1 0.25]+0.02,'k-','linewidth',1.0)
text('Interpreter','latex','String','$$(x_0,f(x_0))$$','Position'...,
[-1.25 -1],'FontSize',14)
text('Interpreter','latex','String','Slope $$f^\prime(x_0)$$'...,
'Position',[1.3 0.3],'FontSize',14);
```

```
plot([0.61 0.61],[1.2 0],'k--','linewidth',1.0);
text(0.56,1.23,'\bullet','fontsize',16)
text('Interpreter','latex','String','$$x_1$$','Position', [0.54...
-0.15],'FontSize',16)
text('Interpreter','latex','String','$$(x_1,f(x_1))$$','Position',...
[0.65 1.1],'FontSize',14)
plot([-0.9 1.2],[-0.3 1.9]-0.04,'k-','linewidth',1.0)
text('Interpreter','latex','String','Slope $$f^\prime(x_1)$$', ...
'Position', [-0.1 1.8],'FontSize',14)
text('Interpreter','latex','String','$$x_2$$','Position',[-0.74...
0.15],'FontSize',16)
text('Interpreter','latex','String','$$y=f(x)$$','Position',...
[1.6 1.5],'FontSize',16)
axis image;axis([-2.55 3.8 -2.4 2.2]);axis off;
print('-deps','fig_Newt.eps')
```

다음 MATLAB 코드 WulffConstEquillibrium.m 은 [그림 14.6]를 만든다.

```
% WulffConstEquillibrium.m
clc; clf;clear all;n=2000;t=linspace(0,2*pi,n);ep6=0.1;ep0=1;
r=1+ep6*cos(6*t);x=r.*cos(t);y=r.*sin(t);
xx = cos(t)+ep6*cos(6*t).*cos(t)+6*ep6*sin(6*t).*sin(t);
yy = sin(t)+ep6*cos(6*t).*sin(t)-6*ep6*sin(6*t).*cos(t); hold on
st = 130;  et = 206; plot(xx(st:et),yy(st:et),'k-','linewidth',1)
st = 463;  et = 539; plot(xx(st:et),yy(st:et),'k-','linewidth',1)
st = 796;  et = 872; plot(xx(st:et),yy(st:et),'k-','linewidth',1)
st = 1129;  et = 1206; plot(xx(st:et),yy(st:et),'k-','linewidth',1)
st = 1462;  et = 1539; plot(xx(st:et),yy(st:et),'k-','linewidth',1)
st = 1795;  et = 1872; plot(xx(st:et),yy(st:et),'k-','linewidth',1)
plot(0,0,'ko','Linewidth',2,'markersize',6)
line([-1.15 1.15],[0 0],'color','k','Linewidth',1,'linestyle','-')
line([0 0],[-1.15 1.15],'color','k','Linewidth',1,'linestyle','-')
```

```
kk = 148; plot(xx(kk),yy(kk),'ko','Linewidth',1,'markersize',6,...
    'MarkerEdgeColor','k','MarkerFaceColor','k')
line([0 xx(kk)],[0 yy(kk)],'color','k','Linewidth',2,'linestyle',':')
ss=0.22;st1=1;ee1=160;
plot(ss*cos(t(st1:ee1)),ss*sin(t(st1:ee1)),'k-')
ss=0.24;st1=1;ee1=160;
plot(ss*cos(t(st1:ee1)),ss*sin(t(st1:ee1)),'k-')
m3 = (yy(kk+1)-yy(kk-1))/(xx(kk+1)-xx(kk-1));
tt = linspace(0.55,1.0,1000); yt = m3*(tt-xx(kk)) + yy(kk);
plot(tt,yt,'k-','linewidth',2); m2=-1/m3;  tn=linspace(0,1.25,1000);
yn = m2*(tn); plot(tn,yn,'k--','linewidth',2)
tmp = 0.4; line([xx(kk) xx(kk) + tmp],[yy(kk) yy(kk)],'color',...
'k','Linewidth',1,'linestyle','-')
tn2 = linspace(xx(kk),1.45*xx(kk),100); yn2=m2*(tn2-xx(kk))+yy(kk);
plot(tn2,yn2,'k--','linewidth',2)
ss=0.34;st1=1;ee1=80;plot(ss*cos(t(st1:ee1)),ss*sin(t(st1:ee1)),'k-')
plot(0.8052,0.4083,'ko','Linewidth',1,'markersize',6,...
    'MarkerEdgeColor','k','MarkerFaceColor','k')
xxx = linspace(-0.1,1.3,100); xp = 0.8125; yp = 0.4046;
yyy = m3*(tt-tn(600)) + yn(600); yyyy=m2*(tn-tt(370))+yyy(370);
xp2 = 0.7778; yp2 = 0.4712; line([tn(600) tt(370) xp2],...
    [yn(600) yyy(370) yp2],'color','k','linewidth',1)
ss=0.22;st1=1;ee1=160;
plot(xx(kk) + ss*cos(t(st1:ee1)), yy(kk) + ss*sin(t(st1:ee1)),'k-')
ss=0.24; plot(xx(kk)+ss*cos(t(st1:ee1)),yy(kk)+ss...
*sin(t(st1:ee1)),'k-')
plot(1.154,0.5745,'kv','Linewidth',2,'markersize',6, ...
   'MarkerEdgeColor', 'k', 'MarkerFaceColor','k')
plot(1.243,0.3760,'kv','Linewidth',2,'markersize',6, ...
   'MarkerEdgeColor', 'k','MarkerFaceColor','k')
tsize = 20; text('Interpreter','latex','String','$$\phi$$',...
'Position',[1.195 0.288 19.578],'FontSize',tsize)
```

```
text('Interpreter','latex', 'String','$$\theta$$',...
'Position',[0.394 0.045 19.578],'FontSize',tsize)
text('Interpreter','latex','String','$$T=(x,y)$$',...
'Position',[0.826 0.122 19.605],'FontSize',tsize)
text('Interpreter','latex','String','$$p$$',...
'Position',[0.394 0.342 19.578],'FontSize',tsize)
text('Interpreter','latex','String','$$r$$',...
'Position',[0.470 0.171 19.605],'FontSize',tsize-2)
text('Interpreter','latex','String','$$M$$',...
'Position',[0.79 0.496 19.605],'FontSize',tsize-2)
tmr  = 0.89; tmx = 0.75+tmr*cos(t); tmy = -.48+tmr*sin(t);
plot(tmx(480:590),tmy(480:590),'k-');
plot(tmx(650:820),tmy(650:820),'k-');
tmr  = 1.7; tmx = 0.8+tmr*cos(t); tmy = -1.5+tmr*sin(t);
plot(tmx(570:655),tmy(570:655),'k-');
plot(tmx(485:548),tmy(485:548),'k-');
text('Interpreter','latex','String','$$O$$',...
'Position',[-0.109 0.076 19.578],'FontSize',tsize-1)
 axis image; axis off; print -deps wulff2.eps
```

다음 MATLAB 코드 ParameterDef.m 은 [그림 14.7]를 만든다.

```
% ParameterDef.m
clear all; clc; clf; hold on; h1 = ellipse(2,1,0,0,0,'k');
set(h1,'linewidth',1.5)
% intersection point
xa = 1.827; ya = 0.4067;
plot(xa,ya,'ko','MarkerEdgeColor','k','MarkerFaceColor','k',...
    'markersize',8.)
text('Interpreter','latex', 'String','$$(x(\phi), y(\phi))$$',...
    'position',[2.144 0.1876 30.96],'FontSize',25)
% tangential line
```

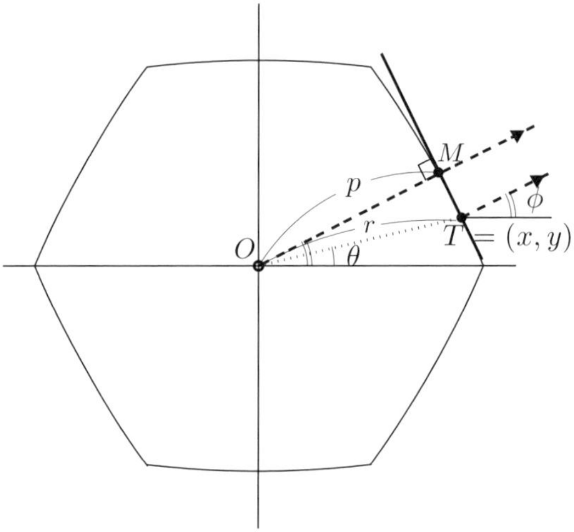

그림 14.6: WulffConstEquillibrium.m

```
tx =linspace(0.8,2.15,500); y = (1.0 - 0.25*xa*tx)/ya;
plot(tx,y,'k-','linewidth',2)
% orthorgonal line
tx2 =linspace(-0,1.23,500); y2 = 4*ya*tx2/(xa);
plot(tx2,y2,'k-','linewidth',2)
% intersection point
xa2 = 1.215; ya2 = 1.082;
plot(xa2,ya2,'ko','MarkerEdgeColor','k','MarkerFaceColor','k',...
    'markersize',8.)
p1 = [1.131 1.018 1.124]; p2 = [1.207 1.106 1.001];
line([p1(1) p1(2) p1(3)],[p2(1) p2(2) p2(3)],'color','k', ...
      'linewidth',1.5)
text('Interpreter','latex', 'String','$$S(\phi)$$',...
    'position',[0.1413 0.7217 30.96],'FontSize',25)
theta = linspace(0.6*pi,0.69*pi,1000);
```

```
tmpx = 2*cos(theta) + 1.82; tmpy = 2*sin(theta) - 0.82;
plot(tmpx,tmpy,'k-','linewidth',1)
theta = linspace(0.76*pi,0.865*pi,1000);
tmpx = 2*cos(theta) + 1.82; tmpy = 2*sin(theta) - 0.82;
plot(tmpx,tmpy,'k-','linewidth',1)
% angle
r =0.85;theta=linspace(0,pi/14,500);aa=r*cos(theta);bb=r*sin(theta);
plot(aa,bb,'k','linewidth',1.5)
text('Interpreter','latex', 'String','$$\theta$$',...
    'position',[1.009 0.1208 30.96],'FontSize',25)
line([xa xa+0.8],[ya ya],'color','k','linewidth',...
1.5,'linestyle','--')
temp = linspace(xa,xa+0.1,200);
line([xa 2.475],[ya 1.0],'color','k','linewidth',...
1.5,'linestyle','--')
% angle
r=0.4;theta=linspace(0,pi/4.3,500);aa=r*cos(theta);bb=r*sin(theta);
plot(aa,bb,'k','linewidth',1.5)
r=0.43;theta=linspace(0,pi/4.3,500);aa=r*cos(theta);bb=r*sin(theta);
plot(aa,bb,'k','linewidth',1.5)
% angle
r=0.4;theta=linspace(0,pi/4.3,500);
aa=r*cos(theta)+xa;bb=r*sin(theta)+ya;
plot(aa,bb,'k','linewidth',1.5)
r = 0.43; theta = linspace(0,pi/4.3,500);
aa = r*cos(theta) + xa; bb = r*sin(theta) + ya;
plot(aa,bb,'k','linewidth',1.5)
text('Interpreter','latex', 'String','$$\phi$$',...
    'position',[2.336 0.6216 30.96],'FontSize',25)
% r %
text('Interpreter','latex', 'String','$$r$$',...
    'position',[0.8257 0.3712 30.96],'FontSize',25)
```

```
theta = linspace(0.45*pi,0.555*pi,1000);
tmpx = 2.5*cos(theta) + 1.41; tmpy = 2.5*sin(theta) - 2.07;
plot(tmpx,tmpy,'k-','linewidth',1)
theta=linspace(0.582*pi,0.685*pi,1000);
tmpx=2.5*cos(theta)+1.41; tmpy=2.5*sin(theta)-2.07;
plot(tmpx,tmpy,'k-','linewidth',1)
line([0 xa], [0 ya],'color','k','linewidth',1.5)
line([-2.5 2.5], [0 0],'color','k','linewidth',1.5)
line([0 0],[-1.5 1.5],'color','k','linewidth',1.5)
plot(0,1.5,'k^','MarkerEdgeColor','k','MarkerFaceColor','k',...
    'markersize',10)
plot(2.5,0,'k>','MarkerEdgeColor','k','MarkerFaceColor','k',...
    'markersize',10)
text('Interpreter','latex', 'String','$$O$$',...
    'position',[-0.2729 -0.1588 17.32],'FontSize',25)
text('Interpreter','latex', 'String','$$x$$',...
    'position',[2.223 -0.1726 30.82],'FontSize',30)
text('Interpreter','latex', 'String','$$y$$',...
    'position',[-0.2327 1.296 30.82],'FontSize',30)
axis image; axis([-2.2 3.0 -1.2 1.5])
axis off; print -deps test.eps
```

위 코드에서 ellipse(2,1,0,0,0,'k')라는 명령어는 ellipse로 정의되어 있는 함수를 사용한 것이다. ellipse(2,1,0,0,0,'k') 명령어의 사용법은 (타원의 x방향의 길이, y방향의 길이, 타원의 중심 x좌표, 타원의 중심 y좌표, 각도, 라인 색)의 순서로 기입하면 된다. 따라서, 위 코드를 실행하기 위해서는 다음의 함수를 저장한 파일도 동일 폴더에 넣어 실행하도록 한다.

다음 MATLAB 코드 ProfitELS.m 은 [그림 14.8]를 만든다.

```
% ProfitELS.m
clf; clear; xr = 180; nx = 180; x = linspace(0, xr, nx+1);
```

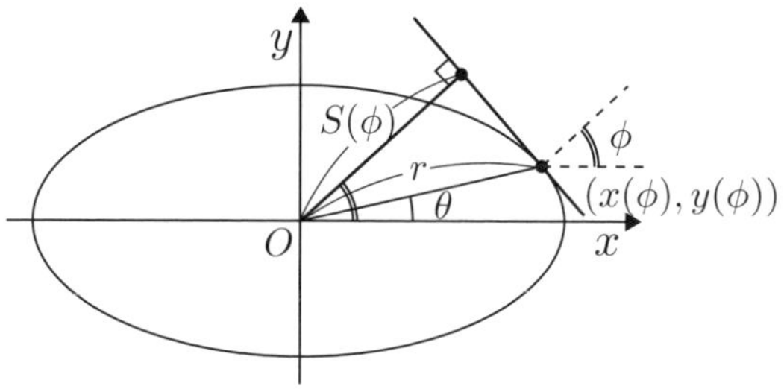

그림 14.7: ParameterDef.m

```
aa = ones(1,nx+1); h = x(2)-x(1);
fs = 20; %fontsize
fs2 = 18;
hold on

% x_axis
line([x(1) x(end)+20],[x(1) x(1)],'color','k','linewidth',2);
plot(x(end)+20,0,'k>','MarkerEdgeColor','k','MarkerFaceColor',...
'k','MarkerSize',10);
text('Interpreter','latex','String','$$S(\tau)$$',...
    'Position',[175.5 -10.2 17.32],'FontSize',20)
text('Interpreter','latex','String','$$\bf{85}$$',...
    'Position',[72.27 -8.949 17.32],'FontSize',fs)
text('Interpreter','latex','String','$$\bf{90}$$',...
    'Position',[92.38 -8.949 17.32],'FontSize',fs)
text('Interpreter','latex','String','$$\bf{95}$$',...
    'Position',[112.1 -8.949 17.32],'FontSize',fs)

% y_axis
line([x(1) x(1)],[-10 x(180)+10],'color','k','linewidth',2);
plot(x(1),x(180)+10,'k^','MarkerEdgeColor','k',...
    'MarkerFaceColor','k','MarkerSize',10);
```

```
text('Interpreter','latex','String','$$u(x,y,z,\tau)$$',...
    'Position',[-31.92 199.5 17.32],'FontSize',23,'color','k')
text('Interpreter','latex','String','$$\bf{0}$$',...
    'Position',[-9.428 -0.4867 17.32],'FontSize',fs)
text('Interpreter','latex','String','$$\bf{105}$$',...
    'Position',[-20.49 69.03 17.32],'FontSize',fs)
text('Interpreter','latex','String','$$\bf{110}$$',...
    'Position',[-20.49 88.83 17.32],'FontSize',fs)
text('Interpreter','latex','String','$$\bf{115}$$',...
    'Position',[-20.49 109 17.32],'FontSize',fs)
text('Interpreter','latex','String','$$\bf{120}$$',...
    'Position',[-20.49 128.8 17.32],'FontSize',fs)
text('Interpreter','latex','String','$$\bf{125}$$',...
    'Position',[-20.49 149 17.32],'FontSize',fs)
text('Interpreter','latex','String','$$\tau = \tau_1$$',...
    'Position',[171.9 148.6 17.32],'FontSize',fs)
text('Interpreter','latex','String','$$\tau = \tau_2$$',...
    'Position',[171.9 129.2 17.32],'FontSize',fs)
text('Interpreter','latex','String','$$\tau = \tau_3$$',...
    'Position',[171.9 108.8 17.32],'FontSize',fs)
text('Interpreter','latex','String','$$\tau = \tau_4$$',...
    'Position',[171.9 88.45 17.32],'FontSize',fs)
text('Interpreter','latex','String','$$\tau = \tau_5$$',...
    'Position',[171.9 68.54 17.32],'FontSize',fs)

en = 170;

% starting level
line([x(en) x(en)],[0 x(en)],'color','k','linewidth',1, ...
    'linestyle','-');

% step01)tau1
```

```
i = 80; line([x(i) x(i)],[x(1) x(150)],'color','k', ...
   'linewidth',2,'linestyle',':');
i = 150; line([x(1) x(80)],[x(i) x(i)],'color','k', ...
   'linewidth',2,'linestyle',':');
line([x(80) x(170)],[x(150) x(150)],'color','k', ...
    'linewidth',3,'linestyle','-');
plot(x(80),x(150),'ks','MarkerEdgeColor','k', ...
    'MarkerFaceColor','k','MarkerSize',10);

% step02)tau2
i = 100; line([x(i) x(i)],[x(1) x(130)],'color','k', ...
    'linewidth',2,'linestyle',':');
i = 130; line([x(1) x(100)],[x(i) x(i)],'color','k', ...
    'linewidth',2,'linestyle',':');
line([x(100) x(170)],[x(130) x(130)],'color','k', ...
    'linewidth',3, 'linestyle','-');
plot(x(100),x(130),'ks','MarkerEdgeColor','k', ...
    'MarkerFaceColor','k', 'MarkerSize',10);

% step03)tau3
i = 120; line([x(i) x(i)],[x(1) x(110)],'color','k', ...
    'linewidth',2,'linestyle',':');
i = 110; line([x(1) x(120)],[x(i) x(i)],'color','k', ...
    'linewidth',2,'linestyle',':');
line([x(100) x(170)],[x(110) x(110)],'color','k', ...
    'linewidth',3,'linestyle','-');
plot(x(100),x(110),'ks','MarkerEdgeColor','k', ...
    'MarkerFaceColor','k','MarkerSize',10);

% step04)tau4
i = 120; line([x(i) x(i)],[x(1) x(90)],'color','k', ...
    'linewidth',2,'linestyle',':');
```

```
i = 90; line([x(1) x(120)],[x(i) x(i)],'color','k', ...
    'linewidth',2,'linestyle',':');
line([x(120) x(170)],[x(90) x(90)],'color','k', ...
    'linewidth',3,'linestyle','-');
plot(x(120),x(90),'ks','MarkerEdgeColor','k', ...
    'MarkerFaceColor','k','MarkerSize',10);

% step05)tau5
i = 120; line([x(i) x(i)],[x(1) x(70)],'color','k', ...
    'linewidth',2,'linestyle',':');
i = 70; line([x(1) x(120)],[x(i) x(i)],'color','k', ...
    'linewidth',2,'linestyle',':');
line([x(120) x(170)],[x(70) x(70)],'color','k', ...
    'linewidth',3,'linestyle','-');
plot(x(120),x(70),'ks','MarkerEdgeColor','k', ...
    'MarkerFaceColor','k','MarkerSize',10);

axis off
axis([-10 x(end)+30 -10 x(end)+10])
```

다음 MATLAB 코드 ProfitELS3Asset.m 은 [그림 14.9]를 만든다.

```
% ProfitELS3Asset.m
clf; clear; xr = 180; nx = 180; x = linspace(0, xr, nx+1);
aa = ones(1,nx+1); h = x(2)-x(1);
fs = 20; %fontsize
fs2 = 18;
hold on

% x_axis
line([x(1) x(end)+20],[x(1) x(1)],'color','k','linewidth',2);
plot(x(end)+20,0,'k>','MarkerEdgeColor','k', ...
```

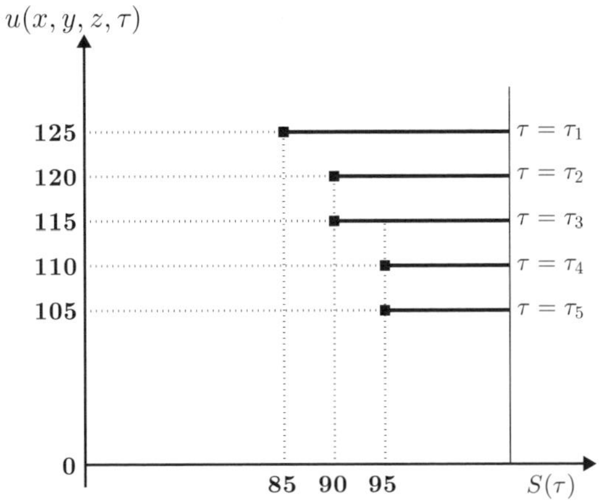

그림 14.8: ProfitELS.m

```
    'MarkerFaceColor','k','MarkerSize',10);
text('Interpreter','latex','String','$$S(\tau)$$',...
    'Position',[175.1 -10.2 17.32],'FontSize',20)
text('Interpreter','latex','String','$$\bf{65}$$',...
    'Position',[33.66 -8.614 17.32],'FontSize',fs)
text('Interpreter','latex','String','$$\bf{85}$$',...
    'Position',[73.31 -8.614 17.32],'FontSize',fs)

% y_axis
line([x(1) x(1)],[-10 x(180)+10],'color','k','linewidth',2);
plot(x(1),x(180)+10,'k^','MarkerEdgeColor','k', ...
    'MarkerFaceColor','k','MarkerSize',10);
text('Interpreter','latex','String','$$u(x,y,z,\tau)$$',...
    'Position',[-31.92 199.5 17.32],'FontSize',23,'color','k')
text('Interpreter','latex','String','$$\bf{0}$$',...
    'Position',[-9.428 -0.4867 17.32],'FontSize',fs)
text('Interpreter','latex','String','$$\bf{85}$$',...
```

```
    'Position',[-14.77 29.16 17.32],'FontSize',fs)
text('Interpreter','latex','String','$$\bf{130}$$',...
    'Position',[-20.49 168.4 17.32],'FontSize',fs)

en = 170;

% starting level
line([x(en) x(en)],[0 x(en)],'color','k','linewidth',1, ...
    'linestyle','-');

% step00) maturity
i = 40; line([x(i) x(i)],[x(1) x(en)],'color','k', ...
    'linewidth',2,'linestyle',':');
i = 80; line([x(i) x(i)],[x(1) x(en)],'color','k', ...
    'linewidth',2,'linestyle',':');
i = 30; line([x(1) x(80)],[x(i) x(i)],'color','k', ...
    'linewidth',2,'linestyle',':');
i = 170; line([x(1) x(80)],[x(i) x(i)],'color','k', ...
    'linewidth',2,'linestyle',':');
line([x(80) x(170)],[x(170) x(170)],'color','k', ...
    'linewidth',3,'linestyle','-');
line([x(1) x(80)],[x(1) x(30)],'color','k', ...
    'linewidth',3,'linestyle','-');
plot(x(80),x(170),'ks','MarkerEdgeColor','k', ...
    'MarkerFaceColor','k','MarkerSize',10);

sh = 5; sh2 = 1;
plot(x(40:sh:170),x(40:sh:170)*0 + x(170),'ko', ...
    'MarkerEdgeColor','k','MarkerSize',9);
plot(x(1),x(1),'ko','MarkerEdgeColor','k','MarkerSize',9);
plot(x(40),x(16),'ko','MarkerEdgeColor','k','MarkerSize',9);
xx = 5; yy = 15*xx/40;
```

```
plot(xx,yy,'ko','MarkerEdgeColor','k','MarkerSize',9);
xx = 11; yy = 15*xx/40;
plot(xx,yy,'ko','MarkerEdgeColor','k','MarkerSize',9);
xx = 17; yy = 15*xx/40;
plot(xx,yy,'ko','MarkerEdgeColor','k','MarkerSize',9);
xx = 22.2; yy = 15*xx/40;
plot(xx,yy,'ko','MarkerEdgeColor','k','MarkerSize',9);
xx = 28; yy = 15*xx/40;
plot(xx,yy,'ko','MarkerEdgeColor','k','MarkerSize',9);
xx = 34; yy = 15*xx/40;
plot(xx,yy,'ko','MarkerEdgeColor','k','MarkerSize',9);

% legend
plot(184:206,160*ones(1,23),'k-','linewidth',2);
plot(185:5:205,148*size(185:5:205,1),'ko', ...
    'MarkerEdgeColor','k','MarkerSize',8);
text('Interpreter','latex','String','$$u$$',...
    'Position',[212.5 160.1 17.32],'FontSize',23)
text('Interpreter','latex','String','$$v$$',...
    'Position',[212.5 147.7 17.32],'FontSize',23)

axis off
axis([-10 x(end)+30 -10 x(end)+10])
```

다음 MATLAB 코드 ContactAngle.m 은 [그림 14.10]를 만든다.

```
% ContactAngle.m
clear; clf;
figure(1)
figure1=figure(1); axes('Visible','off','Parent',figure1);
hold('all');
t=linspace(0,pi/5.3,360); r=0.25; x=r*cos(t); y=r*sin(t);
```

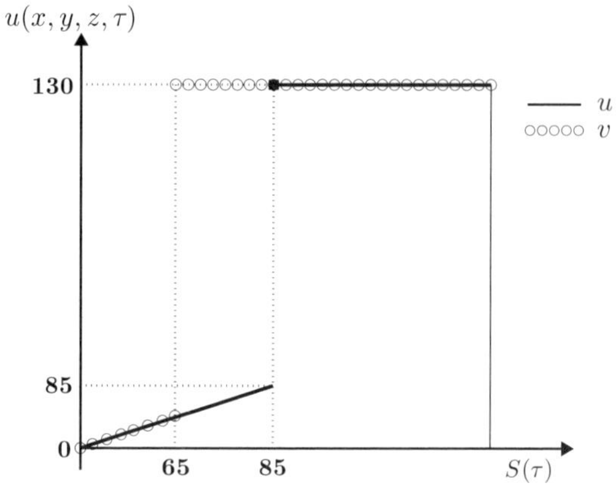

그림 14.9: ProfitELS3Asset.m

```
plot([-1.3 1.3],[0 0],'k'); axis image
plot([-0.2 1.25],[0 0.96],'k'); plot(x-0.2,y,'k');
annotation(figure1,'arrow',[0.461 0.61],[0.52 0.6523],...
    'HeadStyle','plain','LineWidth',2);
xx = [-1.3 1.3 1.3 -1.3]; yy = [0 0 -0.4 -0.4]; patch(xx,yy,'y')

text('Interpreter','latex','String','$$\theta$$','Position',...
    [0.11 0.11],'FontSize',30)
text('Interpreter','latex','String','$$\alpha$$','Position',...
    [-1 0.3],'FontSize',29)
text('Interpreter','latex','String','$$\beta$$','Position',...
    [0.8 0.3],'FontSize',29)
text('Interpreter','latex','String','$$\gamma$$','Position',...
    [-0.1 -0.22],'FontSize',30)
text('Interpreter','latex','String','$${\bf m}=(\cos\theta,...
\sin\theta)$$','Position',[-0.68 0.53],'FontSize',26)
text('Interpreter','latex','String','$$\sigma_{\alpha\beta}$$', ...
```

```
    'Position',[0.9 0.8],'FontSize',32)
text('Interpreter','latex','String','$$\sigma_{\beta\gamma}$$', ...
    'Position',[0.95 0],'FontSize',32)
text('Interpreter','latex','String','$$\sigma_{\gamma\alpha}$$',...
    'Position',[-1.23 0],'FontSize',32)
```

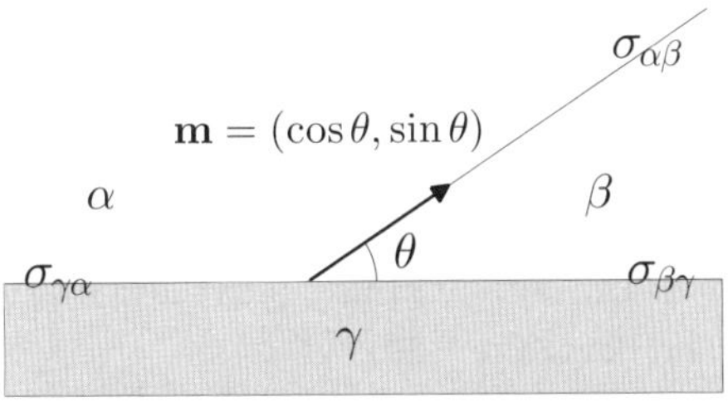

그림 14.10: ContactAngle.m

다음 MATLAB 코드 ContactAngleFig.m 은 [그림 14.11]를 만든다.

```
% ContactAngleFig.m
clear; clf;
figure(1)
figure1=figure(1); axes('Visible','off','Parent',figure1);
hold('all');
plot([-0.6 -0.2],[0 0],'k'); plot([-0.2 0.3],[0 0.28],'k');
plot([-0.2 0.27],[0 -0.32],'k');
annotation(figure1,'arrow',[0.371 0.371],[0.52...
0.54],'HeadLength',14,'HeadWidth',14);
annotation(figure1,'arrow',[0.371 0.371],[0.56...
0.54],'HeadLength',14,'HeadWidth',14);
annotation(figure1,'arrow',[0.555 0.565],[0.626...
0.606],'HeadLength',14,'HeadWidth',14);
annotation(figure1,'arrow',[0.5739 0.5639],[0.5779...
```

```
0.6059],'HeadLength',14,'HeadWidth',14);
annotation(figure1,'arrow',[0.552 0.559],[0.449...
0.4595],'HeadLength',14,'HeadWidth',14);
annotation(figure1,'arrow',[0.5661 0.5591],[0.4774...
0.4609],'HeadLength',14,'HeadWidth',14);
t=linspace(0,2*pi,360); r=0.12; x2=r*cos(t); y2=r*sin(t);
plot(x2-0.2,y2,'k');
axis image

text('Interpreter','latex','String','$$\theta_\alpha$$','Position',...
    [-0.28 0.165],'FontSize',30)
text('Interpreter','latex','String','$$\theta_\beta$$','Position',...
    [-0.063 -0.01],'FontSize',30)
text('Interpreter','latex','String','$$\theta_\gamma$$','Position',...
    [-0.23 -0.17],'FontSize',30)
text('Interpreter','latex','String','$$\alpha$$','Position',[-0.53...
0.25],'FontSize',32)
text('Interpreter','latex','String','$$\beta$$','Position',[0.17...
-0.01],'FontSize',32)
text('Interpreter','latex','String','$$\gamma$$','Position',...
    [-0.48 -0.24],'FontSize',32)
text('Interpreter','latex','String','$$\sigma_{\alpha\beta}$$', ...
    'Position',[0.15 0.215],'FontSize',32)
text('Interpreter','latex','String','$$\sigma_{\beta\gamma}$$', ...
    'Position',[0.13 -0.25],'FontSize',32)
text('Interpreter','latex','String','$$\sigma_{\gamma\alpha}$$',...
    'Position',[-0.57 -0.01],'FontSize',32)
```

다음 MATLAB 코드 KDV.m 은 [그림 14.12]를 만든다.

```
% KDV.m
clear; clf;
```

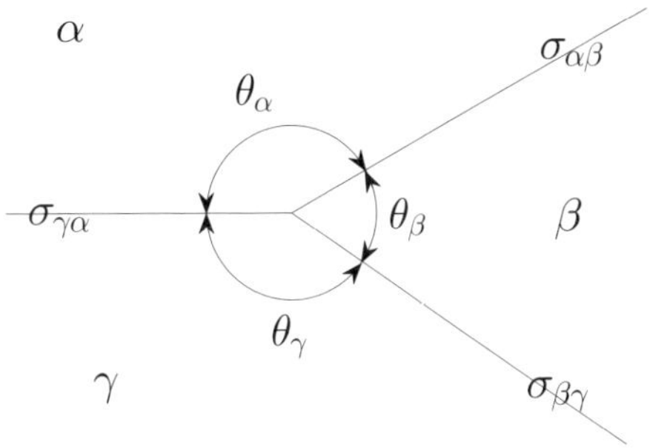

그림 14.11: ContactAngleFig.m

```
figure1=figure(1);
x0=0; x=linspace(-20,30,1001); c=0.2;

t=0;  u1=0.5*c*(sech(0.5*sqrt(c)*(x-c*t+x0))).^2;
t=15; u2=0.5*c*(sech(0.5*sqrt(c)*(x-c*t+x0))).^2;
t=30; u3=0.5*c*(sech(0.5*sqrt(c)*(x-c*t+x0))).^2;

plot(x(1:601),u1(1:601),'k-.','linewidth',1.0); hold on
plot(x(1:601),u2(1:601),'k--','linewidth',1.0);
plot(x(1:601),u3(1:601),'k-','linewidth',1.0);
plot(x(361),u2(361),'ko','linewidth',1.0,'MarkerSize',7);
plot(x(441),u2(441),'ko','linewidth',1.0,'MarkerSize',7);
plot(x(521),u2(521),'ko','linewidth',1.0,'MarkerSize',7);
AA=[x(361)^2 x(361) 1; x(441)^2 x(441) 1; x(521)^2 x(521) 1];
BB=[u2(361); u2(441); u2(521)];
CC=AA\BB;
PPP=(-CC(2)-sqrt(CC(2)^2-4.0*CC(1)*(CC(3)-u1(441))))/(2.0*CC(1));

plot([x(441) PPP],[u1(441) u1(441)],'k-','linewidth',1.0);
annotation(figure1,'arrow',[0.6915 0.6915],[0.639...
```

```
0.329],'linewidth',1.0);
plot(x(441),u1(441),'ko','linewidth',1.0,'MarkerFaceColor',...
[0 0 0],'MarkerSize',7);
plot(PPP,u1(441),'ko','linewidth',1.0,'MarkerFaceColor',...
[0 0 0],'MarkerSize',7);
plot([x(441)+x(521)-PPP x(441)+x(521)-PPP],[0 u3(521)],'k-',...
'linewidth',1.0);
annotation(figure1,'arrow',[0.615 0.685]+0.031,[0.639 0.639]+...
0.0665,'linewidth',1.0);
plot(x(441)+x(521)-PPP,u3(521),'k*','linewidth',1.0,'MarkerSize',9);
plot(x(521),u3(521),'k*','linewidth',1.0,'MarkerSize',9);
plot([x(361) x(361)],[-0.025 0.125],'k:','linewidth',1.0);
plot([x(441) x(441)],[-0.025 0.125],'k:','linewidth',1.0);
plot([x(521) x(521)],[-0.025 0.125],'k:','linewidth',1.0);
plot([x(521) x(521)],[0 0.125],'k-','linewidth',2.0);
plot([x(601) x(601)],[-0.025 0.125],'k:','linewidth',1.0);
plot([-15 12.5],[0 0],'k-','linewidth',2.0);

legend('$\eta^{n-1}$','$\eta^{n}$','$\eta^{n+1}$',2)
set(legend,'interpreter','latex','FontSize',18)
text('Interpreter','latex','String','$$x_{N_x-1}$$','Position',...
    [-3.4 -0.01],'FontSize',20)
text('Interpreter','latex','String','$$x_{N_x}$$','Position',...
    [0.6 -0.01],'FontSize',20)
text('Interpreter','latex','String','$$x_{N_x+1}$$','Position',...
    [5.5 -0.01],'FontSize',20)
text('Interpreter','latex','String','$$p$$','Position',[4.6 ...
-0.006],'FontSize',18)
text('Interpreter','latex','String','$$q$$','Position',[2.7 ...
-0.006],'FontSize',18)
text('Interpreter','latex','String','$$q=x_{N_x}+x_{N_x+1}-p$$',...
    'Position',[-14.5 0.07],'FontSize',18)
```

```
% set(gca,'fontsize',16);
set(gca,'XTick',zeros(1,0));
set(gca,'YTick',zeros(1,0));
% axis image
axis([-15 12.5 -0.025 0.125])
daspect([100 1 1])
```

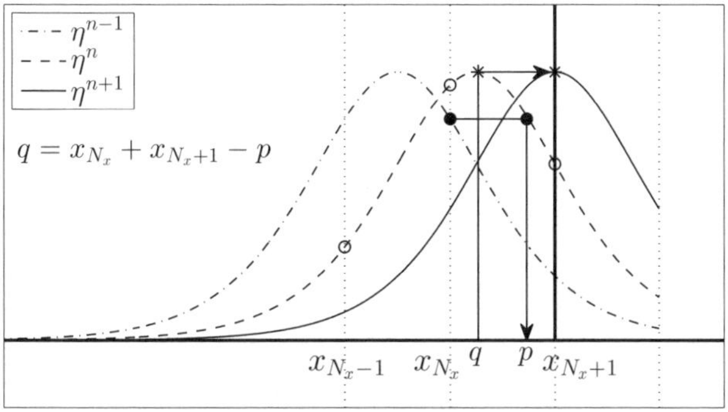

그림 14.12: KDV.m

다음 MATLAB 코드 MonteCarloBC.m 은 [그림 14.13]를 만든다.

```
% MonteCarloBC.m
clear; clf; Smax=300; K=100; r=0.05; sigma=0.2; T=4; delta_tau=0.8;
Nt=T/delta_tau;
pw=2; hh=0.5; NS=Smax/hh-mod(Smax,hh)/hh; S=linspace(0,Smax,NS);

for i=1:NS-1
    if (S(i)<=K)&&(S(i+1)>K)
        S(i)=K-hh/2;
        for j=i-1:-1:1
```

```
            S(j)=S(j+1)-hh;
        end
        S(1)=0;
        S(i+1)=K+hh/2;
        for j=i+2:NS
            S(j)=S(j-1)+hh;
        end
        S(NS)=Smax;
        break;
    end
end

h=zeros(NS-1,1);
for i=1:NS-1
    h(i)=S(i+1)-S(i);
end

alpha=zeros(NS,1); beta=zeros(NS,1); gamma=zeros(NS,1);
f=zeros(NS,1); u=zeros(NS,Nt);
for i=1:NS
    u(i,1)=max(S(i)-K,0)^pw;
end

sum=0; init_S=Smax; N=1000000;
for i=1:N
    S_T=init_S*exp((r-(sigma^2)/2)*T+sigma*randn*sqrt(T));
    sum=sum+exp(-r*T)*(max(S_T-K,0)^pw);
end
Monte=sum/N;



for i=2:NS-1
```

```
    alpha(i)=-(((sigma^2)*(S(i)^2))/(h(i-1)*(h(i)+h(i-1))))...
        +((r*S(i)*h(i))/(h(i-1)*(h(i)+h(i-1))));
    beta(i)=(1/delta_tau)+(((sigma^2)*(S(i)^2))/(h(i)*h(i-1)))...
        -((r*S(i)*(h(i)-h(i-1)))/(h(i)*h(i-1)))+r;
    gamma(i)=-(((sigma^2)*(S(i)^2))/(h(i)*(h(i)+h(i-1))))...
        -((r*S(i)*h(i-1))/(h(i)*(h(i)+h(i-1))));
end

for j=1:Nt
    if Monte>0
        u(NS,j+1)=u(NS,1)*exp((1/T)*log(Monte/u(NS,1))*delta_tau*j);
    else
        u(NS,j+1)=0;
    end
    back_up_beta=beta;
    f=u(:,j)/delta_tau;
    f(1)=f(2)-alpha(2)*u(1,j+1);
    f(NS-1)=f(NS-1)-gamma(NS-1)*u(NS,j+1);
    for i=3:NS-1
        beta(i)=beta(i)-((alpha(i)*gamma(i-1))/beta(i-1));
        f(i)=f(i)-((alpha(i)*f(i-1))/beta(i-1));
    end
    u(NS-1,j+1)=f(NS-1)/beta(NS-1);
    for i=NS-2:-1:2
        u(i,j+1)=(f(i)-gamma(i)*u(i+1,j+1))/beta(i);
    end
    beta=back_up_beta;
end

plot(S,u(:,1),'k-','LineWidth',1.3);
axis([0 320 0 80500])
hold on
```

```
plot(300,u(NS,:),'ko', 'markerface','k')

text('Interpreter','latex','String','$$\tau=~0~,~u_{N_x}^0$$',...
    'Position',[218 40000.0 55.69],'FontSize',18)
text('Interpreter','latex','String','$$\tau=\Delta t,...
~u_{N_x}^1$$','Position',[218 45800.0 55.69],'FontSize',18)
text('Interpreter','latex','String','$$\vdots$$',...
    'Position',[250 63000.0 55.69],'FontSize',20)
text('Interpreter','latex','String','$$\tau=N_t ...
\Delta t,~u_{N_x}^{N_t}=V$$','Position',[183 77000.0
55.69],'FontSize',17)

set(gca, 'fontsize', 18)
```

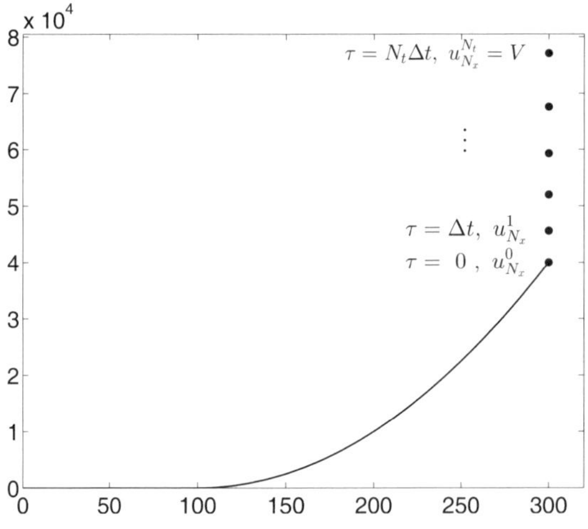

그림 14.13: MonteCarloBC.m

다음 MATLAB 코드 NonUniformMesh.m 은 [그림 14.14]를 만든다.

```
%NonUniformMesh.m
clf; clear;
xr = 10; nx = 99; x = linspace(0, xr, nx+1); h = x(2)-x(1);
fs = 18;
%fontsize
hold on

line([x(1) x(end)+1],[x(1) x(1)],'color','k','linewidth',1.5);
plot(x(end)+1,0,'k>','MarkerEdgeColor','k', ...
    'MarkerFaceColor','k','MarkerSize',10);

ss = 0.2;
i = 1; line([x(i) x(i)],[x(1)-ss x(1)+ss],'color','k', ...
    'linewidth',1.5);
i = 14; line([x(i) x(i)],[x(1)-ss x(1)+ss],'color','k', ...
    'linewidth',1.5);
i = 33; line([x(i) x(i)],[x(1)-ss x(1)+ss],'color','k', ...
    'linewidth',1.5);
i = 50; line([x(i) x(i)],[x(1)-ss x(1)+ss],'color','k', ...
    'linewidth',1.5);
i = 80; line([x(i) x(i)],[x(1)-ss x(1)+ss],'color','k', ...
    'linewidth',1.5);
i = 99; line([x(i) x(i)]-0.02,[x(1)-ss x(1)+ss],'color','k', ...
    'linewidth',1.5);

text('Interpreter','latex','String','$$x_{_0}$$',...
    'Position',[-0.173 -0.5021 55.69],'FontSize',fs)
text('Interpreter','latex','String','$$x_{_1}$$',...
    'Position',[1.1 -0.5021 55.69],'FontSize',fs)
text('Interpreter','latex','String','$$x_{_{i-1}}$$',...
    'Position',[2.8 -0.5021 55.69],'FontSize',fs)
text('Interpreter','latex','String','$$x_{_i}$$',...
```

```
    'Position',[4.756 -0.5021 55.69],'FontSize',fs)
text('Interpreter','latex','String','$$x_{_{i+1}}$$',...
    'Position',[7.566 -0.5021 55.69],'FontSize',fs)
text('Interpreter','latex','String','$$x_{_{N_x}}$$',...
    'Position',[9.613 -0.5021 55.69],'FontSize',fs)
text('Interpreter','latex','String','$$0$$',...
    'Position',[-0.08307 0.5053 55.69],'FontSize',fs)
text('Interpreter','latex','String','$$x_{max}$$',...
    'Position',[9.2 0.55 55.69],'FontSize',fs+5)
text('Interpreter','latex','String','$$h_{i-1}$$',...
    'Position',[3.62 0.7312 59.78],'FontSize',fs)
text('Interpreter','latex','String','$$h_{i}$$',...
    'Position',[6.239 0.7312 59.78],'FontSize',fs)
text('Interpreter','latex','String','$$\cdots$$',...
    'Position',[1.8 -0.4021 55.69],'FontSize',fs)
text('Interpreter','latex','String','$$\cdots$$',...
    'Position',[8.6 -0.4021 55.69],'FontSize',fs)

ss = 0.35;
line([x(34) x(49)],[x(1) x(1)]+ss,'color','k','linewidth',1.0);
line([x(51) x(79)],[x(1) x(1)]+ss,'color','k','linewidth',1.0);
plot(x(34)+0.05,x(1)+ss,'k<','MarkerEdgeColor','k', ...
    'MarkerFaceColor','k','MarkerSize',6);
plot(x(49)-0.05,x(1)+ss,'k>','MarkerEdgeColor','k', ...
    'MarkerFaceColor','k','MarkerSize',6);
plot(x(51)+0.05,x(1)+ss,'k<','MarkerEdgeColor','k', ...
    'MarkerFaceColor','k','MarkerSize',6);
plot(x(79)-0.05,x(1)+ss,'k>','MarkerEdgeColor','k', ...
    'MarkerFaceColor','k','MarkerSize',6);

box on
axis off
```

```
axis image
axis([-.2 x(end)+1.2 -1 2])
```

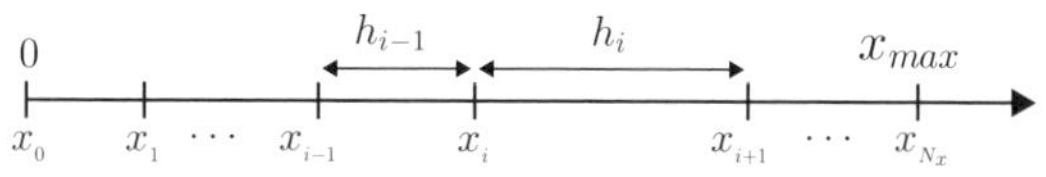

그림 14.14: NonUniformMesh.m

다음 MATLAB 코드 TwoPhaseDomainWithPhiAndZeroLevel.m 은 [그림 14.15]를 만든다.

```
% TwoPhaseDomainWithPhiAndZeroLevel.m
clf;clear;figure(1)
figure1=figure(1);
axes('Visible','off','Parent',figure1);
hold('all');
xl=0.0; xr=1.0;n=128;x=linspace(xl,xr,n);[xx,yy]=meshgrid(x,x);

S(1:n,1:n)=0;h=1/128;gam=2*h;
for j=1:n
    for i=1:n
      x = (i-0.5)*h;
      y = (j-0.5)*h;
theta=atan2(x-0.5,y-0.5);
S(i,j) = -tanh((sqrt((x-0.5)^2+(y-0.5)^2) ...
 -(0.3*(0.9+0.1*cos(theta*theta)*sin(theta))+0.00*cos(7*theta)))...
 /(sqrt(2.0)*gam));
    end
end

[CC,h]=contour(xx,yy,S',[ 0 0]);
```

```
m2=size(CC,2);
%
plot(CC(1,2:m2),CC(2,2:m2),'k-','linewidth',1.5)
hold on
plot([0.0 1 ],[1 1],'k-','linewidth',1.0)
plot([0 1],[0 0],'k-','linewidth',1.0)
plot([0 0],[0 1],'k-','linewidth',1.0)
plot([1 1],[0 1],'k-','linewidth',1.0)
box on
patch(CC(1,2:m2),CC(2,2:m2),[0.8627 0.8627 0.8627])

% Create text
text('Interpreter','latex','String','$$\Omega$$',...
    'Position',[0.075 0.098 12.247],'FontSize',29);
% Create text
text('Interpreter','latex','String','fluid 2',...
    'Position',[0.39 0.57 12.25],'FontSize',25);
% Create text
text('Interpreter','latex','String','fluid 1',...
    'Position',[0.6885 0.0891 12.2474],'FontSize',25);
% Create text
text('Interpreter','latex','String','$$\rho_2,$$',...
    'Position',[0.4225 0.4517 12.2474],'FontSize',25);
% Create text
text('Interpreter','latex','String','$$\rho_1,$$',...
    'Position',[0.4078 0.1418 12.2474],'FontSize',25);
% Create text
text('Interpreter','latex','String','$$\eta_2$$',...
    'Position',[0.5365 0.45172 12.2474],'FontSize',25);
% Create text
text('Interpreter','latex','String','$$\eta_1$$',...
    'Position',[0.5365 0.1388 12.2474],'FontSize',25);
```

```
axis image
axis([0.0 1 0 1.0])

%      ss=sprintf('../../paper/CH_tanh/schematic1.eps');
%     print('-deps',ss);
figure
hold on
plot(CC(1,2:m2),CC(2,2:m2),'k-','linewidth',1.5)
patch(CC(1,2:m2),CC(2,2:m2),[0.8627 0.8627 0.8627])
[CC2,h]=contour(xx,yy,S',linspace(-0.7,0.7,3));
hold on
plot([0.0 1 ],[1 1],'k-','linewidth',1.0)
plot([0 1],[0 0],'k-','linewidth',1.0)
plot([0 0],[0 1],'k-','linewidth',1.0)
plot([1 1],[0 1],'k-','linewidth',1.0)
text('Interpreter','latex','String','$$\phi=1$$',...
    'Position',[0.6969 0.1418 12.2474],'FontSize',25);
% Create text
text('Interpreter','latex','String','$$\phi=-1$$',...
    'Position',[0.4286 0.5687 12.2474],'FontSize',25);
% Create text
text('Interpreter','latex','String','$$\phi=0$$',...
    'Position',[0.0957 0.7821 12.2474],'FontSize',25);

% Create text
text('Interpreter','latex','String','$$\Omega$$',...
    'Position',[0.0745 0.0979 12.24749],'FontSize',29);

% Create arrow
annotation('arrow',[0.5589 0.625],[0.5976 0.6785]);

% Create arrow
```

```
annotation('arrow',[0.6946 0.6446],[0.2380 0.3190]);

% Create arrow
annotation('arrow',[0.3356 0.4017],[0.7190 0.6619]);
box on
axis image
axis([0.0 1 0 1.0])
axis off

figure
hold on
plot(CC(1,2:m2),CC(2,2:m2),'k-','linewidth',1.5)
patch(CC(1,2:m2),CC(2,2:m2),[0.8627 0.8627 0.8627])
cc1=CC(:,2:11:m2);
for i=1:size(cc1,2)-1
    plot([0.5 cc1(1,i)],[0.5 cc1(2,i)],'k-','linewidth',0.2);
    plot([0.5 cc1(1,i+1)],[0.5 cc1(2,i+1)],'k-','linewidth',0.2);
    plot([cc1(1,i) cc1(1,i+1)],[cc1(2,i) cc1(2,i+1)], ...
    'k-','linewidth',0.2);
end

plot(cc1(1,:),cc1(2,:),'ko','linewidth',1.0)
hold on
plot([0.0 1 ],[1 1],'k-','linewidth',1.0)
plot([0 1],[0 0],'k-','linewidth',1.0)
plot([0 0],[0 1],'k-','linewidth',1.0)
plot([1 1],[0 1],'k-','linewidth',1.0)
text('Interpreter','latex','String','$$X_l$$',...
    'Position',[0.7383 0.1739 12.2474],'FontSize',23);

% Create text
text('Interpreter','latex','String','$$X_{l+1}$$',...
```

```
    'Position',[0.8114 0.2616 12.2474],'FontSize',23);

% Create arrow
text('Interpreter','latex','String','$$\Omega$$',...
    'Position',[0.0745 0.0979 12.2474],'FontSize',29);
% Create arrow
annotation('arrow',[0.7178 0.6642],[0.3333 0.3785]);
% Create arrow
annotation('arrow',[0.6696 0.6392],[0.2714 0.3381]);
box on
axis image
axis([0.0 1 0 1.0])
 axis off
text('Interpreter','latex','String','$$A(X)$$',...
    'Position',[0.0482 0.7470 12.2474],'FontSize',25);
annotation('arrow',[0.3357 0.4214],[0.6761 0.5952]);
```

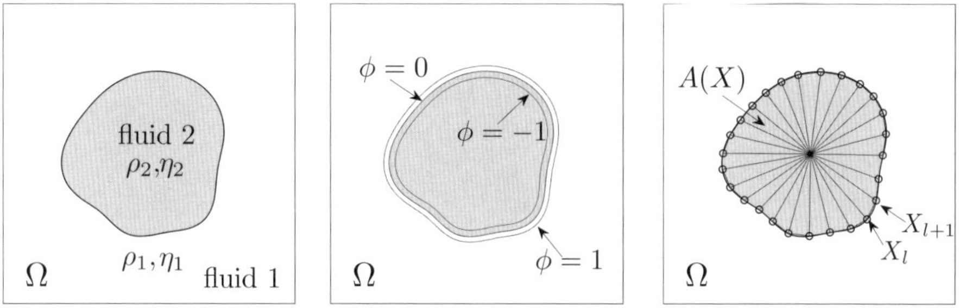

그림 14.15: TwoPhaseDomainWithPhiAndZeroLevel.m

다음 MATLAB 코드 TiltedPanel.m 은 [그림 14.16]를 만든다.

```
% tiltedPanel.m
clear; clc; clf;
plot([0 10],[0 0],'k-','linewidth',1.0)
hold on
plot([0 10],[1 1],'k-','linewidth',1.0)
plot([0 0],[0 1],'k-','linewidth',1.0)
plot([2.3 2.3],[0 1],'k-','linewidth',1.0)
plot([5.4 5.4],[0 1],'k-','linewidth',1.0)
plot([7.7 7.7],[0 1],'k-','linewidth',1.0)
plot([10 10],[0 1],'k-','linewidth',1.0)
cc=1.5;
plot([0 2.8],[0 0],'k-','linewidth',cc)
plot([2.64 2.8],[0.13 0],'k-','linewidth',cc)
plot([2.64 2.8],[-0.13 0],'k-','linewidth',cc)
plot([0 0],[0 1.3],'k-','linewidth',cc)
plot([0 0.13],[1.3 1.14],'k-','linewidth',cc)
plot([0 -0.13],[1.3 1.14],'k-','linewidth',cc)
plot([0 10],[2 2]-0.5,'k-','linewidth',1.0)
plot([9.84 10],[2.13 2]-0.5,'k-','linewidth',1.0)
plot([9.84 10],[1.87 2]-0.5,'k-','linewidth',1.0)
plot([0.16 0],[2.13 2]-0.5,'k-','linewidth',1.0)
plot([0.16 0],[1.87 2]-0.5,'k-','linewidth',1.0)
plot([11 11]-0.6,[0 1],'k-','linewidth',1.0)
plot([11 11.13]-0.6,[1 0.84],'k-','linewidth',1.0)
plot([11 10.87]-0.6,[1 0.84],'k-','linewidth',1.0)
plot([11 11.13]-0.6,[0 0.16],'k-','linewidth',1.0)
plot([11 10.87]-0.6,[0 0.16],'k-','linewidth',1.0)
bb=18; kk=40;
plot([10 8.7],[0 -1.3*tan(50*pi/180)],'k-','linewidth',cc)
plot([5.38 6.8],[-1.5 -1.5],'k-','linewidth',cc) %5.2
plot([5.2 5.36]+0.18,[0 0.13]-1.5,'k-','linewidth',cc)
plot([5.2 5.36]+0.18,[0 -0.13]-1.5,'k-','linewidth',cc)
```

```
plot([6.8 6.8],[-1.5 -3.2],'k-','linewidth',cc) %-3.1
plot([0 0.13]+6.8,[-3.1 -2.94]-0.1,'k-','linewidth',cc)
plot([0 -0.13]+6.8,[-3.1 -2.94]-0.1,'k-','linewidth',cc)
plot([5.4 6.8],[-1.5-1.4*tan((90-kk)*pi/180)-1.5],...
'k-','linewidth',cc)
plot([5.4 5.4],[-1.5-1.4*tan((90-kk)*pi/180) -1.5-1.4...
    *tan((90-kk)*pi/180)+0.25],'k-','linewidth',cc)
plot([5.4 5.65],[-1.5-1.4*tan((90-kk)*pi/180) -1.5-1.4...
    *tan((90-kk)*pi/180)+0.05],'k-','linewidth',cc)
text('Interpreter','latex','String','$$x$$','Position',...
    [2.4 -0.4],'FontSize',bb,'rotation',kk)
text('Interpreter','latex','String','$$y$$','Position',...
    [-0.51 1.07],'FontSize',bb,'rotation',kk)
text('Interpreter','latex','String','$$L$$','Position',...
    [4.9 2.35-0.5],'FontSize',bb,'rotation',kk)
text('Interpreter','latex','String','$$H$$','Position',...
    [10.6 0.5],'FontSize',bb,'rotation',kk)
text('Interpreter','latex','String','$$\theta$$','Position',...
    [5.83 -1.85],'FontSize',bb,'rotation',0)
text('Interpreter','latex','String','$$\mbox{fluid}~N$$',...
'Position',[0.3 0.45],'FontSize',bb,'rotation',kk)
text('Interpreter','latex','String','$$\cdots$$','Position',...
    [3.55 0.45],'FontSize',bb,'rotation',kk)
text('Interpreter','latex','String','$$\mbox{fluid}~2$$',...
'Position',[5.8 0.45],'FontSize',bb,'rotation',kk)
text('Interpreter','latex','String','$$\mbox{fluid}~1$$',...
'Position',[8.1 0.45],'FontSize',bb,'rotation',kk)
text('Interpreter','latex','String','$$g\cos\theta$$','Position',...
    [5.65 -1.15],'FontSize',bb,'rotation',kk)
text('Interpreter','latex','String','$$g\sin\theta$$','Position',...
    [7.15 -1.6],'FontSize',bb,'rotation',kk-90)
```

```
text('Interpreter','latex','String','$$\theta$$','Position',...
    [8.95 -0.35],'FontSize',bb,'rotation',0)
text('Interpreter','latex','String','$${\bf g}$$','Position',...
    [5.1 -3.3],'FontSize',bb,'rotation',0)
thet=linspace(0.0,2.0*pi,360);
radi=0.7;
plot(10+radi*cos(thet(180:230)),radi*sin(thet(180:230)),'k-');
thet=linspace(0.0,2.0*pi,360);
radi=0.6;
plot(6.8+radi*cos(thet(180:230)),-1.5+radi*sin(thet(180:230)),'k-');
axis image
axis off
camroll(kk)
```

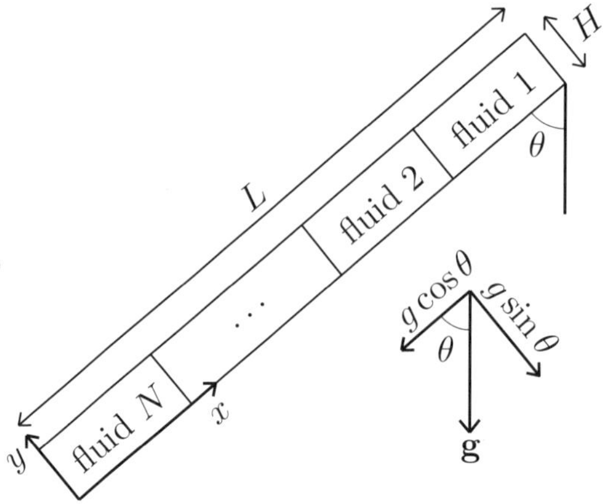

그림 14.16: Tilted Panel.m

다음 MATLAB 코드 DirichletBoundaryConditions.m 은 [그림 14.17]를 만든다.

```
% DirichletBoundaryConditions.m
clear; clf;
nt= 160;nx = nt; t = linspace(-3*pi,3*pi,nt); x =
linspace(1,nx+1,nx+1);
h = x(2) - x(1);
hold on
sh = 16;
%%%%%%%%%%%%%%%%%%%%%%%%%%%%%%%%%%%%%%%%%%%%%%%%%%%%%%%%%%%%%%%%%%%%%
plot(-100, -100,'ko','MarkerEdgeColor','k','markersize',12)
plot(-100, -100,'ko','MarkerEdgeColor','k','markerfacecolor'...
    ,'k','markersize',12)

hh = legend('${\Omega^h}$','${\partial \Omega^h}$',-1);
set(hh,'fontsize',25)
set(hh,'Interpreter','latex')
%%%%%%%%%%%%%%%%%%%%%%%%%%%%%%%%%%%%%%%%%%%%%%%%%%%%%%%%%%%%%%%%%%%%%
plot(x(1)-2*x(sh),x(1)-x(sh),'k.','markersize',0.5)



patch([x(1)-x(sh) x(nx+1)+x(sh) x(nx+1)+x(sh) x(1)-x(sh) ...
x(1)-x(sh)],[x(1)-x(sh) x(1)-x(sh) x(1) x(1) x(1)-x(sh)],...
[0.7 0.8 0.8],'edgecolor','none')
patch([x(nx+1) x(nx+1)+x(sh) x(nx+1)+x(sh) x(nx+1) x(nx+1)],...
    [x(1) x(1) x(nx+1)+x(sh) x(nx+1)+x(sh) x(1)],[0.7 0.8 0.8],...
    'edgecolor','none')
patch([x(1)-x(sh) x(nx+1) x(nx+1) x(1)-x(sh) x(1)-x(sh)],...
    [x(nx+1) x(nx+1) x(nx+1)+x(sh) x(nx+1)+x(sh) x(nx+1)],...
    [0.7 0.8 0.8],'edgecolor','none')
patch([x(1)-x(sh) x(1) x(1) x(1)-x(sh) x(1)-x(sh)],...
    [x(1) x(1) x(nx+1) x(nx+1) x(1)],[0.7 0.8 0.8],...
    'edgecolor','none')
```

```
for i = 1:sh:nx+1
line([x(1) x(nx+1)],[x(i) x(i)],'color','k','linewidth',0.5)
line([x(i) x(i)],[x(1) x(nx+1)],'color','k','linewidth',0.5)

end

line([x(1)-x(sh) x(nx+1)+x(sh)],[x(1)-x(sh) x(1)-x(sh)],...
    'linestyle','--','color','k','linewidth',1.0)
line([x(1)-x(sh) x(nx+1)+x(sh)],[x(nx+1)+x(sh) x(nx+1)+x(sh)],...
    'linestyle','--','color','k','linewidth',1.0)
line([x(nx+1)+x(sh) x(nx+1)+x(sh)],[x(1)-x(sh) x(nx+1)+x(sh)],...
    'linestyle','--','color','k','linewidth',1.0)
line([x(1)-x(sh) x(1)-x(sh)],[x(1)-x(sh) x(nx+1)+x(sh)],...
    'linestyle','--','color','k','linewidth',1.0)
for i = 1:sh:nx+1
    line([x(1)-x(sh) x(1)],[x(i) x(i)],...
        'linestyle','--','color','k','linewidth',1.0)
    line([x(nx+1)+x(sh) x(nx+1)],[x(i) x(i)],...
        'linestyle','--','color','k','linewidth',1.0)
    line([x(i) x(i)],[x(1)-x(sh) x(1)],...
        'linestyle','--','color','k','linewidth',1.0)
    line([x(i) x(i)],[x(nx+1)+x(sh) x(nx+1)],...
        'linestyle','--','color','k','linewidth',1.0)
end

for i = 9:sh:nx+1
       for k = 1:10
             plot(x(1)+(k-0.5)*x(sh), x(i),...
                  'ko','MarkerEdgeColor','k','markersize',6)
       end
     plot(x(1)-(0.5)*x(sh), x(i),...
```

```
        'ko','MarkerEdgeColor','k','markersize',6)
    plot(x(nx+1)+0.5*x(sh), x(i),...
        'ko','MarkerEdgeColor','k','markersize',6);
    plot(x(i),x(1)-0.5*x(sh),...
        'ko','MarkerEdgeColor','k','markersize',6);
    plot(x(i),x(nx+1)+0.5*x(sh),...
        'ko','MarkerEdgeColor','k','markersize',6);
end

for i = 9:sh:nx+1
    plot(x(1)-0.5*x(sh), x(i),...
 'ko','MarkerEdgeColor','k','markerfacecolor','k','markersize',6);
    plot(x(nx+1)+0.5*x(sh), x(i),...
 'ko','MarkerEdgeColor','k','markerfacecolor','k','markersize',6);
    plot(x(i),x(1)-0.5*x(sh),...
 'ko','MarkerEdgeColor','k','markerfacecolor','k','markersize',6);
    plot(x(i),x(nx+1)+0.5*x(sh),...
 'ko','MarkerEdgeColor','k','markerfacecolor','k','markersize',6);
end
plot(x(1)-0.5*x(sh), x(1)-0.5*x(sh),...
 'ko','MarkerEdgeColor','k','markerfacecolor','k','markersize',6);
plot(x(nx+1)+0.5*x(sh), x(nx+1)+0.5*x(sh),...
 'ko','MarkerEdgeColor','k','markerfacecolor','k','markersize',6);
plot(x(1)-0.5*x(sh), x(nx+1)+0.5*x(sh),...
 'ko','MarkerEdgeColor','k','markerfacecolor','k','markersize',6);
plot(x(nx+1)+0.5*x(sh), x(1)-0.5*x(sh),...
 'ko','MarkerEdgeColor','k','markerfacecolor','k','markersize',6);

axis image
line([x(1) x(nx+1) x(nx+1) x(1) x(1)],[x(1) x(1) x(nx+1) ...
   x(nx+1) x(1)],'linew',1.8,'color','k')
axis([x(1)-4*x(sh) x(nx+1)+x(sh) x(1)-x(sh) x(nx+1)+x(sh)])
```

```
axis off
```

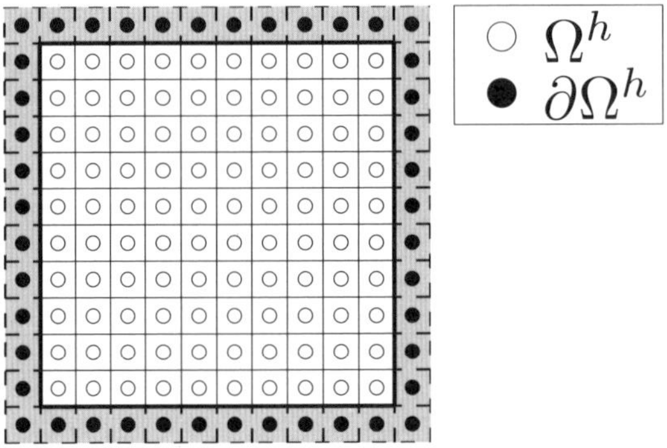

그림 14.17: DirichletBoundaryConditions.m

다음 MATLAB 코드 ShearFlow.m 은 [그림 14.18]를 만든다.

```
%ShearFlow.m
clear;clf;
for i=1:40
    points(i,1)=1+0.5*cos(i/(39)*2*pi);
    points(i,2)=1+0.5*sin(i/(39)*2*pi);
end
figure(1)
plot(points(:,1),points(:,2),'k-','linewidth',1.5)
values=points';
patch(points(:,1),points(:,2),[0.8627 0.8627 0.8627])
hold on
text(1.35,0.15, 'fluid 1','FontSize',20)
text(0.75,1.00,'fluid 2','FontSize',20)
axis ([0 2 0 2])
```

```
N=51;
for i=1:N
    aline(i,1)=1.0;
    aline(i,2)=2/(N-1)*(i-1);
    bline(i,1)=(2/(N-1)*(i-1)*0.70+0.30);
    bline(i,2)=2/(N-1)*(i-1);
end
k=2;
line([aline(k,1), bline(k,1) ],[aline(k,2),bline(k,2) ],...
    'color','k','linewidth',1);
plot([bline(k,1)+0.04 ], [bline(k,2)],...
    'k<','linewidth',2,'MarkerEdgeColor','k','MarkerFaceColor','k')
k=7;
line([aline(k,1), bline(k,1) ],[aline(k,2),bline(k,2) ],...
    'color','k','linewidth',1);
plot([bline(k,1)+0.04 ], [bline(k,2)],...
    'k<','linewidth',2,'MarkerEdgeColor','k','MarkerFaceColor','k')
k=12;
line([aline(k,1), bline(k,1) ],[aline(k,2),bline(k,2) ],...
    'color','k','linewidth',1);
plot([bline(k,1)+0.04 ], [bline(k,2)],...
    'k<','linewidth',2,'MarkerEdgeColor','k','MarkerFaceColor','k')
k=N-1;
line([aline(k,1), bline(k,1) ],[aline(k,2),bline(k,2) ],...
    'color','k','linewidth',1);
plot([bline(k,1)-0.04 ], [bline(k,2)],...
   'k>','linewidth',2,'MarkerEdgeColor','k','MarkerFaceColor','k')

k=N-6;
line([aline(k,1), bline(k,1) ],[aline(k,2),bline(k,2) ],...
    'color','k','linewidth',1);
plot([bline(k,1)-0.04 ], [bline(k,2)],...
```

```
    'k>','linewidth',2,'MarkerEdgeColor','k','MarkerFaceColor','k')

k=N-11;
line([aline(k,1), bline(k,1) ],[aline(k,2),bline(k,2) ],...
    'color','k','linewidth',1);
plot([bline(k,1)-0.04 ], [bline(k,2)],...
    'k>','linewidth',2,'MarkerEdgeColor','k','MarkerFaceColor','k')
t = 0.15;
hold on
plot(values(1,:),values(2,:),'k','linew',1.5);
% return
[m,n]=size(values);
% axis off
line([0.0 2.0+t],[ 0 0 ],'color','k','linewidth',1);
line([0.0 0.0],[ 0 2.0+t ],'color','k','linewidth',1);
line([2.0 2.0],[ 2 0 ],'color','k','linewidth',1);
line([0 2],[ 2 2 ],'color','k','linewidth',1);
 text('Interpreter','latex','String','$-U$','position',...
     [0.7 -0.1],'FontSize',18)
  text('Interpreter','latex','String','$U$','position',...
      [1.2 2.1],'FontSize',18)
plot([0 ], [2.0+t],'k^','linewidth',2,'MarkerEdgeColor',...
    'k','MarkerFaceColor','k')
plot([2.0+t ], [0],'k>','linewidth',2,'MarkerEdgeColor',...
    'k','MarkerFaceColor','k')
 text('Interpreter','latex','String','$x$','position',...
     [2.0+t -0.1],'FontSize',18)
 text('Interpreter','latex','String','$y$','position',...
     [ -0.15 2.0+t],'FontSize',18)
  text('Interpreter','latex','String','$H$','position',...
      [1.9 -0.1],'FontSize',18)
 text('Interpreter','latex','String','$H$','position',...
```

```
      [ -0.15 2.0],'FontSize',18)
  text('Interpreter','latex','String','$0$','position'...
      ,[ -0.175 -0.1 ],'FontSize',18)
axis image;axis off;box on;axis([-t 2+t -t 2.0+t]);
```

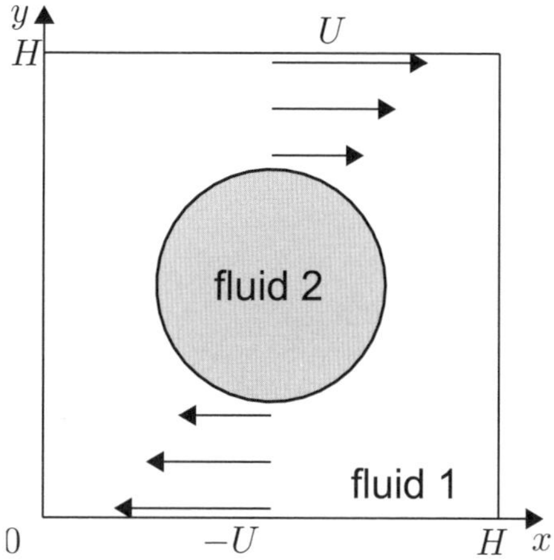

그림 14.18: ShearFlow.m

다음 MATLAB 코드 InterpolationJump.m 은 [그림 14.19]를 만든다.

```
% InterpolationJump.m
clf;clear; Smax = 300;E = 100;
x = linspace(0, Smax);Nx = length(x);
for i = 1:Nx
    u(i) = max(x(i)^2,0);
end
hold on
figure(1)
plot(x,u,'k-'),plot(x,u+20000,'k:')
```

```
plot([x(10),x(50),x(90)],[u(10)+20000, ...
   u(50)+20000,u(90)+20000],'ko','markersize',10)
axis([0 Smax -0.1*u(end) 1.3*u(end)])
set(gca,'xtick',[]);set(gca,'ytick',[]);
box off;fs = 16;
annotation('textbox',...
[0.7325 0.4590 0.0415 0.0651],...
    'String',{'payoff'},...
    'FontSize',fs,...
    'FitBoxToText','off',...
    'LineStyle','none');
annotation('textbox',...
[0.1802 0.0356 0.0415 0.0651],...
    'Interpreter','latex',...
    'String',{'$S_{max}$'},...
    'HorizontalAlignment','center',...
    'FontSize',fs,...
    'FitBoxToText','off',...
    'LineStyle','none');
annotation('line',[0.2013 0.20123],...
[0.1215 0.0915]);
annotation('textbox',...
[0.8062 0.0311 0.0415 0.0651],...
    'Interpreter','latex',...
    'String',{'$e^{S_{max}}$'},...
    'FontSize',fs,...
    'FitBoxToText','off',...
    'LineStyle','none');
annotation('line',[0.8267 0.8267],...
[0.1216 0.0916]);
annotation('line',[0.5136 0.5136],...
    [0.1218 0.0918]);
```

```
annotation('textbox',...
[0.3753 0.0328 0.1129 0.0651],...
    'Interpreter','latex',...
    'String',{'$0.5(S_{max}+e^{S_{max}})$'},...
    'FontSize',fs,...
    'FitBoxToText','off',...
    'LineStyle','none');
annotation('textbox',...
[0.6718 0.4181 0.1184 0.0591],...
    'Interpreter','latex',...
    'String',{'$\max(x^2-S_{max}^2,0)$'},...
    'FontSize',fs,...
    'FitBoxToText','off',...
    'LineStyle','none');
annotation('textbox',...
[0.2587 0.3764 0.2787 0.1025],...
    'String',{'interpolation','of MSC'},...
    'FontSize',fs,...
    'FitBoxToText','off',...
    'LineStyle','none');
```

다음 MATLAB 코드 BlackScholesJumpDiffusion.m 은 [그림 14.20]를 만든다.

```
% BlackScholesJumpDiffusion.m
clf; clear;start_time=cputime;
sig=0.3; r=0.03; T=1; E=100; dt = 1/360; Nt = T/dt; Smax=300;
hstep=2;
a=floor((E-hstep/2)/hstep); b=floor((Smax-E-hstep/2)/hstep);
x=[0 E-(a+0.5)*hstep:hstep:E+(b+0.5)*hstep Smax];
Nx=length(x); h = diff(x);
h=[h h(end)];u=zeros(Nx,1); f=zeros(1,Nx-1);
```

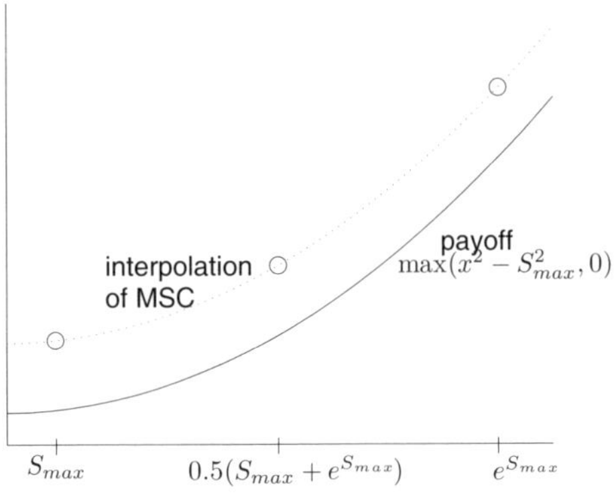

그림 14.19: InterpolationJump.m

```
main_x(1:Nx-1) = 0; sub_x(1:Nx-1) = 0; sup_x(1:Nx-1) = 0;
lam=2; delta=0.2; k=exp(delta^2/2)-1;
r2=r-lam*k;n=51;xx=linspace(-1,1,n);
G=exp(-0.5*(xx/delta).^2)/(sqrt(2*pi)*delta);
x=[x exp(1)*x(end)+1];
hh=[h(1:end-1) x(end)-x(end-1)];
index(1:Nx,1:n)=-1;
indexmn(1:Nx,1:n)=-1;

for i = 1:Nx
    u(i) = max(x(i)-E,0);
end

for i=2:Nx
    y=x(i)*exp(xx);
    for j=1:n
        index(i,j)=min(find(x>y(j)))-1;
        indexmn(i,j)=(x(index(i,j)+1)-y(j))/hh(index(i,j));
```

```
    end
end

for i=2:Nx
    main_x(i-1) = 1/dt+(sig*x(i))^2/(h(i-1)*h(i))...
    -r2*x(i)*(h(i)-h(i-1))/(h(i-1)*h(i))+r;
    sub_x(i-1) = (-(sig*x(i))^2+r2*x(i)*h(i))/(h(i-1)*(h(i-1)+h(i)));
    sup_x(i-1) = -((sig*x(i))^2+r2*x(i)*h(i-1))/(h(i)*(h(i-1)+h(i)));
end

sub_x(Nx-1)=sub_x(Nx-1)-sup_x(Nx-1);
main_x(Nx-1)=main_x(Nx-1)+2*sup_x(Nx-1);

for iter=1:Nt
    u(Nx+1)=u(Nx)+hh(end)/hh(end-1)*(u(Nx)-u(Nx-1));
    for i=2:Nx
        for j=1:n
            z(j)=G(j)*(indexmn(i,j)*u(index(i,j))+...
            (1-indexmn(i,j))*u(index(i,j)+1));
        end
        zG=(xx(2)-xx(1))/3*(z(1)+2*sum(z(3:2:n-2))+...
        4*sum(z(2:2:n-1))+z(n));
        f(i-1)=(1/dt-lam)*u(i)+lam*zG;
    end
    u(2:Nx)=thomas(sub_x,main_x,sup_x,f);
end
end_time=cputime;
time_elapsed=end_time-start_time;
fprintf('Nx = %d \n', Nx)
fprintf('Nt = %d \n', Nt)
fprintf('cputime = %4.8f \n', time_elapsed)
plot(x(1:end-1),u(1:end-1),'k')
```

```
axis([0 310 -50 250])
hold on
annotation('line',[0.1297 0.9049],[0.1785 0.1795],'LineWidth',2);
axis off
plot(x(30),u(30),'k')
plot(x(60),u(60),'k')
plot(x(152),u(152),'k')
annotation('line',[0.2722 0.2722],[0.2496 0.1695],...
    'LineStyle',':','LineWidth',1.5);
annotation('line',[0.4228 0.4228],[0.32 0.1695],...
    'LineStyle',':','LineWidth',1.5);
annotation('line',[0.88 0.88],[0.793 0.1695],...
    'LineStyle',':','LineWidth',1.5);
FS=16;
text('Interpreter','latex','String','$${x}/{e}$$',...
    'Position',[48 -41 10],'FontSize',FS)
text('Interpreter','latex','String','$$x_i$$',...
    'Position',[115 -41 10],'FontSize',FS)
text('Interpreter','latex','String','$$ex$$',...
    'Position',[295 -41 10],'FontSize',FS)
plot(x(90),u(90),'ko','MarkerFaceColor','k')
plot(x(100),u(100),'k')
plot(x(110),u(110),'ko')
annotation('line',[0.5727 0.5725],[0.4687 0.1695],...
    'LineStyle',':','LineWidth',1.5);
annotation('line',[0.623 0.623],[0.516 0.1695],...
    'LineStyle',':','LineWidth',1.5);
annotation('line',[0.6723 0.672],[0.567 0.1695],...
    'LineStyle',':','LineWidth',1.5);
text('Interpreter','latex','String','$${x}_k$$',...
    'Position',[170 -41 10],'FontSize',FS)
text('Interpreter','latex','String','$$x_ie^{\xi_j}$$',...
```

```
    'Position',[185 -38 10],'FontSize',FS)
text('Interpreter','latex','String','$$x_{k+1}$$',...
    'Position',[210 -41 10],'FontSize',FS)
ss = 10;
i = 30; line([x(i) x(i)],[x(1)-3*ss x(1)-2*ss],...
    'color','k','linewidth',1.5);
i = 60; line([x(i) x(i)],[x(1)-3*ss x(1)-2*ss],...
    'color','k','linewidth',1.5);
i = 152; line([x(i) x(i)],[x(1)-3*ss x(1)-2*ss],...
    'color','k','linewidth',1.5);
i = 90; line([x(i) x(i)],[x(1)-3*ss x(1)-2*ss],...
    'color','k','linewidth',1.5);
i = 100; line([x(i) x(i)],[x(1)-3*ss x(1)-2*ss],...
    'color','k','linewidth',1.5);
i = 110; line([x(i) x(i)],[x(1)-3*ss x(1)-2*ss],...
    'color','k','linewidth',1.5);
i = 90; plot([x(i) x(i)],[x(1)-25 x(1)-25],'ko',...
'MarkerFaceColor','k');
i = 110; plot([x(i) x(i)],[x(1)-25 x(1)-25],'ko');
text('Interpreter','latex','String','$${u}_k$$',...
    'Position',[172 96 10],'FontSize',FS)
text('Interpreter','latex','String','$$u_{ij}$$',...
    'Position',[189 111 10],'FontSize',FS)
text('Interpreter','latex','String','$$u_{k+1}$$',...
    'Position',[205 132 10],'FontSize',FS)
```

이 파일은 thomas.m이 필요하다.
다음 MATLAB 코드 TernaryPhases.m 은 [그림 14.21]를 만든다.

```
% TernaryPhases.m
clear; clf;
```

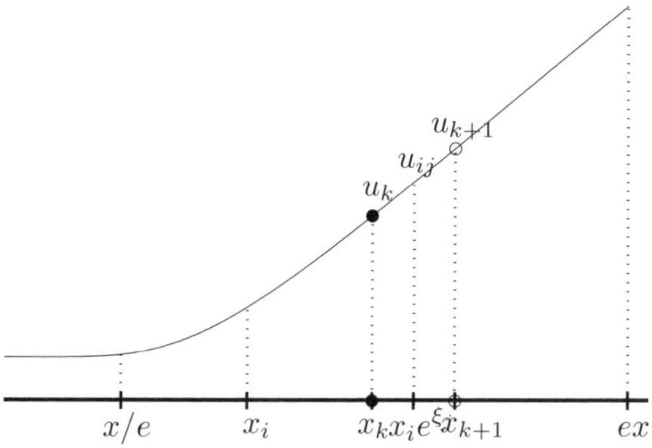

그림 14.20: BlackScholesJumpDiffusion.m

```
% Create figure
figure1 = figure;
% Create axes
axes1 = axes('Parent',figure1,'Layer','top');
box(axes1,'on');
hold(axes1,'all');
% Create ellipse
annotation(figure1,'ellipse',...
  [0.5051 0.5256 0.3044 0.3041],...
'FaceColor',[0.9411 0.9412 0.9412]);
% Create arrow
annotation(figure1,'arrow',[0.5627 0.5408],...
    [0.5577 0.4942]);
% Create arrow
annotation(figure1,'arrow',[0.3933 0.4111],...
    [0.4982 0.5669]);
% Create ellipse
annotation(figure1,'ellipse',...
[0.1882 0.2168 0.2877 0.2973],...
    'FaceColor',[0.9412 0.9412 0.9412]);
% Create textbox
annotation(figure1,'textbox',...
[0.2551 0.3289 0.0837 0.1358],...
    'String',{'\rho_1, \eta_1','Fluid 1','\Omega_1'},...
    'FontSize',16,...
    'FitBoxToText','off',...
    'LineStyle','none');
% Create textbox
annotation(figure1,'textbox',...
[0.2165 0.5124 0.0586 0.0793],...
    'String',{'\Gamma_1'},...
    'FontSize',16,...
```

```
    'FitBoxToText','off',...
    'LineStyle','none');
% Create textbox
annotation(figure1,'textbox',...
[0.4832 0.7818 0.0565 0.0810],...
    'String',{'\Gamma_2'},...
    'FontSize',16,...
    'FitBoxToText','off',...
    'LineStyle','none');
% Create textbox
annotation(figure1,'textbox',...
[0.5753 0.5934 0.1025 0.1554],...
    'String',{'\rho_1, \eta_1','Fluid 2', '\Omega_2'},...
    'FontSize',16,...
    'FitBoxToText','off',...
    'LineStyle','none');
% Create textbox
annotation(figure1,'textbox',...
[0.6077 0.1934 0.1392 0.2231],...
    'String',{'\rho_2, \eta_2','Fluid 3', '\Omega_3'},...
    'FontSize',16,...
    'FitBoxToText','off',...
    'LineStyle','none');
% Create textbox
annotation(figure1,'textbox',...
[0.3650 0.5454 0.0314 0.0479],...
    'String',{'n_1'},...
    'FontWeight','bold',...
    'FontSize',16,...
    'FitBoxToText','off',...
    'LineStyle','none');
% Create textbox
```

```
annotation(figure1,'textbox',...
[0.5638 0.4496 0.0346 0.0595],...
    'String',{'n_2'},...
    'FontWeight','bold',...
    'FontSize',16,...
    'FitBoxToText','off',...
    'LineStyle','none');
```

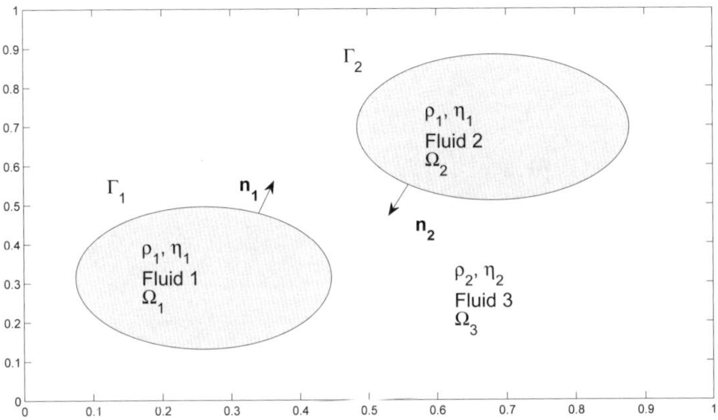

그림 14.21: TernaryPhases.m

다음 MATLAB 코드 DogBone.m은 [그림 14.22]를 만든다.

```
% Dog_Bone.m
clf; clear;
nx = 100;ny = 300;
w = imread('bone.jpg');
w = imresize(w,[nx,ny]);
d=double(w);
phi=d(:,:,3);
```

```
a = zeros(size(phi));
a(phi<220) = 1;
for it = 1:30
    old_a = a;
    for i = 2:nx-1
        for j = 2:ny-1
            a(i,j) = old_a(i,j) + 0.125 *...
                ( a(i+1,j)+a(i,j+1)+a(i-1,j)+a(i,j-1)-4*a(i,j) );
        end
    end

end
mesh(a)
[c,h] = contour(a,[0.5, 0.5]);
x = c(1,2:end);y = c(2,2:end);
plot(x,y,'k-','linewidth',4);
hold on;
patch(x,y,[0.7, 0.7, 0.7]);
axis([0 ny 0 nx]);
axis off
line([0 ny ny 0 0],[0 0 nx nx 0],'color','k','linewidth',2);
h = text(0.5*ny,0.5*nx,'$\Omega$');
set(h,'interpreter','latex','Position',[142.5 49.48 ...
1582],'fontsize',35);
```

이 파일은 bone.jpg을 필요로 한다.

다음 MATLAB 코드 DogBoneWithMeshGrid.m은 [그림 14.23]를 만든다.

```
% DogBoneWithMeshGrid.m
clf; clear;
nx = 100;ny = 300;
w = imread('bone.jpg');
```

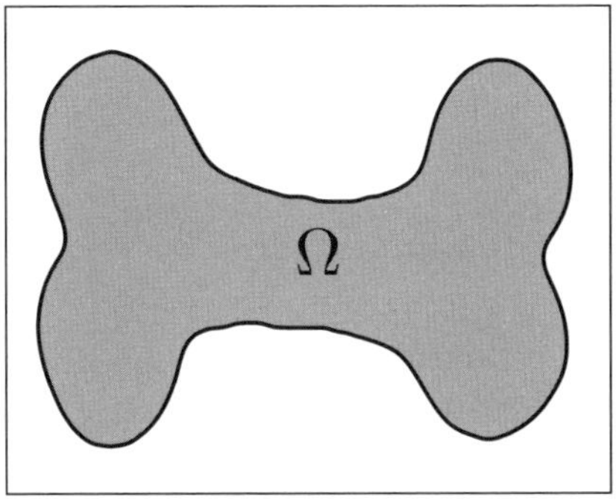

그림 14.22: DogBone.m

```
w = imresize(w,[nx,ny]);
x1 = linspace(0,300,ny);
y1 = linspace(0,100,nx);
[xx1,yy1]=meshgrid(x1,y1);
d=double(w);phi=d(:,:,3);
a = zeros(size(phi));
a(phi<220) = 1;
for it = 1:50
    old_a = a;
    for i = 2:nx-1
        for j = 2:ny-1
            a(i,j) = old_a(i,j) + 0.125 *...
       ( a(i+1,j)+a(i,j+1)+a(i-1,j)+a(i,j-1)-4*a(i,j) );
        end
    end
end
mesh(a)
[c,h] = contour(a,[0.5, 0.5]);
```

```
x = c(1,2:end);
y = c(2,2:end);
mesh(a*0);
view(2);
plot3(x,y,x*0+2,'k-','linewidth',1);
hold on;
ny = 10;nx = ny*3;h = 100/ny;
xt = linspace(0.5*h,300-0.5*h,nx);
yt = linspace(0.5*h,100-0.5*h,ny);
[xx,yy]=meshgrid(xt,yt);
b = interp2(xx1,yy1,a,xx,yy);
c = zeros(size(b));
c (b >= 0.50) = 1;
for j = 1:ny+1;
    line([0 300],[(j-1)*h (j-1)*h],'color','k');
end
for i = 1:nx+1;
    line([(i-1)*h (i-1)*h],[0 100],'color','k');
end
c = c';
for i=1:nx
    for j=1:ny

        if c(i,j) > 0.5
            patch([xt(i)-0.5*h xt(i)+0.5*h xt(i)+0.5*h ...
            xt(i)-0.5*h],[yt(j)-0.5*h yt(j)-0.5*h ...
            yt(j)+0.5*h yt(j)+0.5*h],[0.7 0.7 0.7]);
        end

    end
end
for i=1:nx
```

```
    for j=1:ny
        if c(i,j) < 0.5
            plot(xt(i)+0.5*h,yt(j),'kx','markersize',5);
            plot(xt(i),yt(j)+0.5*h,'kx','markersize',5);
            plot(xt(i)-0.5*h,yt(j),'kx','markersize',5);
            plot(xt(i),yt(j)-0.5*h,'kx','markersize',5);
        end
        if c(i,j) > 0.5
            if c(i+1,j) > 0.5
                plot(xt(i)+0.5*h,yt(j),'k.','markersize',8);
            end
            if c(i-1,j) > 0.5
                plot(xt(i)-0.5*h,yt(j),'k.','markersize',8);
            end
            if c(i,j+1) > 0.5
                plot(xt(i),yt(j)+0.5*h,'k.','markersize',8);
            end
            if c(i,j-1) > 0.5
                plot(xt(i),yt(j)-0.5*h,'k.','markersize',8);
            end
        end
    end
end
for i=1:nx
    for j=1:ny
        plot(xt(i),yt(j),'ko','markersize',2);
    end
end
axis image;axis off;view(2);
axis([0 300 0 100]);
h = text(0.5*ny,0.5*nx,'$\Omega_{in}^h$');
set(h,'interpreter','latex','Position',[142.5 47.8 ...
```

```
1582],'fontsize',20);
h = text(0.5*ny,0.5*nx,'$\Omega_{out}^h$');
set(h,'interpreter','latex','Position',[2.0 90.8 ...
1582],'fontsize',20);
h = text(0.5*ny,0.5*nx,'$\Gamma$');
set(h,'interpreter','latex','Position',[280.0 80.8 ...
1582],'fontsize',20);
h = text(0.5*ny,0.5*nx,'$\Gamma^h$');
set(h,'interpreter','latex','Position',[285.0 32.8 ...
1582],'fontsize',20);
annotation('arrow',[0.857 0.84],[0.622 0.61],'Headlength',4);
annotation('arrow',[0.868 0.855],[0.4556 0.4556],'Headlength',4);
```

이 파일은 bone.jpg을 필요로 한다.

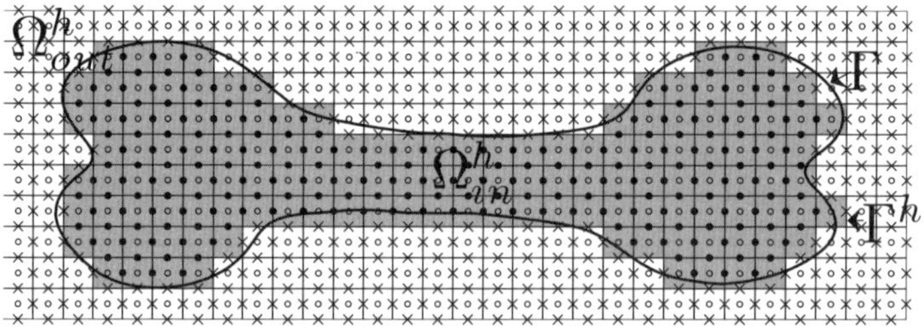

그림 14.23: DogBoneWithMeshGrid.m

다음 MATLAB 코드 MACgrids.m 은 [그림 14.24]를 만든다.

```
clear; clc; clf;
figure1=figure(1);
axes('Visible','on','Parent',figure1);
hold('all');
patch([0.2 0.8 0.8 0.2 0.2],[0.2 0.2 0.8 0.8 0.2],...
```

```
[0.78 0.78 0.78]);

plot([-0.2 1.2],[0.2 0.2],'k')
plot([-0.2 1.2],[0.8 0.8],'k')
plot([0.2 0.2],[-0.2 1.2],'k')
plot([0.8 0.8],[-0.2 1.2],'k')

plot(-0.1,0.2,'kd','MarkerSize',8);
plot(-0.1,0.8,'kd','MarkerSize',8);
plot(0.5,0.2,'kd','MarkerSize',8);
plot(0.5,0.8,'kd','MarkerSize',8);
plot(1.1,0.2,'kd','MarkerSize',8);
plot(1.1,0.8,'kd','MarkerSize',8);
plot(0.2,-0.1,'kO','MarkerSize',8);
plot(0.8,-0.1,'kO','MarkerSize',8);
plot(0.2,0.5,'kO','MarkerSize',8);
plot(0.8,0.5,'kO','MarkerSize',8);
plot(0.2,1.1,'kO','MarkerSize',8);
plot(0.8,1.1,'kO','MarkerSize',8);
plot(0.5,0.5,'ks','MarkerSize',8);

text('Interpreter','latex','String',...
'$$v_{i-1,j-\frac{1}{2}}$$','Position',[-0.26 0.1],'FontSize',25);
text('Interpreter','latex','String',...
'$$v_{i-1,j+\frac{1}{2}}$$','Position',[-0.26 0.7],'FontSize',25);
text('Interpreter','latex','String',...
'$$v_{i,j-\frac{1}{2}}$$','Position',[0.39 0.1],'FontSize',25);
text('Interpreter','latex','String',...
'$$v_{i,j+\frac{1}{2}}$$','Position',[0.39 0.7],'FontSize',25);
text('Interpreter','latex','String',...
'$$v_{i+1,j-\frac{1}{2}}$$','Position',[0.94 0.1],'FontSize',25);
text('Interpreter','latex','String',...
```

```
'$$v_{i+1,j+\frac{1}{2}}$$','Position',[0.94 0.7],'FontSize',25);

text('Interpreter','latex','String',...
'$$u_{i-\frac{1}{2},j-1}$$','Position',[-0.13 -0.17],'FontSize',25)
text('Interpreter','latex','String',...
'$$u_{i+\frac{1}{2},j-1}$$','Position',[0.82  -0.17],'FontSize',25)
text('Interpreter','latex','String',...
'$$u_{i-\frac{1}{2},j}$$','Position',[-0.05 0.43],'FontSize',25)
text('Interpreter','latex','String',...
'$$u_{i+\frac{1}{2},j}$$','Position',[0.82 0.43],'FontSize',25)
text('Interpreter','latex','String',...
'$$u_{i-\frac{1}{2},j+1}$$','Position',[-0.13 1.03],'FontSize',25)
text('Interpreter','latex','String',...
'$$u_{i+\frac{1}{2},j+1}$$','Position',[0.82 1.03],'FontSize',25)

text('Interpreter','latex','String','$p_{ij}$', ...
    'Position',[0.53 0.5],'FontSize',25);
text('Interpreter','latex','String','$\phi_{ij}$', ...
    'Position',[0.36 0.5],'FontSize',25);
text('Interpreter','latex','String','$\Omega_{ij}$', ...
    'Position',[0.3 0.3],'FontSize',25);

axis([-0.3 1.3 -0.3 1.3])
box on; axis image; axis off
```

다음 MATLAB 코드 RayGrids.m 은 [그림 14.25]를 만든다.

```
clear; clc; clf;

figure(1)
hold('all');
plot([-0.2 1.2],[0.2 0.2],'k')
```

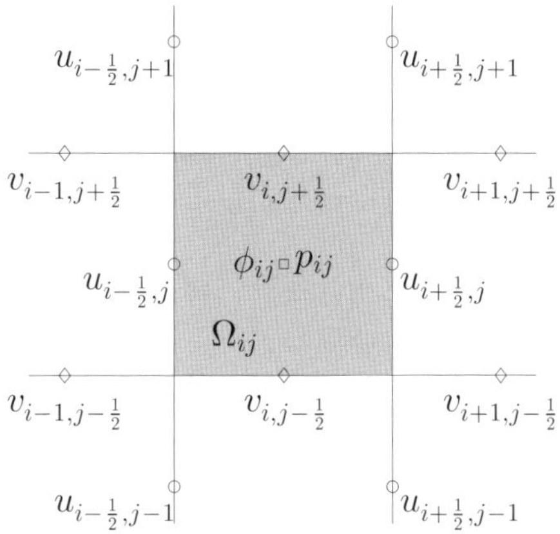

그림 14.24: MACgrids.m

```
plot([-0.2 1.2],[0.8 0.8],'k')
plot([0.2 0.2],[-0.2 1.2],'k')
plot([0.8 0.8],[-0.2 1.2],'k')
plot(0.5,0.2,'kd','MarkerSize',8)
plot(0.5,0.8,'kd','MarkerSize',8)
plot(1.1,0.2,'kd','MarkerSize',8)
plot(1.1,0.8,'kd','MarkerSize',8)
plot(0.2,0.5,'kO','MarkerSize',8)
plot(0.8,0.5,'kO','MarkerSize',8)
plot(0.2,1.1,'kO','MarkerSize',8)
plot(0.8,1.1,'kO','MarkerSize',8)
plot(0.5,0.5,'ks','MarkerSize',8)

text('Interpreter','latex','String','$$w_{i,j-1/2}$$',...
'Position',[0.33 0.1],'FontSize',25)
text('Interpreter','latex','String','$$w_{i,j+1/2}$$',...
'Position',[0.33 0.7],'FontSize',25)
```

```
text('Interpreter','latex','String','$$w_{i+1,j-1/2}$$',...
'Position',[0.88 0.1],'FontSize',25)
text('Interpreter','latex','String','$$w_{i+1,j+1/2}$$',...
'Position',[0.88 0.7],'FontSize',25)

text('Interpreter','latex','String','$$u_{i-1/2,j}$$',...
'Position',[-0.1 0.45],'FontSize',25)
text('Interpreter','latex','String','$$u_{i+1/2,j}$$',...
'Position',[0.85 0.45],'FontSize',25)
text('Interpreter','latex','String','$$u_{i-1/2,j+1}$$',...
'Position',[-0.1 1.05],'FontSize',25)
text('Interpreter','latex','String','$$u_{i+1/2,j+1}$$',...
'Position',[0.85 1.05],'FontSize',25)

text('Interpreter','latex','String','$$\phi_{ij}$$',...
'Position',[0.53 0.52],'FontSize',25)
text('Interpreter','latex','String','$$p_{ij}$$',...
'Position',[0.45 0.43],'FontSize',25)

line([-0.35 -0.35+0.3],[-0.25 -0.25],'color','k','linewidth',2)
line([-0.35 -0.35],[-0.25 0],'color','k','linewidth',2)
plot(-0.35+0.3,-0.248,'k>','linewidth',0.01,'MarkerEdgeColor',...
'k','MarkerFaceColor','k')
plot(-0.348,-0.013,'k^','linewidth',0.01,'MarkerEdgeColor',...
'k','MarkerFaceColor','k')

text('Interpreter','latex','String','$$r$$', 'Position',[-0.15 ...
-0.205],'FontSize',25)
text('Interpreter','latex','String','$$z$$', 'Position',[-0.33 ...
-0.08],'FontSize',25)

axis image
```

```
box on
axis off
```

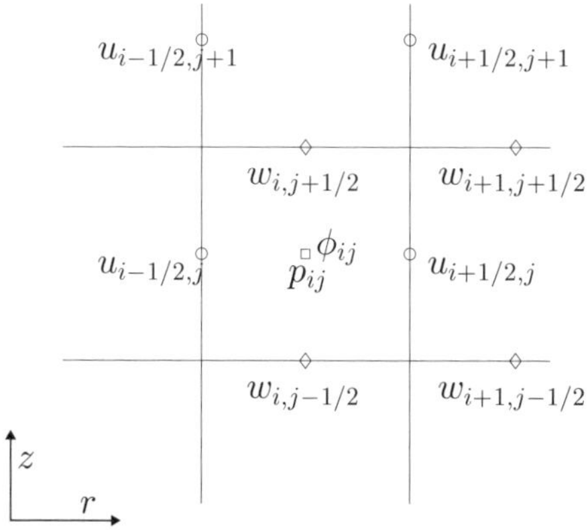

그림 14.25: RayGrids.m

다음 MATLAB 코드 RayIni.m 은 [그림 14.26]를 만든다.

```
clc; clear; clf; close all

a = 0.25;
a0 = 1.0;

kk = 1.0;
n = 100;
the = linspace(0,2*pi,n);
yy = a0 + a*cos(kk*the);

figure(1)
plot(the,yy,'k-','linewidth',2.5)
```

```
axis image

values=[0, the, the(n); 0, yy, 0];
patch(values(1,:), values(2,:), [0.8 0.8 0.8])
hold on

line([0.0 2*pi],[ 1 1 ],'color','k','LineStyle','--','linewidth',1);

text('Interpreter','latex', 'String','Fluid ...
2,~$\rho_{o},~\eta_{o}$','position',[3.25 1.6],'FontSize',18)
text('Interpreter','latex', 'String','Fluid ...
1,~$\rho_{i},~\eta_{i}$','position',[1.75 0.35],'FontSize',18)

tt=5;
line([the(tt), the(tt) ],[0.8, yy(tt) ],'color','k','linewidth',1);
plot([the(tt)], [yy(tt)-0.06],'k^','linewidth',1,'MarkerEdgeColor'...
,'k','MarkerFaceColor','k')
line([the(tt), the(tt) ],[0.4, 0 ],'color','k','linewidth',1);
plot([the(tt)], [0+0.06],'kv','linewidth',1,'MarkerEdgeColor','k'...
,'MarkerFaceColor','k')
text('Interpreter','latex', 'String','$R$','position',[the(tt)...
-0.1 0.6],'FontSize',18)
tt=90;
line([the(tt), the(tt) ],[0.67, 1 ],'color','k','linewidth',1);
plot([the(tt)], [1-0.06],'k^','linewidth',1,'MarkerEdgeColor','k'...
,'MarkerFaceColor','k')
line([the(tt), the(tt) ],[0.33, 0 ],'color','k','linewidth',1);
plot([the(tt)], [0+0.06],'kv','linewidth',1,'MarkerEdgeColor','k'...
,'MarkerFaceColor','k')
text('Interpreter','latex', 'String','$a$','position',[the(tt)...
-0.1 0.5],'FontSize',18)
tt=50;
```

```
line([the(tt), the(tt) ],[yy(tt), 1 ],'color','k','linewidth',1);
plot([the(tt)], [1-0.06],'k^','linewidth',0.01,'MarkerEdgeColor'...
,'k','MarkerFaceColor','k')
plot([the(tt)], [yy(tt)+0.06],'kv','linewidth',0.01,...
'MarkerEdgeColor','k','MarkerFaceColor','k')
text('Interpreter','latex', 'String','$\alpha_{0}$',...
'position',[the(tt)+0.1 0.88],'FontSize',18)

set(gca,'YTickLabel',[0 0.25 0.5 0.75 1 ])
text(3.3,-0.14 ,'z','FontSize',17)
text(-0.22,1.25,'r','FontSize',17)
set(gca, 'FontSize',14)
axis([0 2*pi, 0  yy(1)+1])
```

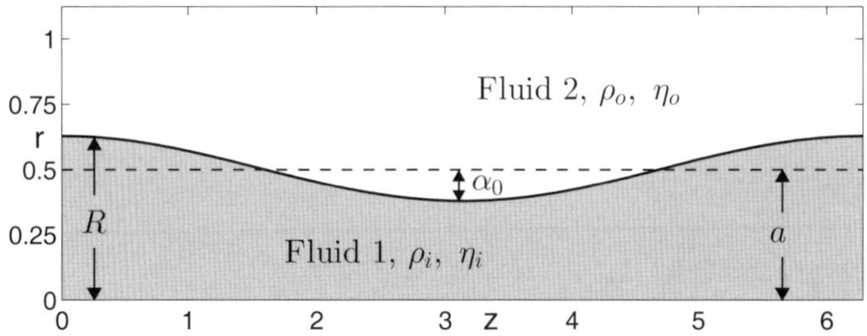

그림 14.26: RayIni.m

다음 MATLAB 코드 TerfowMacMesh3d.m 은 [그림 14.27]를 만든다.

```
clear; close all;clc

axis([-0.2  1.5  -0.2  1.5])
axis image
ss =1.5;
```

```
line([0 0],[0 1],'color','k ','Marker','.','LineStyle','-',...
'LineWidth',ss)
line([1 0],[1 1],'color','k ','Marker','.','LineStyle','-',...
'LineWidth',ss)
line([1 1],[1 0],'color','k ','Marker','.','LineStyle','-',...
'LineWidth',ss)
line([1 0],[0 0],'color','k ','Marker','.','LineStyle','-',...
'LineWidth',ss)

mx = 0.4; my = 0.3;

line([0+mx 0+mx],[0+my 1+my],'color','k ','Marker','.',...
'LineStyle','--','LineWidth',ss)
line([1+mx 0+mx],[1+my 1+my],'color','k ','Marker','.',...
'LineStyle','-','LineWidth',ss)
line([1+mx 1+mx],[1+my 0+my],'color','k ','Marker','.',...
'LineStyle','-','LineWidth',ss)
line([1+mx 0+mx],[0+my 0+my],'color','k ','Marker','.',...
'LineStyle','--','LineWidth',ss)

line([0 mx],[1 1+my ],'color','k ', 'Marker', '.',...
'LineStyle','-','LineWidth',ss)
line([0 mx],[0 my ],'color','k ', 'Marker', '.',...
'LineStyle','--','LineWidth',ss)
line([1 1+mx],[0 my ],'color','k ', 'Marker', '.',...
'LineStyle','-','LineWidth',ss)
line([1 1+mx],[1 1+my ],'color','k ', 'Marker', '.',...
'LineStyle','-','LineWidth',ss)

fst = 20;
h1 = text(0.72, 0.59,'$p_{ijk}$');
set(h1,'interpreter','latex','fontsize',fst);
```

```
hold on
plot(0.7, 0.65,  's','linewidth',1.5,'color','k');

set(h1,'interpreter','latex','fontsize',fst);
hold on
plot(0.7, 0.65,  's','linewidth',1.5,'color','k');

h1 = text(0.6, 0.08,'$w_{i,j,k-\frac{1}{2}}$');
set(h1,'interpreter','latex','fontsize',fst);
hold on
plot(0.7, 0.15,  '*','linewidth',3,'color','k');

h1 = text(0.6, 1.22,'$w_{i,j,k+\frac{1}{2}}$');
set(h1,'interpreter','latex','fontsize',fst);
hold on
plot(0.7, 1.15,  '*','linewidth',3,'color','k');

h1 = text(1.05, 0.55,'$u_{i+\frac{1}{2},j,k}$');
set(h1,'interpreter','latex','fontsize',fst);
hold on
plot(1.2, 0.65,  'o','linewidth',2,'color','k');

h1 = text(0.05, 0.55,'$u_{i-\frac{1}{2},j,k}$');
set(h1,'interpreter','latex','fontsize',fst);
hold on
plot(0.2, 0.65,  'o','linewidth',2,'color','k');

h1 = text(0.42, 0.42,'$v_{i,j-\frac{1}{2},k}$');
set(h1,'interpreter','latex','fontsize',fst);
hold on
plot(0.5, 0.5,  '^','linewidth',2,'color','k');
```

```
h1 = text(0.5+mx-0.26, 0.5+my+0.07,'$v_{i,j+\frac{1}{2},k}$');
set(h1,'interpreter','latex','fontsize',fst);
hold on
plot(0.5+mx,0.5+my,'^','linewidth',2,'color','k');
axis off
```

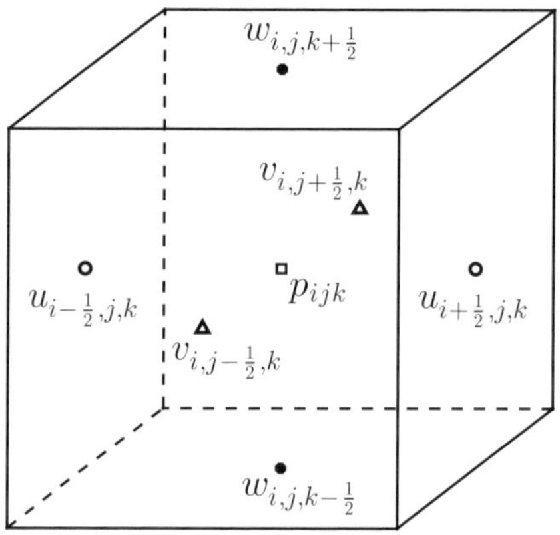

그림 14.27: TerfowMacMesh3d.m

다음 MATLAB 코드 TerflowShowPres.m 은 [그림 14.28]를 만든다.

```
clear; clc; clf;

figure1=figure(1);
theta=linspace(0,2*pi,360);
plot(0.5+0.2*cos(theta),0.5+0.2*sin(theta),'k-','linewidth',1.0)
hold on
plot(0.5+0.4*cos(theta),0.5+0.4*sin(theta),'k-','linewidth',1.0)
plot([0 1],[0.5 0.5],'k:','linewidth',2.0)
```

```
text('Interpreter','latex','String','$$\Omega_1$$','Position',...
    [0.41 0.58],'FontSize',24)
text('Interpreter','latex','String','$$\Omega_2$$','Position',...
    [0.28 0.7],'FontSize',24)
text('Interpreter','latex','String','$$\Omega_3$$','Position',...
    [0.15 0.85],'FontSize',24)

text('Interpreter','latex','String','$$\Gamma_{1}$$','Position',...
    [0.35 0.3],'FontSize',24)
text('Interpreter','latex','String','$$\Gamma_{2}$$','Position',...
    [0.28 0.1115],'FontSize',24)

text('Interpreter','latex','String','$$\sigma_{2}$$','Position',...
    [0.665 0.23],'FontSize',24)

annotation('arrow',[0.5654 0.5454],[0.4230 0.3610],'LineWidth',1);

text('Interpreter','latex','String','$$\sigma_{1}$$','Position',...
    [0.565 0.405],'FontSize',24)
annotation(figure1,'arrow',[0.63 0.61],[0.28 0.218],...
'linewidth',1.0);
annotation(figure1,'arrow',[0.52 0.577],[0.52 0.835],...
'LineWidth',1);
annotation(figure1,'arrow',[0.52 0.592],[0.52 0.645],...
'LineWidth',1);
text('Interpreter','latex','String','$$R_{2}$$','Position',...
[0.485 0.78],'FontSize',24)
text('Interpreter','latex','String','$$R_{1}$$','Position',...
[0.56 0.56],'FontSize',24)

xlabel('x','fontsize',22)
text(-0.1, 0.7, 'y', 'fontsize',22)
```

```
set(gca,'fontsize',16);
set(gca,'YTick',[0  0.5  1]);
set(gca,'XTick',[0  0.5  1]);
axis image
axis([0 1 0 1])
```

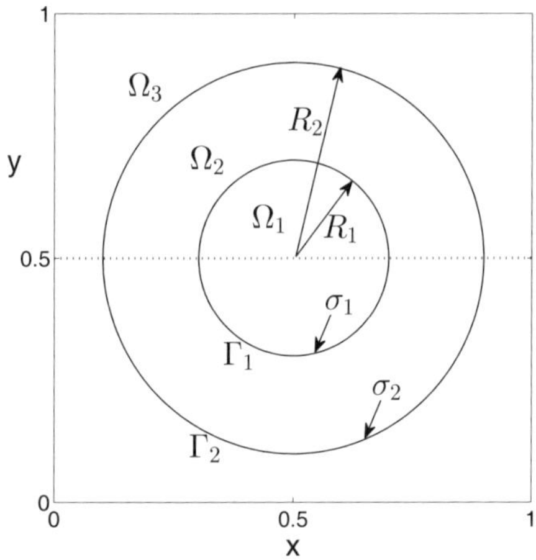

그림 14.28: TerflowShowPres.m

다음 MATLAB 코드 TerflowShowSideview.m 은 [그림 14.29]를 만든다.

```
clc; clear; clf; close all

a = 1.3;
b = 0.8;
a1 = 0.2;
b1 = 0.2;
```

```
n=200;
the = linspace(0, 2*pi, n);
x = a*cos(the);
y = b*sin(the);

x1 = a1*cos(the);
y1 = b1*sin(the);

the2 = pi/5.0;
the22 = pi/3.0;
AA= [cos(the2) -sin(the2); sin(the2) cos(the2)];
AA1= [cos(the22) -sin(the22); sin(the22) cos(the22)];

xx = zeros(1,n);
yy = zeros(1,n);
xx1 = zeros(1,n);
yy1 = zeros(1,n);

for i=1:n
    xx(i)=cos(the2)*x(i) - sin(the2)*y(i);
    yy(i)=sin(the2)*x(i) + cos(the2)*y(i);
end
xx = xx + 2.0;
yy = yy + 1.5;

for i=1:n
    xx1(i)=cos(the22)*x1(i) - sin(the22)*y1(i);
    yy1(i)=sin(the22)*x1(i) + cos(the22)*y1(i);
end
xx1 = xx1 + 2.0;
yy1 = yy1 + 1.5;
```

```
pos1 = [2.0; 1.5] +  AA*[a;0];
pos2 = [2.0; 1.5] +  AA*[0;b];

pos11 = [2.0; 1.5] +  AA1*[a1;0];
pos21 = [2.0; 1.5] +  AA1*[0;b1];

figure(1)
plot(xx,yy,'k-','linewidth',1)

values=[xx; yy];
patch(xx,yy,[0.8627 0.8627 0.8627])
hold on

plot( xx1(165:188), yy1(165:188),'k-','linewidth',1);
line([2 xx(1)],[1.5 yy(1)],'color','k','linewidth',1);
line([2 xx(3*n/4+23)],[1.5 yy(3*n/4+23)],'color','k','linewidth',1);
line([2 xx(n/4+1)],[1.5 yy(n/4+1)],'color','k','linewidth',1);

axis ([0 4 0 4])

N=51;

t = 0.15;
hold on

plot(values(1,:),values(2,:),'k','linew',1.5);

[m,n]=size(values);
line([0.0 4.0+t],[ 0 0 ],'color','k','linewidth',1);
line([0.0 0.0],[ 0 3.0+t ],'color','k','linewidth',1);
line([4.0 4.0],[ 3 0 ],'color','k','linewidth',1);
```

```
line([0 4],[ 3 3 ],'color','k','linewidth',1);
line([0  0.05],[1.5  1.5 ],'color','k','linewidth',1);
line([2  2],[0  0.05 ],'color','k','linewidth',1);

text('Interpreter','latex', 'String','$B$','position',[1.56 ...
1.74],'FontSize',18)
text('Interpreter','latex', 'String','$L$','position',[2.35 ...
1.98],'FontSize',18)
text('Interpreter','latex', 'String','$\theta$','position',...
[2.27 1.62],'FontSize',18)

text('Interpreter','latex', 'String','$-U$','position',[1.2 ...
-0.13],'FontSize',18)
text('Interpreter','latex', 'String','$U=\dot\gamma ...
y$','position',[2.0 3.15],'FontSize',18)
plot([0 ], [3.0+t],'k^','linewidth',2,'MarkerEdgeColor','k',...
'MarkerFaceColor','k');
plot([4.0+t ], [0],'k>','linewidth',2,'MarkerEdgeColor','k',...
'MarkerFaceColor','k');
text('Interpreter','latex','String','$x$','position',[4.0+t ...
-0.1],'FontSize',20)
text('Interpreter','latex','String','$y$','position',[-0.2 ...
3.+t],'FontSize',20)
text('Interpreter','latex','String','$0$','position',[-0.2 ...
1.5],'FontSize',20)

text('Interpreter','latex','String','$0$','position',[1.96 ...
-0.13],'FontSize',20)

axis image
axis off
box on
```

```
axis([-t 4+t -t 4.0+t]);
```

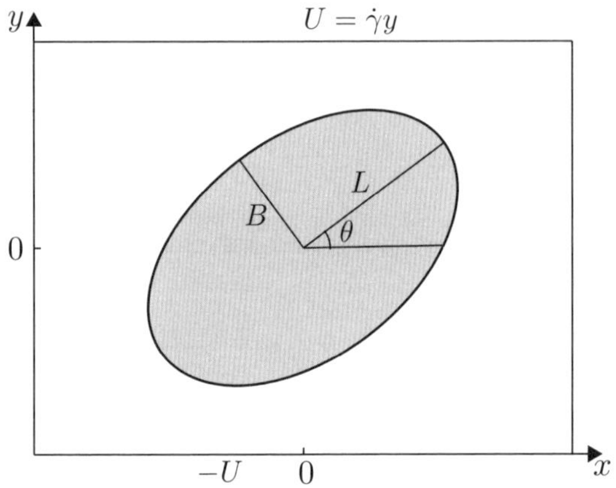

그림 14.29: TerflowShowSideview.m

다음 MATLAB 코드 TerflowShowTopview.m 은 [그림 14.30]를 만든다.

```
clc; clear; clf

a = 1.1;
b = 0.8;
a1 = 0.5;
b1 = 0.4;
n=40;
the = linspace(0, 2*pi, n);
x = a*cos(the);
y = b*sin(the);

x1 = a1*cos(the);
y1 = b1*sin(the);
```

```
the2 = 0.0;
the22 = 0.0;
AA= [cos(the2) -sin(the2); sin(the2) cos(the2)];

AA1= [cos(the22) -sin(the22); sin(the22) cos(the22)];

xx = zeros(1,n);
yy = zeros(1,n);

xx1 = zeros(1,n);
yy1 = zeros(1,n);

for i=1:n
    xx(i)=cos(the2)*x(i) - sin(the2)*y(i);
    yy(i)=sin(the2)*x(i) + cos(the2)*y(i);
end
xx = xx + 2.0;
yy = yy + 1.5;

for i=1:n
    xx1(i)=cos(the22)*x1(i) - sin(the22)*y1(i);
    yy1(i)=sin(the22)*x1(i) + cos(the22)*y1(i);
end
xx1 = xx1 + 2.0;
yy1 = yy1 + 1.5;

pos1 = [2.0; 1.5] + AA*[a;0];
pos2 = [2.0; 1.5] + AA*[0;b];
pos11 = [2.0; 1.5] + AA1*[a1;0];
pos21 = [2.0; 1.5] + AA1*[0;b1];
```

```
figure(1)
plot(xx,yy,'k-','linewidth',1)

values=[xx; yy];
patch(xx,yy,[0.8627 0.8627 0.8627])
hold on
plot(xx1, yy1,'k-','linewidth',1)
patch(xx1,yy1,[0.8 0.8 0.85])
hold on

text('Interpreter','latex', 'String','$\Omega_1$','position',...
[2-0.35 1.6],'FontSize',22)
text('Interpreter','latex','String','$\Omega_2$','position',...
[2-0.8 1.8 ],'FontSize',22)
text('Interpreter','latex','String','$\Omega_3$','position',...
[2-1.3 2.],'FontSize',22)
text('Interpreter','latex','String','$\Gamma_{23}$','position',...
[1.2 0.78],'FontSize',22)
text('Interpreter','latex','String','$\Gamma_{12}$','position',...
[1.5 1.13],'FontSize',22)

text('Interpreter','latex', 'String','$\rho_{1},\mu_{1}$',...
'position',[1.9 1.43],'FontSize',22)
text('Interpreter','latex', 'String','$\rho_{2},\mu_{2}$',...
'position',[ 2.52 1.65],'FontSize',22)
text('Interpreter','latex', 'String','$\rho_{3},\mu_{3}$',...
'position',[ 3.1 1.9],'FontSize',22)


text(0.1, 3.2,'Top View','FontSize',24)
```

```
axis ([0 4 0 3])
N=51;
for i=1:N
    aline(i,1)=2.0;
    aline(i,2)=2/(N-1)*(i-1);
    bline(i,1)=(2/(N-1)*(i-1)*0.70+0.30)+1;
    bline(i,2)=2/(N-1)*(i-1);
end

t = 0.15;
hold on
plot(values(1,:),values(2,:),'k','linewidth',1.5);
[m,n]=size(values);
line([0.0 3.9+t],[ 0 0 ],'color','k','linewidth',1);
line([0.0 0.0],[ 0 2.9+t ],'color','k','linewidth',1);
line([0  0.05],[1.5  1.5 ],'color','k','linewidth',1);
line([2  2],[0  0.05 ],'color','k','linewidth',1);
text('Interpreter','latex', 'String','$0$','position',[1.96 ...
-0.13],'FontSize',24)
text('Interpreter','latex', 'String','$0$','position',[ -0.17 ...
1.5],'FontSize',24)
plot([0 ], [2.9+t],'k^','linewidth',2,'MarkerEdgeColor','k',...
'MarkerFaceColor','k')
plot([3.9+t ], [0],'k>','linewidth',2,'MarkerEdgeColor','k',...
'MarkerFaceColor','k')
text('Interpreter','latex','String','$x$','position',...
[3.9+t -0.1],'FontSize',24)
text('Interpreter','latex','String','$y$','position',...
[ -0.17 2.9+t],'FontSize',24)
text('Interpreter','latex','String','$velocity$','position',...
[3.+t 0.2],'FontSize',26)
text('Interpreter','latex','String','$vorticity$','position',...
```

```
[ 0.1  2.55+t],'FontSize',26)
text('Interpreter','latex','String','$.$','position',...
[ -0.15 0.1 ],'FontSize',3)
text('Interpreter','latex','String','$.$','position',...
[ -0.2 -0.2 ],'FontSize',3)
axis image
axis off
box on
axis([-t 3.9+t -t 3+t]);
```

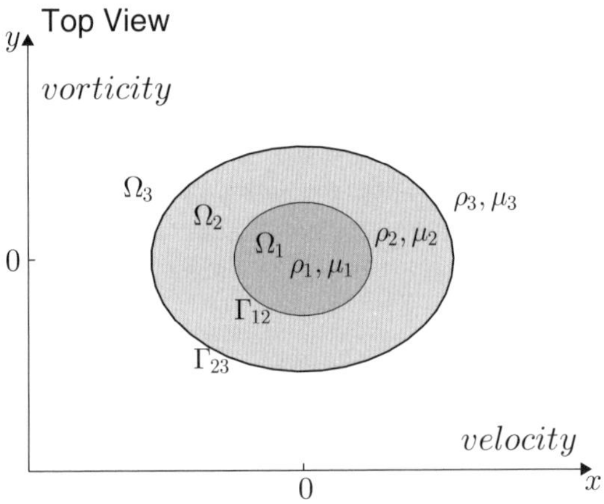

그림 14.30: TerflowShowTopview.m

다음 MATLAB 코드 Hexa.m 은 [그림 14.31]를 만든다.

```
%%%%% Hexa.m %%%%%
clear all; close all; clc; clf;
nx = 600; ny = nx; x = linspace(0,7,nx); y = x; r = 0.5;
for i = 1:nx
```

```
    for j = 1:ny
        c(i,j) = 0.0;
        xx = x(i); yy = y(j);
        for a = 0:2:6
            for b = 0.5:2*1.7321:7
                if((xx-a)^2 + (yy-b)^2 <= r^2)
                    c(i,j) = 1.0;
                end
            end
        end
        for a = 1:2:5
            for b = 0.5+1.7321:2*1.7321:7
                if((xx-a)^2 + (yy-b)^2 <= r^2)
                    c(i,j) = 1.0;
                end
            end
        end
    end
end
[xx1,yy1] = meshgrid(x,y);

nx = 600; ny = nx;  x = linspace(2,4,nx);
y = linspace(0.5,3.9642,nx); r = 0.5;
for i = 1:nx
    for j = 1:ny
        cc(i,j) = 0.0;
        xx = x(i); yy = y(j);
        for a = 0:2:6
            for b = 0.5:2*1.7321:6
                if((xx-a)^2 + (yy-b)^2 <= r^2)
                    cc(i,j) = 1.0;
                end
```

```
            end
        end
        for a = 1:2:6
            for b = 0.5+1.7321:2*1.7321:7
                if((xx-a)^2 + (yy-b)^2 <= r^2)
                    cc(i,j) = 1.0;
                end
            end
        end
    end
end

figure;
hold on
contour(xx1,yy1,c',[0 0 0]+0.5,'linestyle',':')
[xx2,yy2] = meshgrid(x,y);
contourf(xx2,yy2,cc',[0 0 0]+0.5,'linewidth',1)
view(0,90)
colormap gray
axis image
line([2 4],[0.5 0.5],'linestyle','--','color','k')
line([1 5],[0.5 0.5]+1.7321,'linestyle','--','color','k')
line([2 4],[0.5 0.5]+2*1.7321,'linestyle','--','color','k')
line([2 4],[0.5 0.5+2*1.7321],'linestyle','--','color','k')
line([4 2],[0.5 0.5+2*1.7321],'linestyle','--','color','k')
line([2 1],[0.5 0.5+1*1.7321],'linestyle','--','color','k')
line([4 5],[0.5 0.5+1*1.7321],'linestyle','--','color','k')
line([1 2],[0.5+1*1.7321 0.5+2*1.7321],'linestyle','--','color','k')
line([5 4],[0.5+1*1.7321 0.5+2*1.7321],'linestyle','--','color','k')
axis off
line([0 2 2 0 0]+2,[0.5 0.5 2*1.7321+0.5 2*1.7321+0.5 0.5],...
'color','k')
```

```
axis([0 6 0 6])
```

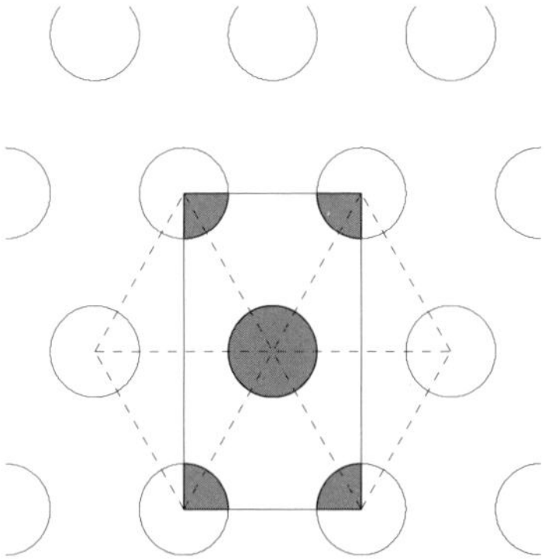

그림 14.31: Hexa.m

다음 MATLAB 코드 HexaSchematic.m 은 [그림 14.32]를 만든다.

```
%%%%% HexaSchematic.m %%%%%
clear all; close all; clc; clf;
nx = 600; ny = nx; x = linspace(0,2,nx);
y = linspace(0.5,3.9642,nx); r = 0.5;
for i = 1:nx
    for j = 1:ny
        c(i,j) = 0.0;
        xx = x(i); yy = y(j);
        for a = 0:2:6
            for b = 0.5:2*1.7321:6
                if((xx-a)^2 + (yy-b)^2 <= r^2)
                    c(i,j) = 1.0;
                end
            end
```

```
        end
        for a = 1:2:6
            for b = 0.5+1.7321:2*1.7321:7
                if((xx-a)^2 + (yy-b)^2 <= r^2)
                    c(i,j) = 1.0;
                end
            end
        end
    end
end
[xx,yy] = meshgrid(x,y);
figure;
hold on
contourf(xx,yy,c',[0 0 0]+0.5)
view(0,90)
colormap gray
axis image
line([0 2 2 0 0],[0.5 0.5 2*1.7321+0.5 2*1.7321+0.5
0.5],'color','k')
for i = 0.3464:0.3464:2*1.7321-0.3464
    line([0 2],[0.5+i 0.5+i])
end
for i = 0.25:0.25:2-0.1
    line([i i],[0 2*1.7321]+0.5)
end
line([0 2],[0.5 0.5]-0.1,'color','k','linewidth',1)
line([2 2]+0.1,[0 2*1.7321]+0.5,'color','k','linewidth',1)
plot(0.1, 0.4,'k<','markersize',10,'markerfacecolor','k')
plot(1.9, 0.4,'k>','markersize',10,'markerfacecolor','k')
plot(2.1, 0.4+2*1.7321,'k^','markersize',10,'markerfacecolor','k')
plot(2.1, 0.6,'kv','markersize',10,'markerfacecolor','k')
```

```
text('Interpreter','latex', 'String','$$a$$', 'Position',...
[0.9576 0.3 25.48],'FontSize',20)
text('Interpreter','latex', 'String','$$\sqrt{3}a$$','Position',...
[2.158 2.244 25.48],'FontSize',20)
axis off
plot(0-0.5,0.5-0.4,'w.')
plot(2+0.5,2*1.7321+0.5+0.3,'w.')
axis([0-0.5 2+0.5 0.5-0.4 2*1.7321+0.5+0.3])
```

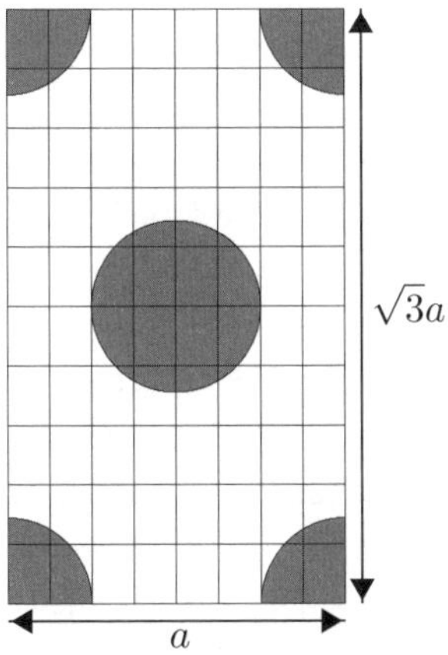

그림 14.32: HexaSchematic.m

다음 MATLAB 코드 Slicedata.m 은 [그림 14.33]를 만든다.

```
clc; clf; clear;
xl=0.0; xr=1.0; n=128; x=linspace(xl,xr,n);
[xx,yy]=meshgrid(x,x); S(1:n,1:n)=0; h=1/128; gam=2*h;
for j=1:n
```

```
    for i=1:n
        x = (i-0.5)*h;
        y = (j-0.5)*h;
        theta=atan2(x-0.5,y-0.5);
        S(i,j) = -tanh((sqrt((x-0.5)^2+(y-0.5)^2) ...
            -(0.3*(0.9+0.1*cos(theta*theta)*sin(theta))...
            +0.00*cos(7*theta)))/(sqrt(2.0)*gam));
    end
end
[CC,h]=contour(xx,yy,S',[0 0]);
m2=size(CC,2); xc = CC(1,2:m2); yc = CC(2,2:m2);
plot3(xc,yc,yc*0,'k-','linewidth',1.5)
hold on
plot([0 1],[1 1],'k-','linewidth',1.0)
plot([0 1],[0 0],'k-','linewidth',1.0)
plot([0 0],[0 1],'k-','linewidth',1.0)
plot([1 1],[0 1],'k-','linewidth',1.0)
plot3([0 1],[1 1],[0.5 0.5],'k-','linewidth',1.0)
plot3([0 1],[0 0],[0.5 0.5],'k-','linewidth',1.0)
plot3([0 0],[0 1],[0.5 0.5],'k-','linewidth',1.0)
plot3([1 1],[0 1],[0.5 0.5],'k-','linewidth',1.0)
plot3([0 1],[1 1],[-0.5 -0.5],'k-','linewidth',1.0)
plot3([0 1],[0 0],[-0.5 -0.5],'k-','linewidth',1.0)
plot3([0 0],[0 1],[-0.5 -0.5],'k-','linewidth',1.0)
plot3([1 1],[0 1],[-0.5 -0.5],'k-','linewidth',1.0)
patch(xc,yc,yc*0,[0.8627 0.8627 0.8627])

clear; xl=0.0; xr=1.0; n=128; x=linspace(xl,xr,n);
[xx,yy]=meshgrid(x,x); S(1:n,1:n)=0; h=1/128; gam=2*h; hold on
for j=1:n
    for i=1:n
        x = (i-0.5)*h;
```

```
        y = (j-0.5)*h;
        theta=atan2(x-0.5,y-0.5);
        S(i,j) = -tanh((sqrt((x-0.5)^2+(y-0.5)^2) ...
            -(0.3*(0.9+0.3*cos(theta*theta)*sin(theta))...
            +0.00*cos(7*theta)))/(sqrt(2.0)*gam));
    end
end
[CC,h]=contour(xx,yy,S',[0 0]); set(h,'edgecolor','none');
m2=size(CC,2); xc = CC(1,2:m2); yc = CC(2,2:m2);
plot3(xc,yc,yc*0+0.5,'k-','linewidth',1.5)
patch(xc,yc,yc*0+0.5,[0.8627 0.8627 0.8627])

clear; xl=0.0; xr=1.0; n=128; x=linspace(xl,xr,n);
[xx,yy]=meshgrid(x,x); S(1:n,1:n)=0; h=1/128; gam=2*h; hold on
for j=1:n
    for i=1:n
        x = (i-0.5)*h;
        y = (j-0.5)*h;
        theta=atan2(x-0.5,y-0.5);
        S(i,j) = -tanh((sqrt((x-0.5)^2+(y-0.5)^2) ...
            -(0.3*(0.7+0.1*cos(theta*theta)*sin(theta))...
            +0.00*cos(8*theta)))/(sqrt(2.0)*gam));
    end
end
[CC,h]=contour(xx,yy,S',[0 0]); set(h,'edgecolor','none');
m2=size(CC,2); xc = CC(1,2:m2); yc = CC(2,2:m2);
plot3(xc,yc,yc*0-0.5,'k-','linewidth',1.5)
patch(xc,yc,yc*0-0.5,[0.8627 0.8627 0.8627])
axis image; axis off; view(29,20)

h = text(1,1,'$S_n$');
set(h,'interpreter','latex','Position',[0.78 0.3 0.5],...
```

```
'fontsize',20);
h = text(1,1,'$S_i$');
set(h,'interpreter','latex','Position',[0.78 0.3 -0.015],...
'fontsize',20);
h = text(1,1,'$S_1$');
set(h,'interpreter','latex','Position',[0.78 0.3 -0.5],...
'fontsize',20);
h = text(1,1,'$\vdots$');
set(h,'interpreter','latex','Position',[0.6 0.3 0.3],...
'fontsize',20);
h = text(1,1,'$\vdots$');
set(h,'interpreter','latex','Position',[0.6 0.3 -0.2],...
'fontsize',20);
```

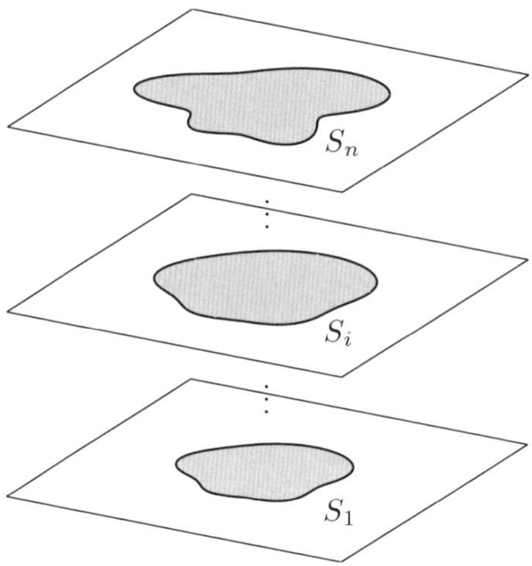

그림 14.33: Slicedata.m

다음 MATLAB 코드 Schematic_Boundary.m 은 [그림 14.34]를 만든다.

```
clear; clf;
nt= 160; nx = nt; x = linspace(1,nx+1,nx+1);
h = x(2) - x(1); sh = 16; hold on
for i = 1:sh:nx+1
    line([x(1) x(nx+1)],[x(i) x(i)],'color','k','linewidth',0.5)
    line([x(i) x(i)],[x(1) x(nx+1)],'color','k','linewidth',0.5)
end
for i = 9:sh:nx+1
    %left BC
    plot(x(1)-(0.0)*x(sh), x(i)+8,...
        'ko','MarkerEdgeColor','k','markersize',6)
    %right BC
    plot(x(nx+1)+0.0*x(sh), x(i)+8,'ko',...
        'MarkerEdgeColor','k','markerfacecolor','k','markersize',6);
    %bottom BC
    plot(x(i)+8,x(1)-0.0*x(sh),...
        'ko','MarkerEdgeColor','k','markersize',6);
    %top BC
    plot(x(i)+8,x(nx+1)+0.0*x(sh),'ko',...
        'MarkerEdgeColor','k','markerfacecolor','k','markersize',6);
end
plot(x(1)-0.0*x(sh), x(1)-0.0*x(sh),...
    'ko','MarkerEdgeColor','k','markerfacecolor','k','markersize',6);
plot(x(nx+1)+0.0*x(sh), x(nx+1)+0.0*x(sh),...
    'ko','MarkerEdgeColor','k','markerfacecolor','k','markersize',6);
plot(x(1)-0.0*x(sh), x(nx+1)+0.0*x(sh),...
    'ko','MarkerEdgeColor','k','markerfacecolor','k','markersize',6);
plot(x(nx+1)+0.0*x(sh), x(1)-0.0*x(sh),...
    'ko','MarkerEdgeColor','k','markerfacecolor','k','markersize',6);
axis image
line([x(1) x(nx+1) x(nx+1) x(1) x(1)],[x(1) x(1) x(nx+1) ...
x(nx+1) x(1)],'linew',1.8,'color','k');
```

```
axis([x(1)-x(sh) x(nx+1)+x(sh) x(1)-x(sh) x(nx+1)+x(sh)]); axis off

text('Interpreter','latex','String','$x_0$','Position',[-3 ...
-8.02],'FontSize',20)
text('Interpreter','latex','String','$x_1$','Position',[14 ...
-8.02],'FontSize',20)
text('Interpreter','latex','String','$x_2$','Position',[29 ...
-8.02],'FontSize',20)
text('Interpreter','latex','String','$\cdots$','Position',[80 ...
-8.02],'FontSize',20)
text('Interpreter','latex','String','$x_{N_x}$','Position',[155 ...
-8.02],'FontSize',20)
text('Interpreter','latex','String','$y_0$','Position',[-12 ...
1],'FontSize',20)
text('Interpreter','latex','String','$y_1$','Position',[-12 ...
16],'FontSize',20)
text('Interpreter','latex','String','$y_2$','Position',[-12 ...
32],'FontSize',20)
text('Interpreter','latex','String','$\vdots$','Position',[-9 ...
85],'FontSize',20)
text('Interpreter','latex','String','$y_{N_y}$','Position',[-16 ...
160],'FontSize',20)
```

다음 MATLAB 코드 free_boundary.m 은 [그림 14.35]를 만든다.

```
clear all; clc; close all;
nt= 160; t = linspace(-3*pi,3*pi,nt); nx = nt;
x = linspace(1,nx+1,nx+1); h = x(2) - x(1);
[xx yy] = meshgrid(t,t); b = atan2(yy,xx);
z = (0.9+0.1*b.*cos(2.5*b)).*xx.^2+(1.5+0.3*b.*cos(4.2*b)).*yy.^2-60;
hold on; sh = 16;
[c1, hh1] = contourf(1-z,[0. 0. 0.]);
```

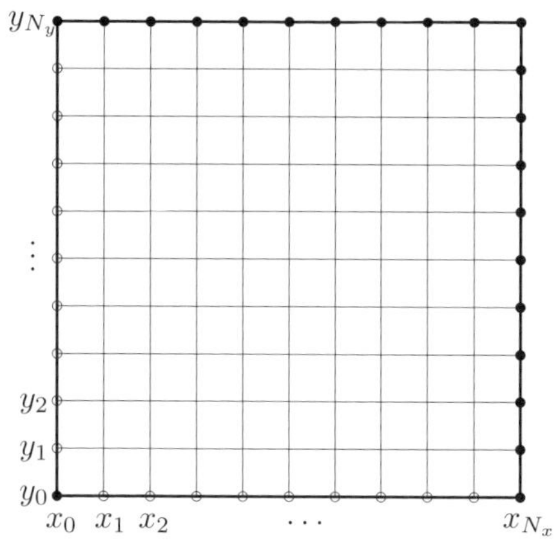

그림 14.34: Schematic_Boundary.m

```
set(hh1,'linecolor','k','linew',1.5); colormap([0.85 0.85 0.85])
text('Interpreter','latex', 'String','$$\Omega_t$$',...
    'position',[72.294 41.224 1131.415],'FontSize',30)
text('Interpreter','latex', 'String','$$\rho({\bf x},t)$$',...
    'position',[63.294 98.959 1131.415],'FontSize',30)
text('Interpreter','latex', 'String','$${\bf ...
u}({\bf x},t)$$','position',[63.294 78.838 1131.415],'FontSize',30)
[c, hh] = contour(z,[0 0 0]); set(hh,'linecolor','k','linew',1.5)
axis image; axis([x(1) x(nx+1) x(1) x(nx+1)]); axis off;
```

4.3 MATLAB에서 figure의 legend에 수식 넣기

MATLAB에서 figure에 legend를 넣을 때, 수식(예를 들면 $\sqrt{x}$)은 다음과 같은 방법을 이용한다. 그림 14.36과 같은 결과를 얻기 위한 MATLAB코드는 다음과 같다.

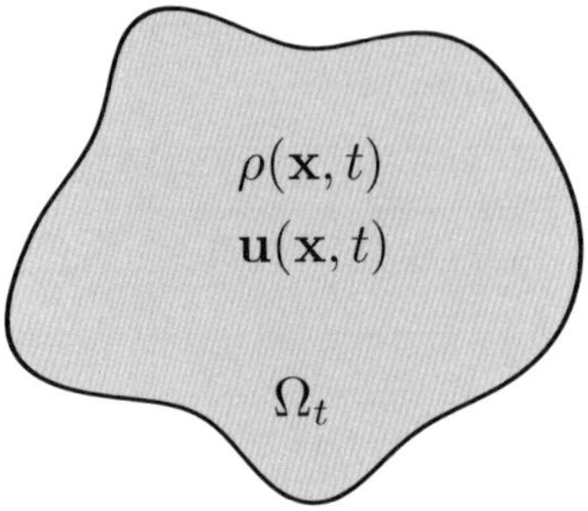

그림 14.35: free_boundary.m

```
clear; clf; x = linspace(-1,1,20);plot(x,sqrt(x),'ko-');
hold on
axis([-1 1 -0.1 1]); grid on; set(gca,'fontsize',20)
h = legend('Graph: $\sqrt{x}$',2); set(h,'Interpreter','latex')
```

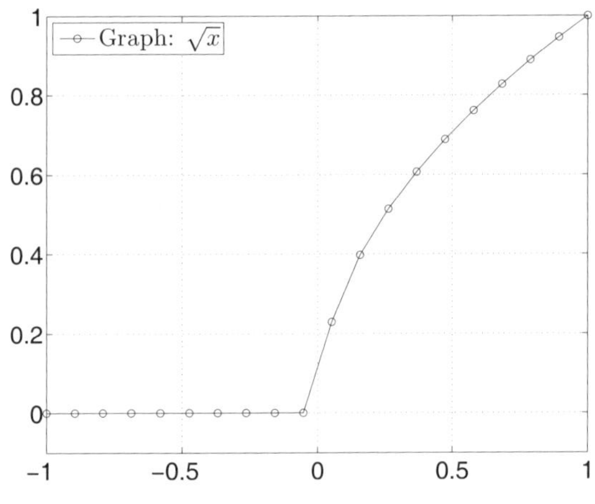

그림 14.36: MATLAB에서 figure의 legend에 수식 넣기.

4.4 그림 안에 또 다른 작은 그림 넣기

그림 안에 또 다른 작은 그림을 넣기 위한 MATLAB코드는 다음과 같다.

```
clear; clc; clf; x=linspace(-1.5,1.5,100); ep=0.1;
fig1=figure(1);
plot(x,tanh(x/ep),'k-','linewidth',1.5);axis image;
axis([-1.5 1.5 -1.1 1.1]);
hold on; xlabel('$$x$$','Interpreter','latex','fontsize',28);
ylabel('$$y$$','Interpreter','latex',...
'fontsize',28,'rotation',0);
set(gca,'fontsize',16); legend('$$\tanh(x)$$ function',2);
set(legend,'Interpreter','latex','fontsize',22);
annotation(fig1,'arrow',[0.52 0.64],[0.51 0.38]);
ss=0.2; axes('Position',[0.67 0.28 ss ss]);
plot(x(41:61),tanh(x(41:61)/ep),'k-','linewidth',1.5); hold
on;
set(gca,'fontsize',16); axis image;
axis([x(41) x(61) tanh(x(41)) tanh(x(61))]);
print('-deps','FiginFig.eps')
```

기존의 그림에 새로운 좌표축 (`axes('Position',[0.55 0.3 ss ss]);`)을 만들어 작은 그림을 삽입하면 된다. 여기서 '0.55'와 '0.3'은 새로운 좌표축의 원점이 놓일 전체 그림에서의 x와 y 좌표의 상대적 위치를 뜻한다. 그리고 'ss'는 작은 그림의 크기 비율을 나타낸다. 위의 MATLAB코드를 실행하면 [그림 14.37]와 같은 결과를 얻을 수 있다.

4.5 MATLAB에서 그림 회전하기

원래의 그림을 θ만큼 회전하기 위한 MATLAB코드는 다음과 같다.

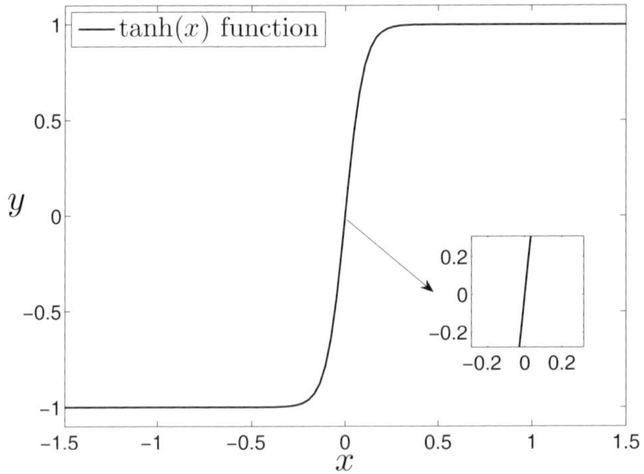

그림 14.37: 그림 안에 또 다른 작은 그림 넣기.

```
clear; clc; clf; colormap gray; nx=10; ny=10*nx;
x=linspace(0,1,nx); y=linspace(0,10,ny);
[yy,xx]=meshgrid(y,x); A=rand(nx,ny);
contourf(yy,xx,A,[0.5 0.5]);
hold on
plot([0 0],[0 1],'k-'); plot([10 10],[0 1],'k-')
plot([0 10],[0 0],'k-'); plot([0 10],[1 1],'k-')
contourf(yy+0.87,xx-1.5,A,[0.5 0.5]);
plot([0 0]+0.87,[0 1]-1.5,'k-');
plot([10 10]+0.87,[0 1]-1.5,'k-')
plot([0 10]+0.87,[0 0]-1.5,'k-');
plot([0 10]+0.87,[1 1]-1.5,'k-')
axis image; axis off; set(gca,'fontsize',14);
set(gca,'XTick',zeros(1,0)); set(gca,'YTick',zeros(1,0));
```

```
camroll(60); print('-deps','all2.eps')
```

여러 개의 그림을 동시에 θ만큼 회전하기 위한 MATLAB코드는 다음과 같다. [그림 14.38]은 위의 MATLAB코드를 실행하여 얻은 결과이다.

그림 14.38: MATLAB에서 여러 개의 그림을 동시에 회전하기.

4.6 contour 데이터 다루기

데이터를 등고선으로 나타내 보자. 아래와 같은 데이터A가 있다고 하자.

이 데이터에서 0의 값만 추출하려면 아래와 같이 입력한다.

```
[c h]=contour(A,[0 0]);
```

그러면 등고선이 0인 데이터를 모은 contour 행렬 c가 출력된다. c의 첫번째 행은 x의 좌표이며 두 번째 행은 y값을 의미한다.

등고선 그리는 방법을 응용해보자. [그림 14.41]과 같은 데이터 B가 있다고 하자.

이 데이터에서 0.1에서 0.9 값 사이의 9개의 등고선을 추출하려면 `linspace` 명령어를 이용한다.

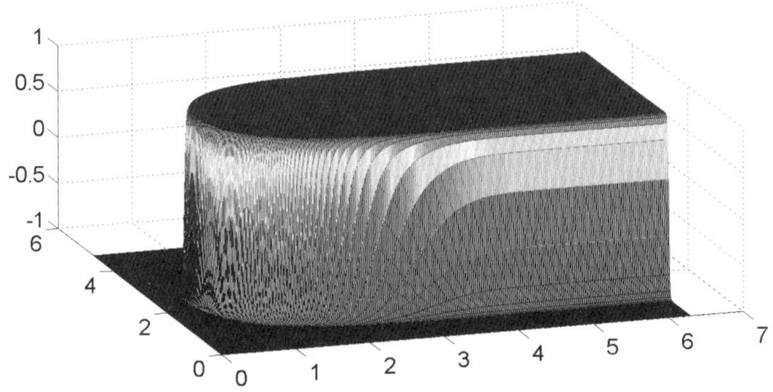

그림 14.39: contour 명령문 쓰기.

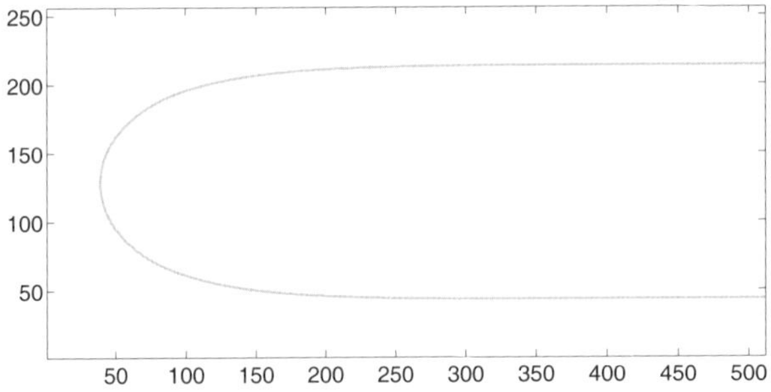

그림 14.40: contour로 zero-level set의 그림

같다.

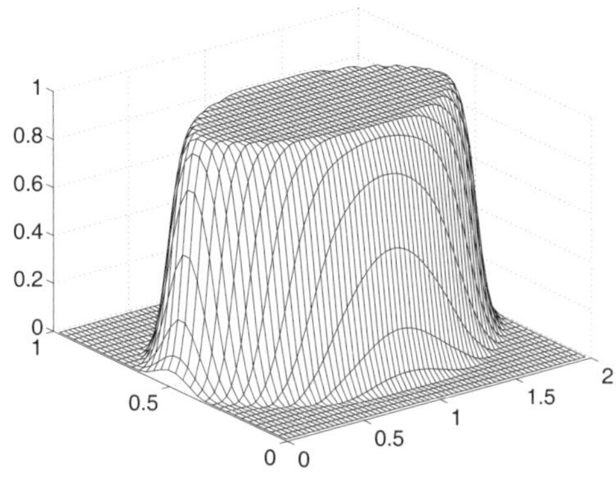

그림 14.41: contour 명령문 쓰기.

```
contour(xx,yy,B',linspace(0.1,0.9,9));
```

위 코드의 실행 결과는 다음과 같다.

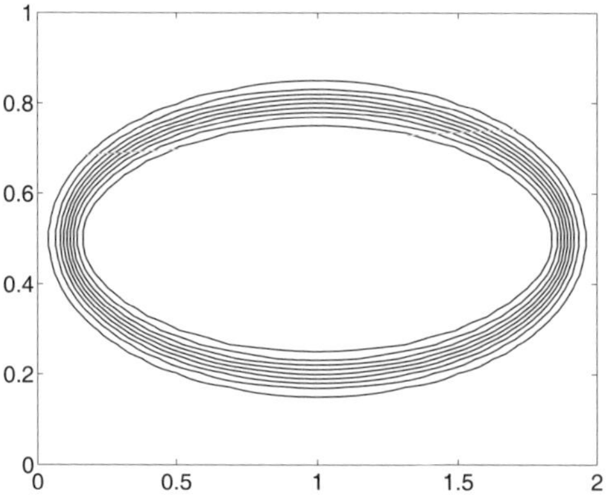

그림 14.42: 여러 개 contour 그리기

등고선에 데이터 값을 넣는 방법을 살펴보자. MATLAB 코드는 다음과 같다.

```
close all; clear all; clc;

phi64

nx = 64; ny = nx*0.5;
xleft = 0.0; xright = 2.0; yleft = 0.0; yright = 1.0;
h = (xright-xleft)/nx;
x = linspace(xleft+0.5*h,xright-0.5*h,nx);
y = linspace(xleft+0.5*h,yright-0.5*h,ny);
[xx,yy] = meshgrid(x,y);
[C,h] = contour(xx,yy,B',[0.5 0.5],'linewidth',1.5);
set(h,'ShowText','on','TextStep',get(h,'LevelStep')*2);
clabel(C,h,'LabelSpacing',1100,'FontSize',15,'Color','k');hold on;
[C1,h1] = contour(xx,yyB',[0.1 0.1],'linewidth',1.0);
set(h1,'ShowText','on','TextStep',get(h1,'LevelStep')*2);
clabel(C1,h1,'LabelSpacing',1100,'FontSize',15,'Color','k');
hold on;
[C2,h2] = contour(xx,yy,B',[0.9 0.9],'linewidth',1.0);
set(h2,'ShowText','on','TextStep',get(h2,'LevelStep')*2);
clabel(C2,h2,'LabelSpacing',1100,'FontSize',15,'Color','k')
colormap([0 0 0]); axis([0 2 0 1]); set(gca,'fontsize',18)
print('-deps','clabel2.eps')
```

[그림 14.43]는 위의 MATLAB 코드를 실행하여 얻은 결과이다.

4.7 TeX에 그림 넣기

4.7.1 figure 명령어를 사용하여 그림 넣기

LATEX의 figure명령어를 사용하면, 그림을 넣을 수 있다. 다음은 간단하게 하나의 그림을 삽입하는 예이다. [htbp]는 그림이 놓일 위치를 지정하는 명령으로 `\begin{figure}` 옆에 한 번만 지정하면 된다. h는 here, t는 top, b는 bottom, 그리고 p는 separate page를 뜻한다. 그림 위치의 우선순위는 현재

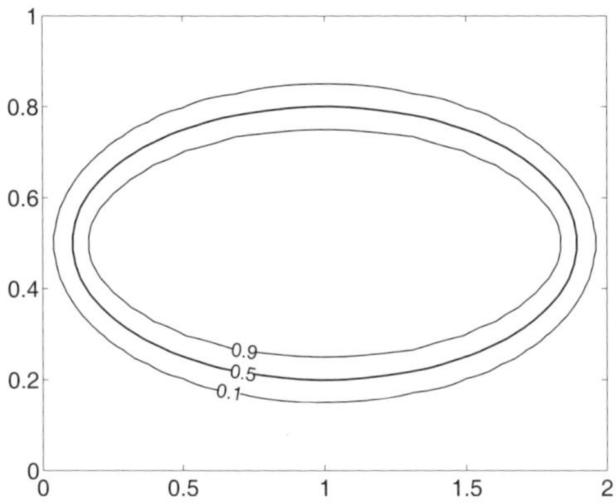

그림 14.43: contour에 라벨 붙이기

위치(h)이고, 그 자리가 안되면 다음 페이지 가장 위(t)에 위치하게 되는 것이고, 그 자리도 부족하면 가장 아래(b), 마지막으로 그 자리도 안되면 별도 페이지(p)에 위치하게 되는 것이다. 여기서, width = 2.1in는 그림의 크기를 결정해주는 명령어로, 숫자를 키우거나 줄이면, 그림의 크기를 조절할 수 있다.

```
\begin{figure}[htbp]
\centering
\includegraphics[width=2.1in]{./figure/sharp_star1.eps}
\caption{A star-shaped interface.} \label{star2}
\end{figure}
```

4.7.2 minipage를 사용하여 여러 개의 그림을 나타내기

여러 개의 그림을 나타낼 때 LATEX의 minipage를 사용한다. [그림 14.45]는 다음 LATEX의 결과이다. 여기서 `\begin{minipage}{0.23\linewidth}`의 명령어에서 0.23은 페이지 폭을 1로 가정할 때 그림파일이 차지하는 부분이다. 다시 말해, 현재 그림이 23%의 영역을 할당한다는 의미이다.

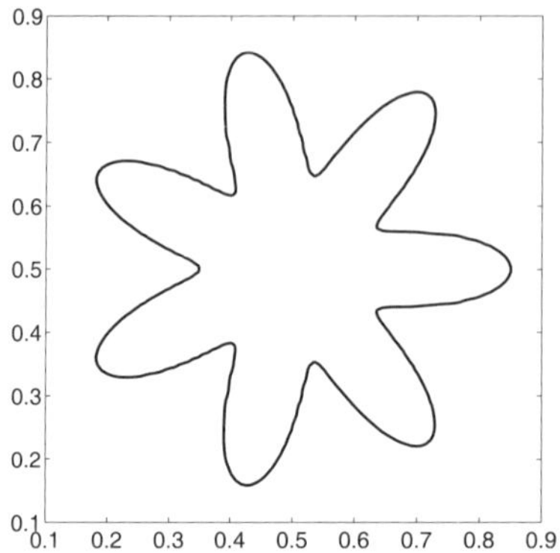

그림 14.44: A star-shaped interface.

다음은 minipage를 사용하여 여러 개의 그림을 나타내는 예이다. 여기서 폭을 전부 0.25로 지정하게 되면 총합이 1을 넘지 않게 되는데도 한 폭에 네 개의 그림이 들어가지 않게 되는 것을 볼 수 있다.

```
\begin{figure}[htbp]
\begin{minipage}{0.25\linewidth}
\centering
\includegraphics[width=1.1in]{./figure/sharp_star1.eps}
(a)~$t=0$
\end{minipage}
\begin{minipage}{0.25\linewidth}
\centering
\includegraphics[width=1.1in]{./figure/sharp_star2.eps}
(b)~$t=$E-3
\end{minipage}
\begin{minipage}{0.25\linewidth}
\centering
```

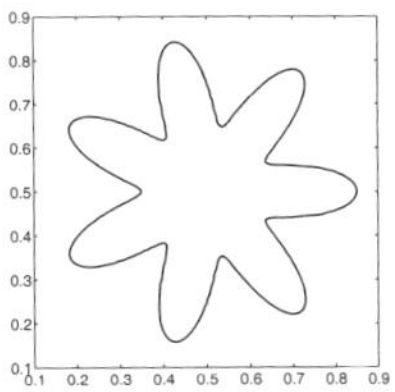

(a) $t = 0$

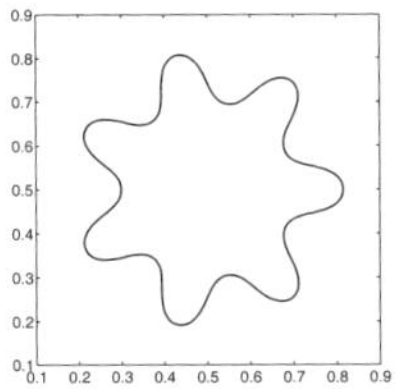

(b) $t =$E-3

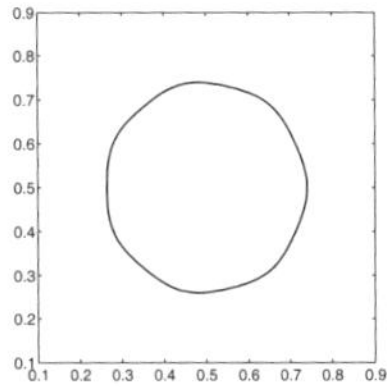

(c) $t = 5$E-3

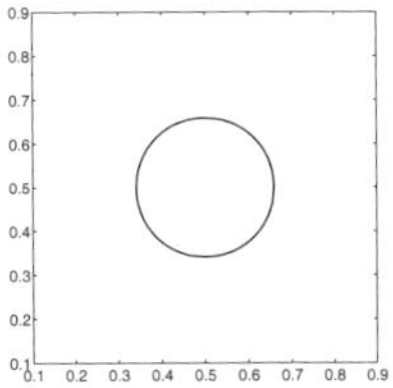

(d) $t = 2$E-2

그림 14.45: Evolution of a star-shaped interface in a curvature - driven flow. The tips of the star move inward, while the gaps in between the tips move outward.

```
\includegraphics[width=1.1in]{./figure/sharp_star3.eps}
(c)~$t=5$E-3
\end{minipage}
\begin{minipage}{0.25\linewidth}
\centering
\includegraphics[width=1.1in]{./figure/sharp_star4.eps}
(d)~$t=2$E-2
\end{minipage}
\caption{Evolution of a star-shaped interface in a
curvature-driven
flow. The tips of the star move inward, while the gaps in
between
the tips move outward.} \label{star}
```

```
\end{figure}
```

[그림 14.45]와 같이 어떤 경우에 있어서는 전체 폭의 합이 1이어도 그림이 다음 칸으로 넘어갈 수도 있으므로 1보다 약간 작도록 설정하는 것이 좋다. 이때 제일 앞에 있는 그림부터 폭의 숫자를 줄여나가도록 한다. 그래서 위의 예제의 폭을 0.23, 0.25, 0.25, 0.25로 바꾸어 설정하였더니 [그림 14.46]와 같이 한 폭에 네 개의 그림이 제대로 들어가는 것을 확인할 수 있다.

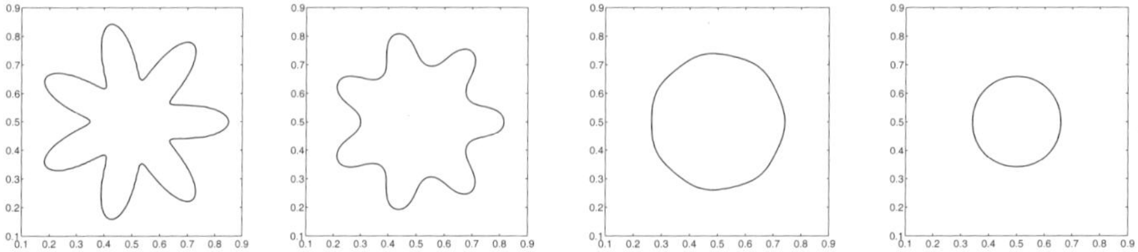

(a) $t=0$ (b) $t=$E-3 (c) $t=$ 5E-3 (d) $t=$ 2E-2

그림 14.46: Evolution of a star-shaped interface in a curvature - driven flow. The tips of the star move inward, while the gaps in between the tips move outward.

```
\begin{figure}[htbp]
\begin{minipage}{0.23\linewidth}
\centering
\includegraphics[width=1.1in]{./figure/sharp_star1.eps}
(a)~$t=0$
\end{minipage}
\begin{minipage}{0.25\linewidth}
\centering
\includegraphics[width=1.1in]{./figure/sharp_star2.eps}
(b)~$t=$E-3
```

```
\end{minipage}
\begin{minipage}{0.25\linewidth}
\centering
\includegraphics[width=1.1in]{./figure/sharp_star3.eps}
(c)~$t=5$E-3
\end{minipage}
\begin{minipage}{0.25\linewidth}
\centering
\includegraphics[width=1.1in]{./figure/sharp_star4.eps}
(d)~$t=2$E-2
\end{minipage}
\caption{Evolution of a star-shaped interface in a
curvature-driven flow. The tips of the star move inward,
while the gaps in between the tips move outward.}
\label{starr}
\end{figure}
```

새로운 패키지는 가급적 사용하지 않는다. 사용해야 한다면 같은 디렉토리에 sty파일을 놓는다.

```
\begin{figure}[htbp]
\begin{minipage}{0.49\linewidth}
\centering
\includegraphics[width=2.5in,height=1.1in]{./figure/
sharp_star1.eps} \\
(a) \\
\includegraphics[width=2.5in,height=1.1in]{./figure/
sharp_star2.eps} \\
```

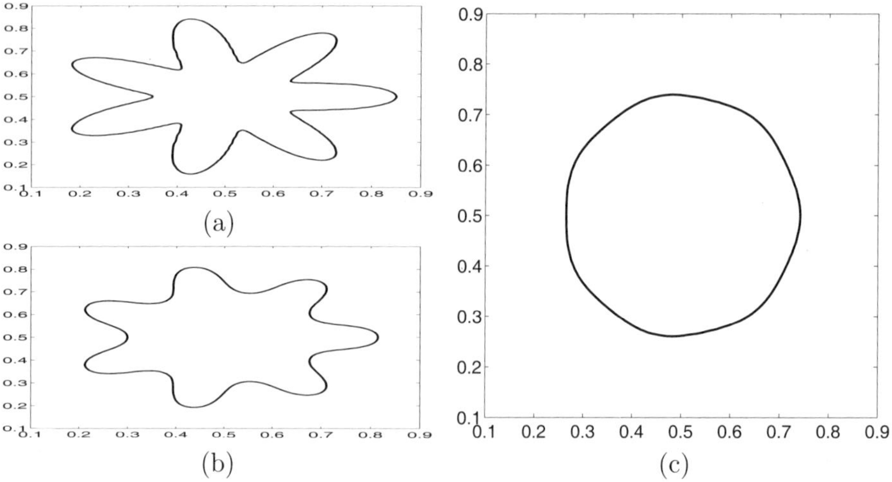

그림 14.47: Evolution.

```
(b)
\end{minipage}
\begin{minipage}{0.5\linewidth}
\centering
\includegraphics[width=2.5in]{./figure/sharp_star3.eps} \\
(c)
\end{minipage}
\caption{Evolution.} \label{starr55}
\end{figure}
```

4.8 xy-pic package를 사용한 Figure

다음은 LATEX의 xy-pic package를 이용하여 그린 그림이다. xy-pic package를 사용하기 위해서 먼저 LATEX의 상단과 같이 사용할 package를 정의하자.

```
\usepackage[all]{xy}
```

```
\documentclass[options]{class}
           ......
\usepackage[all]{xy}
           ......
\begin{document}
```

그 이후, 아래의 tex을 원하는 위치에 써 넣으면 [그림 14.48]을 얻을 수 있다.

```
\begin{figure}[htbp]
\begin{displaymath}
\xymatrix{
& & &  c^{n+1}\\
& & &  \\
c^n \ar[rrr]_{\txt{$c_t = \Delta c$}}
\ar@{-->}[uurrr] &  &  & c^{*}
\ar[uu]_{\txt{$c_t = c - c^3$}} }
\end{displaymath}
\caption{Hybrid numerical method} \label{osm}
\end{figure}
```

[그림 14.49]은 다음을 사용하여 얻는다.

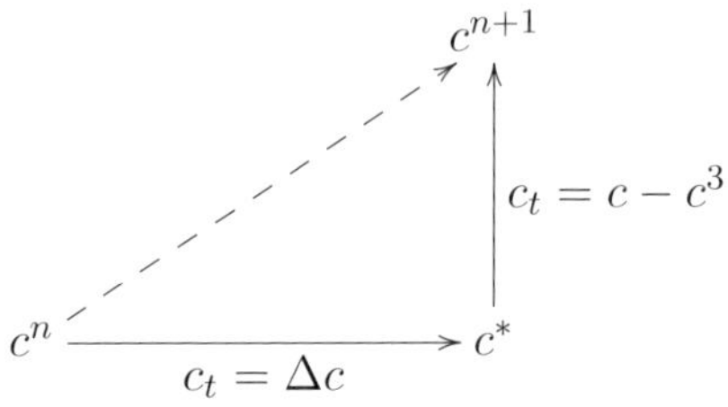

그림 14.48: Hybrid numerical method

```
\begin{figure}[htpb]
\begin{displaymath}
\xymatrix{
 (C^n, U^n) \ar[d]^{\quad \quad \txt{$C_t = K \triangle C$
(multigrid method)}} \\
 (C^*, U^n) \ar[d]^{\quad \quad \txt{$C_t = - RCU$ (analytic
solution)}} \\
 (C^{n+1}, U^{n}) \ar[d]^{ \quad \quad \txt{$U_t = M \triangle U $
(multigrid
method)}} \\
 (C^{n+1}, U^{*}) \ar[d]^{\quad \quad \txt{$U_t = CU(1-U)$
(analytic
 solution)}}\\
 (C^{n+1}, U^{n+1})
 }
\end{displaymath}
\caption{A hybrid numerical method.} \label{scheme}
\end{figure}
```

$$
\begin{array}{l}
(C^n, U^n) \\
\Big\downarrow \quad C_t = K\triangle C \text{ (multigrid method)} \\
(C^*, U^n) \\
\Big\downarrow \quad C_t = -RCU \text{ (analytic solution)} \\
(C^{n+1}, U^n) \\
\Big\downarrow \quad U_t = M\triangle U \text{ (multigrid method)} \\
(C^{n+1}, U^*) \\
\Big\downarrow \quad U_t = CU(1-U) \text{ (analytic solution)} \\
(C^{n+1}, U^{n+1})
\end{array}
$$

그림 14.49: A hybrid numerical method.

4.9 eps 파일을 여백없이 삽입하는 방법

eps 파일을 삽입할 때, [그림 14.50(a)]와 같이 파일의 공간이 남는 경우가 있다. 이러한 경우 eps 파일을 클릭하여 File을 클릭하면 PS to EPS 에서 다른 이름으로 저장할 경우, [그림 14.50(b)] 와 같이 여백없이 삽입할 수 있다.

그림이 텍스트를 가릴때에는 Adobe Acrobat Professional을 이용하여 eps 파일을 읽은후 다른 이름으로 다시 저장하여 사용한다.

clip=true 를 추가한다.

4.10 jpg, bmp, gif 파일들을 eps 파일로 만드는 방법

jpg, bmp나 gif 등의 확장자를 갖는 그림 파일은 LaTeX에서 사용하기 적합하지 않기 때문에 eps로 변환하여 사용해야 한다. 다양한 방법이 있겠지만, 이 책에서는 ImageMagick을 사용하여 그림 파일을 eps 파일로 변환하는 방법을 소개하고자 한다. 윈도우 사용자는 cygwin을 무료로 다운로드 받아서 이용할 수 있다 (웹사이트 참조. http://math.korea.ac.kr/~cfdkim). cygwin의 폴더

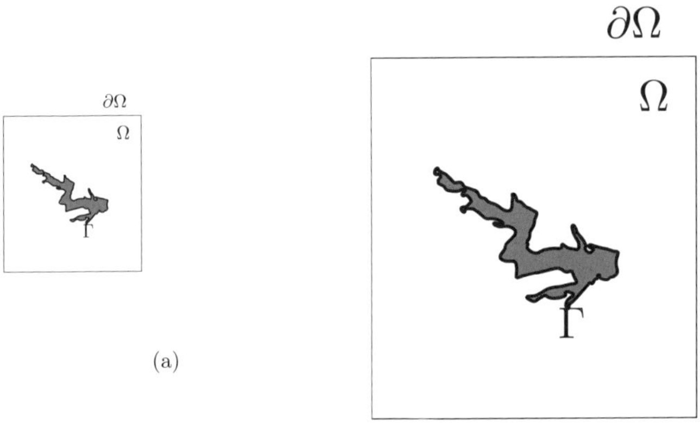

(a) (b)

그림 14.50: (a) Before (b) After

안에 변환하고자 하는 파일을 넣고 ls 명령문으로 현재 디렉토리에 변환하려는 jpg 파일이 있는지 확인한다 ([그림 14.51(a)] 참조). 해당 파일이 존재하는지 확인한 후 display를 입력하여 ImageMagick을 실행한다 ([그림 14.51(b)] 참조).

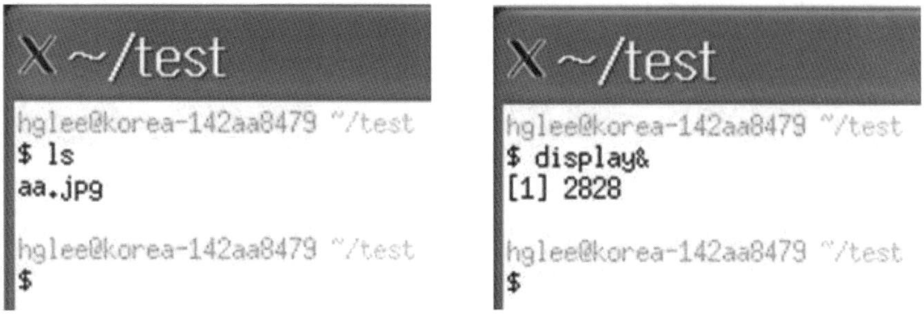

(a) (b)

그림 14.51: (a) 현재 디렉토리에 그림 파일 존재 확인. (b) display 프로그램 실행.

Browse를 통해 파일을 선택하고 Open을 클릭하여 그림을 부른다 ([그림 14.52(a)]). 읽어들인 그림 파일 위에서 마우스 오른쪽 키를 눌러 Save를 선택한다 ([그림 14.52(b)]). Format을 선택한 후 ([그림 14.52(c)]) 확장자 중에 EPS를 선택하고 ([그림 14.52(d)]) Save를 누르면([그림 14.52(e)]) eps 파일로 저장된다.

4.11 컬러 eps 파일을 gray 스케일의 eps 파일로 만들기

대부분의 저널에서 컬러 그림은 추가비용을 지불해야 한다. 다음은 IEEE 계열의 저널에서 컬러 이미지 출판에 관한 게시물로 추가 비용을 지불해야한다.

Q. What are the publication charges associated with my accepted paper?
A. The following are the basic charges for color:

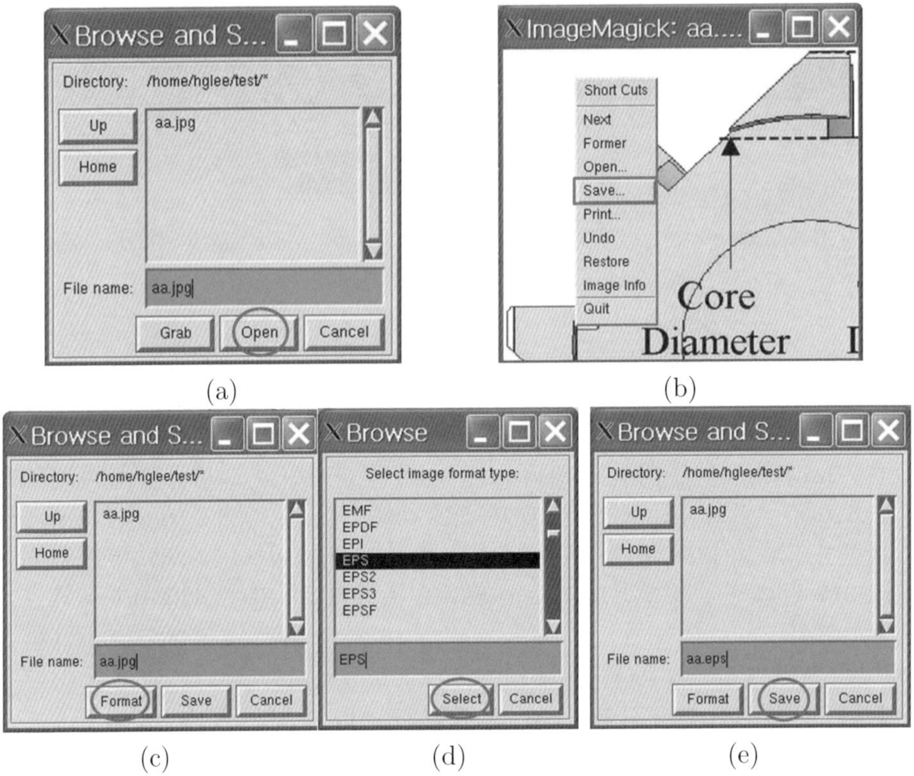

그림 14.52: (a) 파일 열기 (b) Save 선택 (c) Format 선택 (d) format type을 EPS로 선택 (e) 저장

$1,045.00 US for printing charges (four or fewer color pages)
$2,090.00 US (four to eight pages)
$3,135.00 US (nine to twelve pages) + $62.50 US per color image

화려한 색깔의 컬러 그림 파일은 컴퓨터 모니터로 볼 때는 아름답지만, 실제로 흑백 프린트를 하게 된다면 다양한 색깔을 흑백으로 표현할 수 없어 그림이 망가지기 쉽고, 따라서 무엇을 나타낸 것인지 알 수 없게 되는 일이 있다. 이런 일을 방지하고자 미리 그림 파일을 흑백으로 만든다면 작성자가 인쇄된 그림을 확인할 수 있다. 컬러 eps 파일을 gray 스케일의 eps 파일로 만드는 방법에는 두 가지가 있다. 첫째는 앞서 이용한 cygwin을 이용하는 방법이다.

[그림 14.53(a)] 파일을 변환하기 위해 앞서 예제와 같이 cygwin폴더 안에 넣고 display를 입력하자. ImageMagick 메뉴 중 Enhance를 클릭하면 하위 메뉴가 나오는데 그 중 Grayscale를 선택 ([그림 14.53(b)]) 하면 그림이 gray 스케일의 그림으로 바뀌게 된다 ([그림 14.53(c)]). 참고로 [그림 14.53]과 같이 그림을 배열할 때 다음의 명령어를 사용한다.

```
\begin{figure}[htbp]
\begin{minipage}{0.59\linewidth}
\centering
\includegraphics[width=2.5in]{./figure/schematic.eps} \\
(a) \\ \vspace{10mm} \centering
\includegraphics[width=2.5in]{./figure/schematic_gray.eps} \\
(c)
\end{minipage}
\begin{minipage}{0.4\linewidth}
\centering
\includegraphics[width=2.3in]{./figure/imagemagick.eps} \\
(b)
```

```
\end{minipage}
 \caption{(a) 파일 열기 (b) Format 선택 (c) EPS 파일로 저장.}
 \label{staerr}
\end{figure}
```

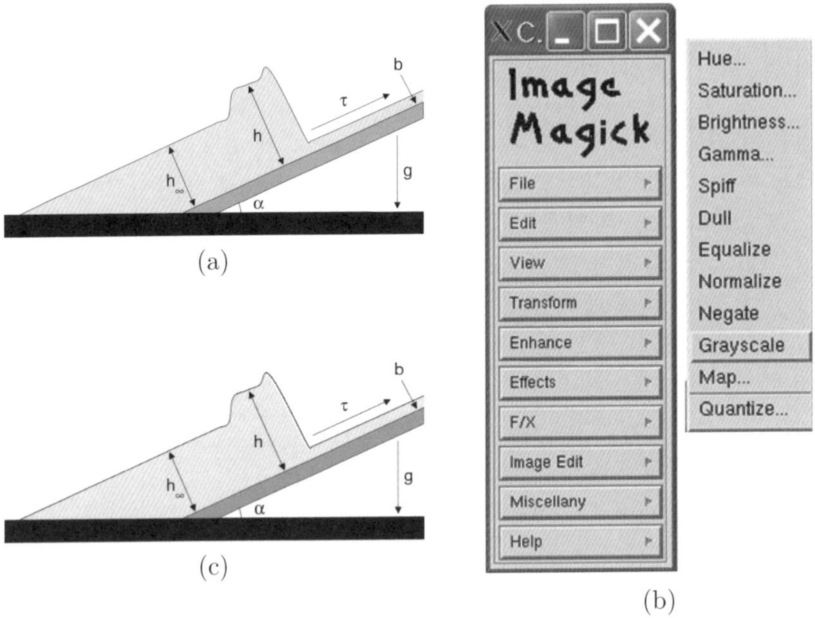

그림 14.53: (a) 컬러 버전 eps 파일은 웹사이트 참조. http://math.korea.ac.kr/~cfdkim (b) Enhance에서 Grayscale 선택 (c) 변환된 gray 스케일 버전의 그림.

두 번째 방법은 MATLAB을 이용하는 것이다. 첫 번째의 방법을 이용할 경우 원본 이미지가 다소 뭉개지는 현상이 나타나므로 MATLAB을 이용하여 그림 파일을 만들 수 있다면 좀 더 선명한 이미지를 얻을 수 있다. MATLAB을 이용하여 그림 파일을 만들 때는 주로 `patch`라는 명령어를 사용하여 그림을 표현하는데 이 명령어에서 `y(yellow)`, `g(green)`, `k(black)` 등과 같은 옵션이나 `[0.8627 0.8627 0.8627]`와 같이 직접 0과 1사이의 수를 설정하여 색을 표현할 수 있다. 여기서 0은 검정색을, 1은 흰색을 나타내는 값이다.

```
patch(x1,y1,'k'); patch(x1,y1,[0 0 0]);
```

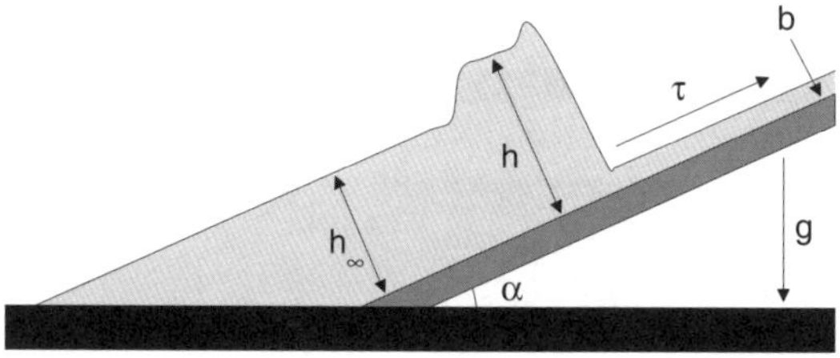

그림 14.54: MATLAB을 이용하여 만든 gray 스케일 버전의 그림

4.12 eps 파일의 크기를 줄이는 방법

4.12.1 방법 1

eps 파일의 크기가 너무 커서 논문을 업로드 할 수 없을 때에는 Adobe Acrobat Pro를 이용한다. Adobe Acrobat Pro를 켜고 '파일'을 클릭하고 '열기'를 클릭하여 크기를 줄이고 싶은 eps 파일을 불러온다 ([그림 14.55(a)]). 그 다음 '파일'을 클릭하고 '다른 이름으로 저장'을 클릭하여 파일형식을 eps로 선택하고 저장한다 ([그림 14.55(b)]).

3MB가 넘는 파일을 Adobe Acrobat Pro를 이용하여 다시 저장하였더니 약 492KB로 줄었다 ([그림 14.55(c)]).

그러나 파일의 크기가 충분히 크지 않을 경우에 위의 방법을 사용하면 오히려 파일의 크기가 커지는 경우가 있다. 그럴 때에는 Adobe Acrobat Pro에

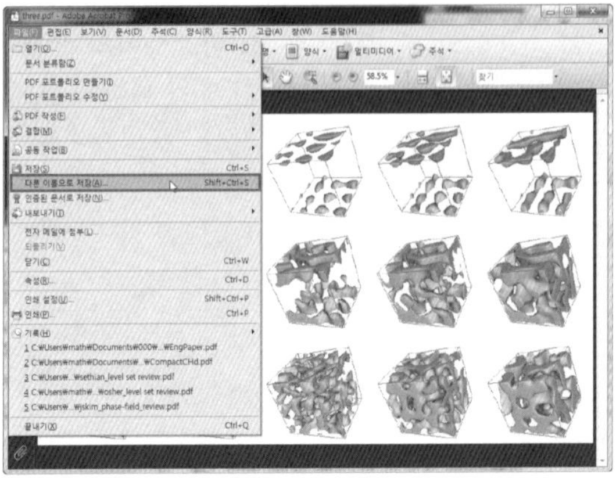

(a)

(b)

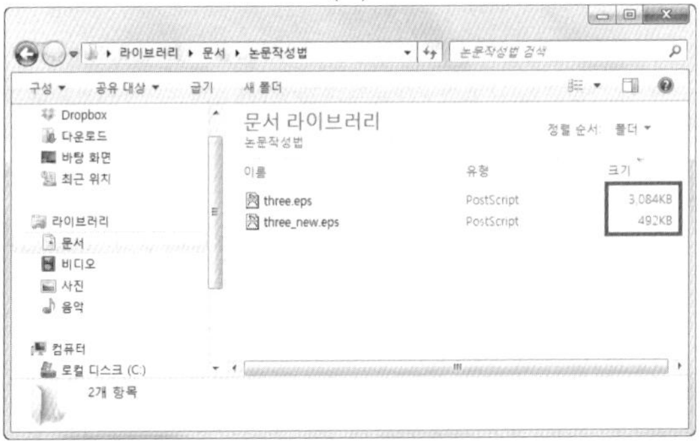

(c)

그림 14.55: eps 파일의 크기를 줄이는 과정.

파일을 불러온 다음 '도구'의 '선택 및 확대/축소'에서 '스냅샷 도구'를 사용하여 파일의 원하는 부분을 스냅샷으로 찍어서 eps파일로 저장하면 3차원 데이터가 아닌 2차원 데이터처럼 여겨져서 파일의 크기가 줄어든다.

Adobe Acrobat Pro 뿐만 아니라 Photoshop을 이용할 수도 있다.

4.12.2 방법 2

eps 파일의 용량이 너무 크다면 논문에 넣었을 시에 파일이 들어간 페이지가 로딩 되는 시간도 오래 걸리며, 또한 프린트 할 때에도 오래 걸리게 된다. 물론 논문의 전체적인 용량도 커지는 것은 당연하다. 이 절에서는 용량이 큰 eps파일을 minipage로 TeXify 한 후 이를 pdf로 변환하여 캡쳐하고, 캡쳐 한 것을 cygwin을 이용하여 eps로 바꾸는 것을 해 볼 것이다. 이 과정을 거치므로써 해상도도 보존하며 파일을 용량을 줄일 수 있는 장점이 있다. 복잡하게 느껴질 수 있지만 직접 한 번 해 보면 어렵지 않다는 것을 알 수 있을 것이다.

4.12.3 방법 3

eps 파일의 용량을 줄이는 방법으로 cygwin과 acrobat을 이용하지 않고, GIMP라는 프로그램을 이용하여 줄이는 방법이 있다. 해상도는 유지하지만 용량은 많이 줄여주고, 사용법도 간편하며, 한국어로도 이용이 가능하기 때문에 편리한 장점이 있다.

4.12.4 방법 4

GSview 프로그램을 사용하여 여백 및 크기를 줄여줄 수 있다. 여백을 없애거나 파일 용량을 줄이고 싶은 eps 파일을 GSview 프로그램을 통해 열고, 메뉴텝의 File을 선택하여 PS to EPS를 클릭한다. YES를 누른 뒤 저장하고 싶은 위치에 파일을 저장해주면 된다. 비교적 간단하면서 깔끔하게 여백 및 파일 용량을 줄여줄 수 있기 때문에 많이 사용되는 방법이다.

제 5 절 WinEdt을 이용한 라벨 중복 체크

WinEdt을 이용한 라벨 중복 체크

수식을 입력할 때 label이라는 명령어를 이용하여 수식마다 이름을 붙인다. 계속 논문을 작성하면서 수식 번호가 바뀔 때마다 번호를 다시 매길 수 없기 때문에 label을 이용하여 이름을 붙이고, ref를 이용하여 그 수식을 인용한다. 그런데 이 과정에서 수식의 이름이 중복되면 잘못된 번호를 인용할 수 있기 때문에 label의 중복 여부를 꼭 확인해 봐야 한다. WinEdt을 이용한 라벨 중복 체크 방법은 다음과 같다.

[그림 14.56(a)]와 같이 Tool Bar에 있는 Gather라는 아이콘을 클릭하거나 메뉴에서 Project에서 Gather를 클릭하면 아래 부분에 창이 생긴다. 그 창의 제일 앞에 있는 Collect item이라는 아이콘([그림 14.56(b)])을 클릭한다. 그 다음 Label 탭을 클릭하고 Sort item이라는 아이콘([그림 14.56(c)])을 클릭한다. 그러면 [그림 14.56(d)]와 같은 창이 하나 뜨는데 Sort를 클릭한 뒤 OK를 클릭하면 Label이 알파벳 오름차순으로 정리된다. 이 리스트를 보면서 중복된 라벨이 있으면([그림 14.56(e)]) 수정하도록 한다.

제 6 절 Template

논문을 작성할 때 사용하는 기본적인 형식을 template이라고 하며 여기에 주어진 규칙에 따라 논문을 작성하면 된다. 다음은 Elsevier 계열 저널의 논문 template이다. LaTeX이 실행되기 위해서는 template이 있는 같은 디렉토리에 `elsarticle.cls` 파일이 있어야 한다.

```
\documentclass[preprint,12pt]{elsarticle}
\journal{Journal of CFD}
\begin{document}
\begin{frontmatter}
\title{How to write and publish a scientific paper}
```

```
\author[address0]{Yongho Choi}
\author[address1]{Junseok Kim\corref{mycorrespondingauthor}}
\ead[url]{http://math.korea.ac.kr/$\sim$cfdkim/}
\cortext[mycorrespondingauthor]{Corresponding author.
Tel.:+82 2
3290 3077} \ead{cfdkim@korea.ac.kr}

\address[address0]{Department of Engineering Science, Korea
University, Seoul 136-708, Republic of Korea}
\address[address1]{Department of Mathematics, Korea
University, Seoul 136-713, Republic of Korea}

\begin{abstract}
We presented useful skills for writing and publishing a
scientific
paper.
\end{abstract}
\begin{keyword}
Scientific paper
\end{keyword}
\end{frontmatter}
\section{Introduction}
This book should be very useful for writing and publishing a
scientific paper.
\begin{thebibliography}{00}
\bibitem{K}
J.S. Kim, Adaptive mesh refinement for thin-film equations,
J.
```

```
Korean Phys. Soc. {\bf 49} (2006) 1903-1907.
\end{thebibliography}
\end{document}
```

- 한글 Book

```
% h_book.tex
\documentclass[12pt]{book}
\usepackage{hangul}
\begin{document}
\title{수리과학 영어논문 작성법 및 기초 LATEX 활용법}
\author{김준석}
\maketitle
\section{소개}
이 책은 수리과학 영어논문을 작성하고 투고함에 있어 아주
유용하다.
\begin{thebibliography}{00}
\bibitem{K}
J.S. Kim, Adaptive mesh refinement for thin-film equations,
J. Korean Phys. Soc. {\bf 49} (2006) 1903-1907.
\end{thebibliography}
\end{document}
```

6.1 Corresponding author 표시

교신 저자를 나타내는 Corresponding author 표시는 다음과 같은 방법으로 표현한다. 교신저자에 해당되는 저자의 이름과 함께 `\corref{cor1}` 와 `\cortext[cor1]`- 이용한다. 다음은 이를 이용한 예제이다.

```
\documentclass[fleqn]{elsart}
\begin{document}
\begin{frontmatter}
\title{How to write and publish a scientific paper}
\author{Chaeyoung Lee},
\author{Darae Jeong}, and
\author{Junseok Kim\corauthref{cor1}}
\corauth[cor1]{Corresponding author. Tel.: +82 2 3290 3077;
fax: +82
2 929 8562.} \ead{cfdkim@korea.ac.kr}
\ead[url]{http://math.korea.ac.kr/$\sim$cfdkim/}
\address{Department of Mathematics, Korea University, Seoul
136-713, Republic of Korea}
\end{frontmatter}
\end{document}
```

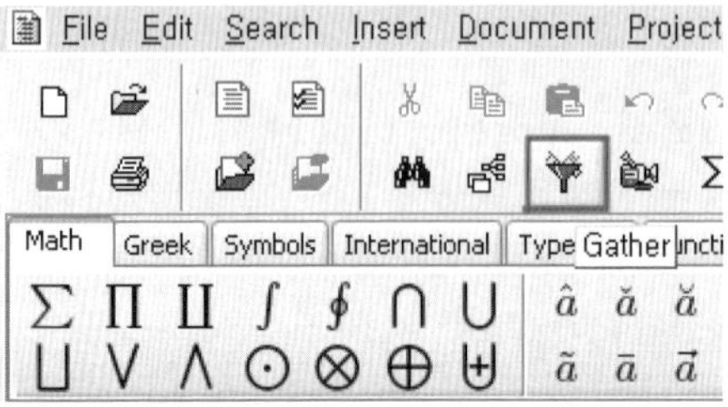

(a) Gather

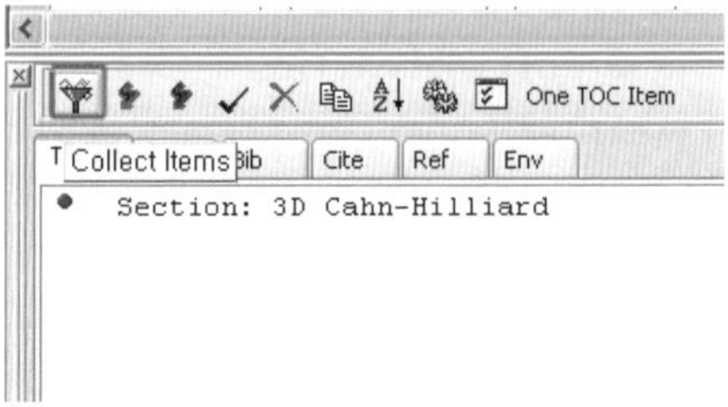

(b) Collect items

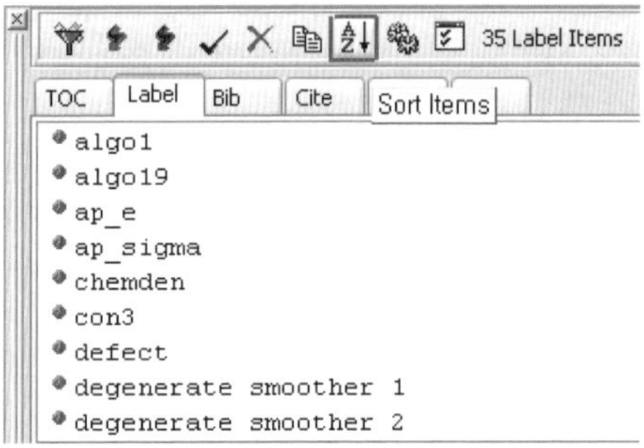

(c) Sort items

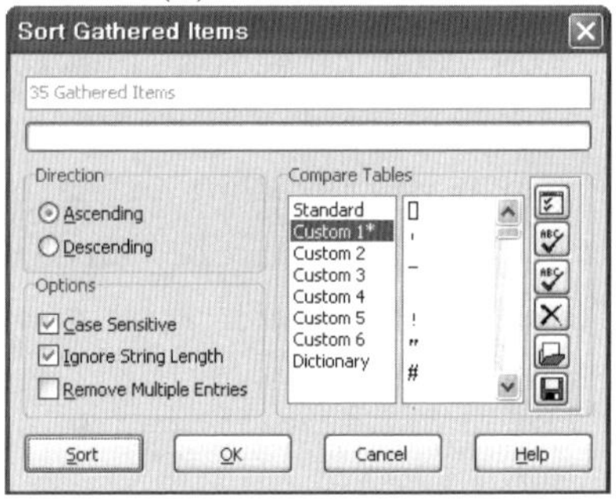

(d) Sort gathered items

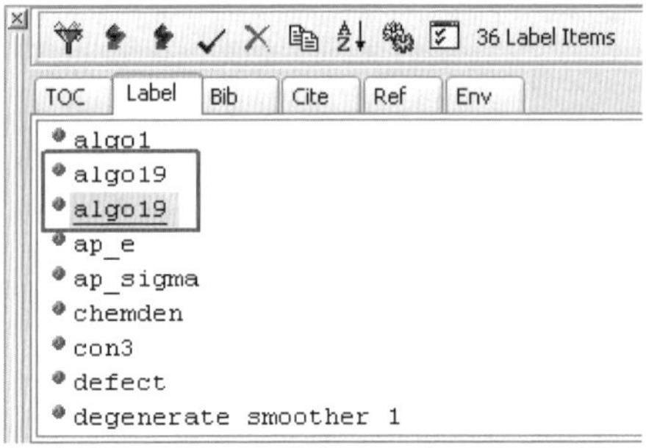

(e) 라벨이 중복된 경우

그림 14.56: WinEdt을 이용한 라벨 중복 체크 방법

How to write and publish a scientific paper

Yongho Choi[a], Junseok Kim[b,*]

[a] *Department of Engineering Science, Korea University, Seoul 136-708, Republic of Korea*
[b] *Department of Mathematics, Korea University, Seoul 136-713, Republic of Korea*

Abstract

We presented useful skills for writing and publishing a scientific paper.

Keywords: Scientific paper

---

1. Introduction

This book should be very useful for writing and publishing a scientific paper.

[1] J.S. Kim, Adaptive mesh refinement for thin-film equations, J. Korean Phys. Soc. **49** (2006) 1903-1907.

그림 14.57: Elsevier 계열 저널의 논문 template

수리과학 영어논문 작성법 및 기초 LATEX 활용법

김준석

2011년 8월 16일

그림 14.58: 한글 Book 결과 (1)

제 1 절 소개

이 책은 수리과학 영어논문을 작성하고 투고함에 있어 아주 유용하다.

그림 14.59: 한글 Book 결과 (2)

참고 문헌

[1] J.S. Kim, Adaptive mesh refinement for thin-film equations, J. Korean Phys. Soc. **49** (2006) 1903-1907.

그림 14.60: 한글 Book 결과 (3)

How to write and publish a scientific paper

Chaeyoung Lee, Darae Jeong, and Junseok Kim *

Department of Mathematics, Korea University, Seoul 136-713, Republic of Korea

---

* Corresponding author. Tel.: +82 2 3290 3077; fax: +82 2 929 8562.
Email address: cfdkim@korea.ac.kr (Junseok Kim).
URL: http://math.korea.ac.kr/~cfdkim/ (Junseok Kim).

15장

참고 정보

제 1 절 한글 LaTeX을 위한 Miktex 설치방법

다음 일련의 설치과정은 윈도우 10에서 테스트 해 본 결과이다. 설치에 필요한 파일 등은 http://math.korea.ac.kr/~cfdkim 에 있다.

`HangulLatex.zip` 파일을 다운로드 한다.

우선, `basic-miktex-2.9.6022.exe`파일을 실행하여 MiKTeX 2.9를 설치한다. 기본 설치 위치는`C:\Program Files\MiKTeX 2.9)`이다.

`hangul_miktex-portable.zip`를 다운로드 한 후, 압축을 풀어서 나온 세 개의 폴더(dvipdfm, miktex, tex)를 MiKTeX 설치 위치에 덮어 쓴다.

`texmf-hangul.w.o.untype1.zip`를 다운로드 한 후, `C:\` 에 압축을 푼다. `C:\texmf-hangul` 폴더가 생기는 것을 볼 수 있다.

WinEdt를 설치 한 후, Options → Configuration Wizard... 메뉴를 선택

한 다음, 다이얼로그 윈도우의 Filetype Associations 탭에서 Modify filetype associations... 버튼을 눌러 `.tex` 파일을 WinEdit와 연결시킨다.

윈도우시작/모든프로그램/MiKTeX2.9/ Setting(Admin)에 들어가서, Roots 탭을 클릭한 뒤, `C:\texmf-hangul` 경로를 add 해 준 후 적용을 눌러준다.

명령 프롬프트에서 initexmf -u와 updmap을 차례로 실행한다.

`ghostv` 폴더에서 `gs851w32.exe`와 `gsv47w32.exe`를 실행하여 설치한다.

제 2 절 WinEdt 사용방법

2.1 WinEdt 사용 시 페이지 범위 설정

WinEdt의 설치 후 처음 사용 시에는 모든 문장이 한줄로 나열되어 사용하기 불편할 수 있다. 이런 경우 Winedit의 자동줄바꿈 기능을 이용하면 원하는 페이지 범위로 설정할 수 있다. 다음 순서대로 실행해보자. (1) WinEdt 상단의 메뉴에서 `Options` → `Preferences` 순서를 따라 클릭해보자 ([그림 15.1] 참조).

(2) `Preferences`라는 창이 하나 뜨면 `Editor` → `Right Margin (Chars)`에서

`Margin [1...999]:`의 부분에 원하는 값을 입력하면 그 값을 기준으로 자동줄바꿈을 하게 된다. 다음 그림 15.2 은 103을 입력한 경우이다.

2.2 WinEdt, MS word, 그리고 아래한글을 사용하여 단어수 확인

저널에 따라 Title과 Abstract의 단어수를 제한하는 경우가 있다. WinEdt을 사용하면 간편하게 단어수를 확인할 수 있다. WinEdt 상단의 메뉴에서 `Document` → `Word Count` 를 클릭하면 단어수를 확인할 수 있다.

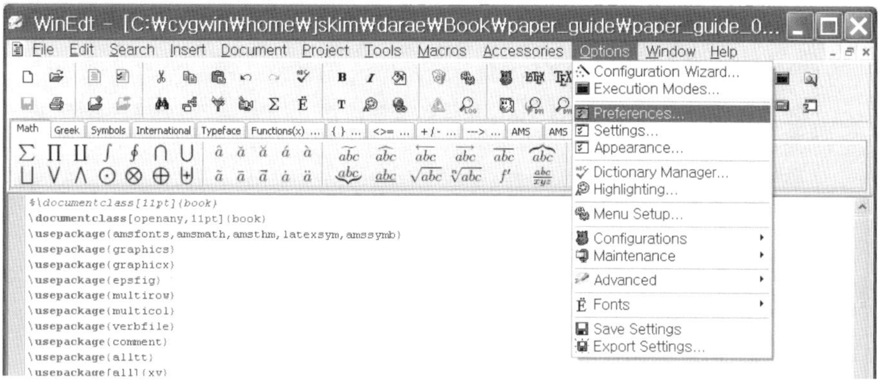

그림 15.1: Preferences

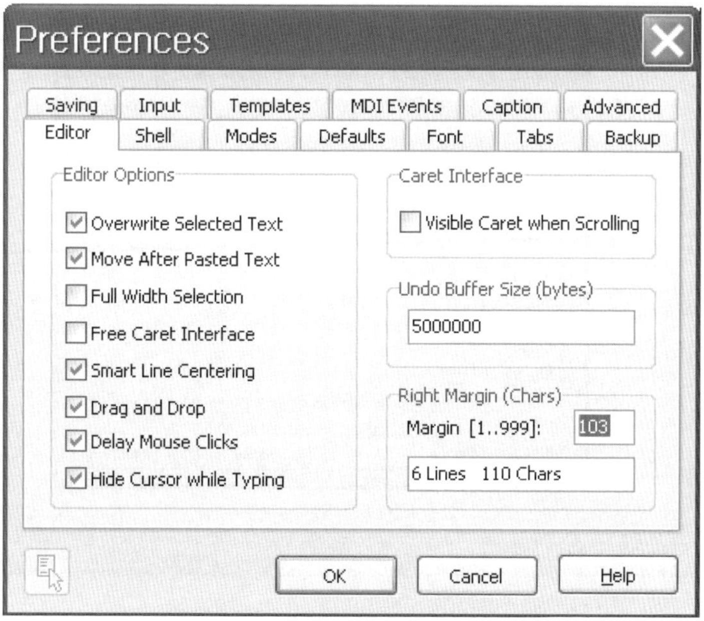

그림 15.2: Right Margin (Chars)의 Margin부분에 103을 넣은 경우

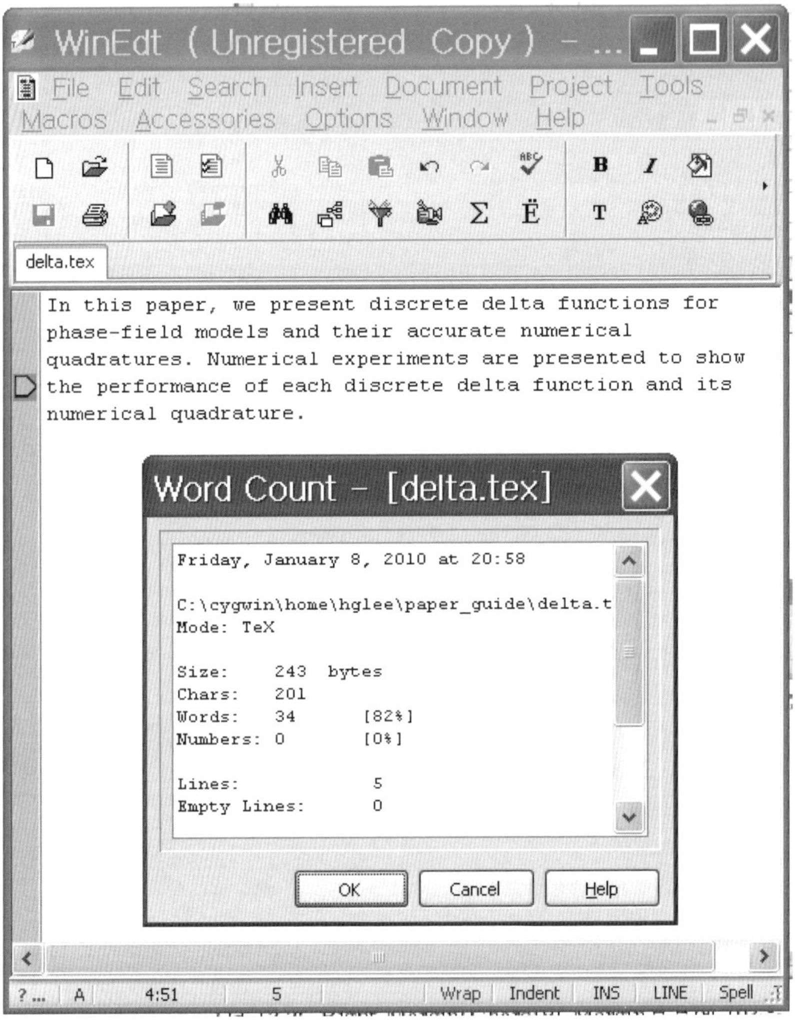

그림 15.3: WinEdt 을 사용하여 단어수 확인

단어수를 확인하는 또 다른 방법은 Microsoft Office Word를 사용하는 것이다. Microsoft Office Word 화면의 하단 부분에서 단어수를 확인할 수 있다.

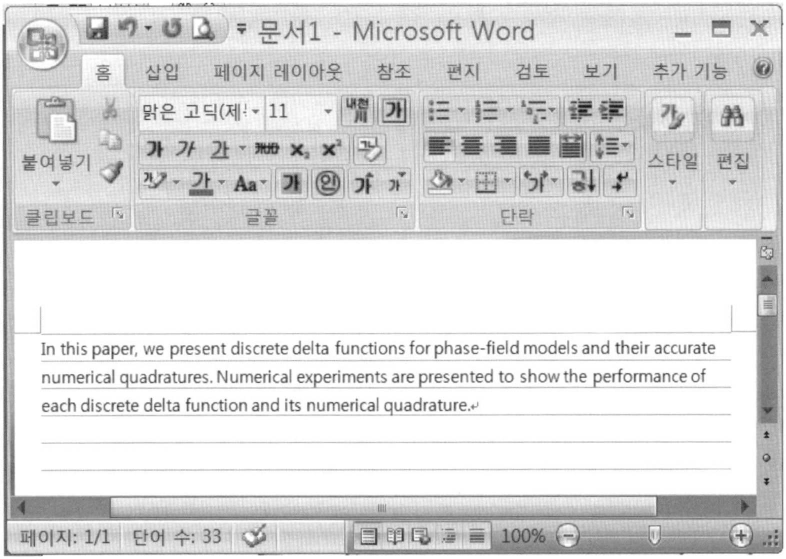

그림 15.4: Microsoft Office Word 를 사용하여 단어수 확인

단어수를 확인하는데 있어 WinEdt 과 Microsoft Office Word 에는 차이점이 있다. WinEdt 의 경우 `phase-field` 와 같이 '-' 으로 연결된 단어를 두 개의 단어로 인식하는 반면, Microsoft Office Word 의 경우에는 한 개의 단어로 인식한다.

아래한글에서는 파일(F) → 문서정보(I) → 문서통계 를 하면된다.

제 3 절 GSview를 사용하여 ps파일로부터 pdf파일 만들기

GSview를 사용하면 ps파일로부터 원하는 페이지만 pdf파일로 저장할 수 있다([그림 15.5(a)]). WinEdt 상단의 메뉴에서 `dvi to ps` 를 클릭하면 ps파일로

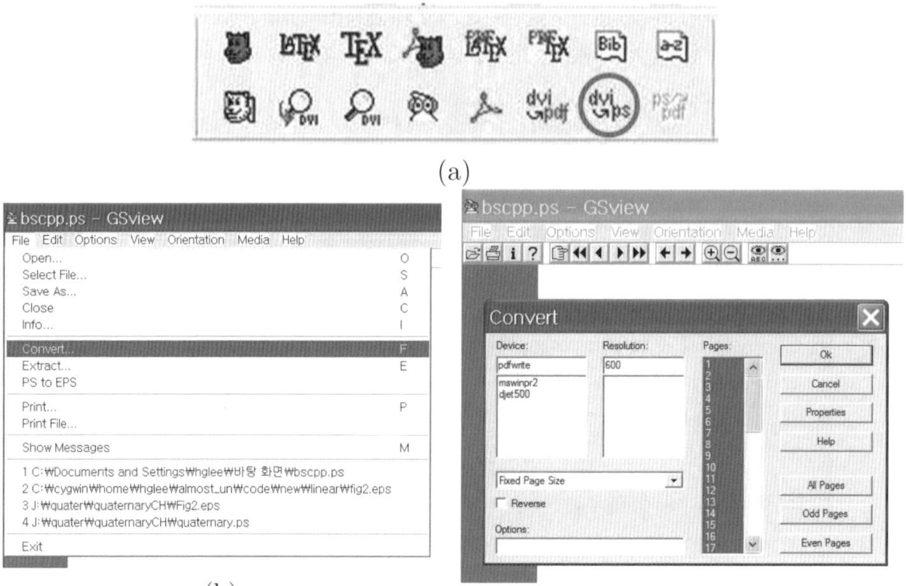

(a) (b) (c)

그림 15.5: (a) WinEdt에서 dvi파일을 ps파일로 저장하기 (b) GSview

저장할 수 있다. ps 파일을 GSview에서 연 후 GSview 상단의 메뉴에서 `File` → `Convert` 를 클릭하여 ([그림 15.5(b)]) `Pages:` 에서 원하는 페이지를 선택한 후 `Ok` 를 클릭하면 원하는 페이지만 pdf파일로 저장 된다 (그림 15.5(c)).

제 4 절 Beamer 사용법

LaTeX에는 파워포인트나 키노트처럼 프레젠테이션에 필요한 슬라이드를 만드는 클래스가 있다. 그 중 Beamer는 Till Tantau가 설계한 LaTeX의 프레젠테이션용 클래스이다. Beamer는 몇 가지 특수한 명령어를 제외하고는 LaTeX에서 사용하는 명령어를 그대로 사용할 수 있다. 즉 LaTeX에서 작성한 글과 그림을 큰 수고없이 프레젠테이션에서 쓸 수 있다. Beamer는 다른 마크업 언어와 마찬가지로 프리앰블(preamble) 부분에는 슬라이드를 구성하는 여러 가지 설정이, 프레임(frame) 부분에는 슬라이드의 내용이 온다. 슬라이드의 구조와 색상은 프리앰블에서 선택하거나 조정이 가능하다. Beamer 설치 때 제공되는 템플릿은 모두 24개가 있고 인터넷을 찾아보면 독특하게 구성한 것도 있다. 원하는 템플릿은

```
\usetheme{템플릿 이름}
```

명령으로 선택할 수 있다. 템플릿을 선택하면 [그림 15.6]과 같이 제목과 저자가 나오는 시작 슬라이드(a)와 본문의 내용이 들어가는 슬라이드(b)로 구성된다.

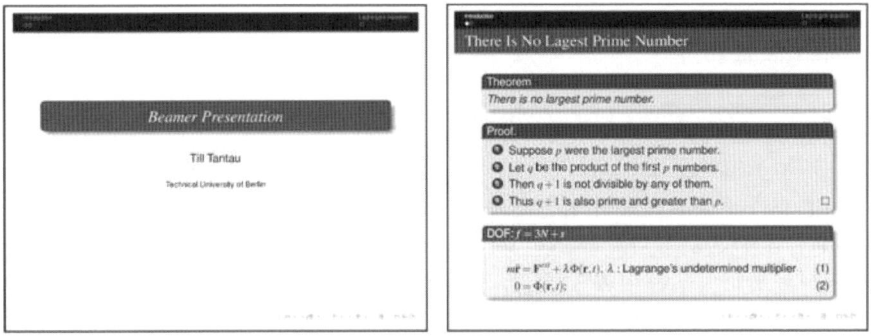

그림 15.6: Beamer에서 Frankfurt템플릿을 선택했을 때

Beamer를 사용하기 위한 기본적인 LaTeX파일은 다음과 같이 구성된다.

```
\documentclass[mathserif]{beamer}
\usetheme{Antibes} % Beamer theme
\usecolortheme{lily}

\title{}
\author{}
```

```
\institute{}
\begin{document}
\begin{frame} % Cover slide
\titlepage
\end{frame}

\section{Introduction}
\subsection{History}
\begin{frame}
\frametitle{History} % slide contents
\end{frame}
\end{document}
```

여기서 mathserif는 수학 글꼴을 사용하기 위한 Beamer 옵션이다. Antibes는 Beamer 템플릿 중 하나로 Berkerley, Frankfurt, Warsaw 등으로 수정하면 다른 형태의 슬라이드를 얻을 수 있다. 좀 더 자세한 내용은 "http://faq.ktug.or.kr/wiki/uploads/beamer_guide.pdf"을 참고하기 바란다.

제 5 절 포스터 발표 (Poster presentation)

같은 내용을 다른 사람들에게 여러 번 반복 설명할 기회가 있고 전문가의 조언도 들을 수 있어서 잘만 운영이 된다면 많이 배울수 있는 좋은 기회이다. 많은 경우 포스터에 관심이 있음에도 불구하고 그냥 서성거리다 지나치곤 한다. 만일 관심이 있는 듯이 보이면 먼저 다가가 포스터 내용에 대해 설명을 원하는지 물어보고 동의하면 2, 3분 정도 포스터 설명을 해준다.

제 6 절　구두 발표 (Oral presentation)

슬라이드를 만들때는 간결하게, 명확하게, 주요 주제만 담아서 만든다. 먼저 발표하고자 하는 주제를 간결하고 명확하게, 주요 내용만을 담아서 슬라이드를 만든다. 다음으로 대본을 만들고, 발표할 내용을 외운 후 발표연습을 비디오 촬영해서 다시 보면서 고치는 과정을 반복한다. 대학원 세미나 등의 기회에 많은 연습을 해보는 것도 도움이 될 수 있다. 영어 프리젠테이션에서는 바디랭귀지도 중요하므로 주요 포인트에서 간단한 손동작 등을 추가하는 것이 효과적이다. 주요 용어들은 구글사전 등에서 찾아서 영어 발음을 정확히 듣고 따라하는 연습이 필요하며, 발음이 어려울 경우 슬라이드에 적어서 강조한다. 전문용어 및 그리스 라틴어 등은 특히 발음을 확인할 필요가 있다.

I am Gildong Hong.

I am from department of mathematics at Korea University.

I'am working on a Ph.D at Korea University.

I'm in the Ph.D program studying mathematics at Korea University.

I'd like to talk about a modeling and simulation of cell growth.

I'm working with Youngsoo Kim. (or I'm collebarating with Youngsoo Kim.)

First of all, I'd like to talk about the motivation of the research.

Feel free to interrupt me during my presentation to ask any questions.

Would you please hold your question until the break time? (or Please hold your questions to the tea time.)

> 영어 단어의 발음에 대한 것은 다음 사이트를 참조하자.
> http://www.merriam-webster.com/

발표시간 관리를 잘 해야 된다. 실제발표 전에 예행연습을 충분히 한다. 혼자 연습할 때는 거울을 보고 하는 것도 효과적이다. 본인이 발표하는 것을 동영상 촬영후 모니터링 하는 것도 많은 도움이 된다. 발표내용을 최대한 대

본 없이 외워서 한다 (ppt에 주요 keyword를 넣어서 발표내용을 잊어버렸을 경우를 대비한다)

다음 발표 상황을 통해 영어 구두 발표를 어떻게 해야 하는지 알아보도록 하자.

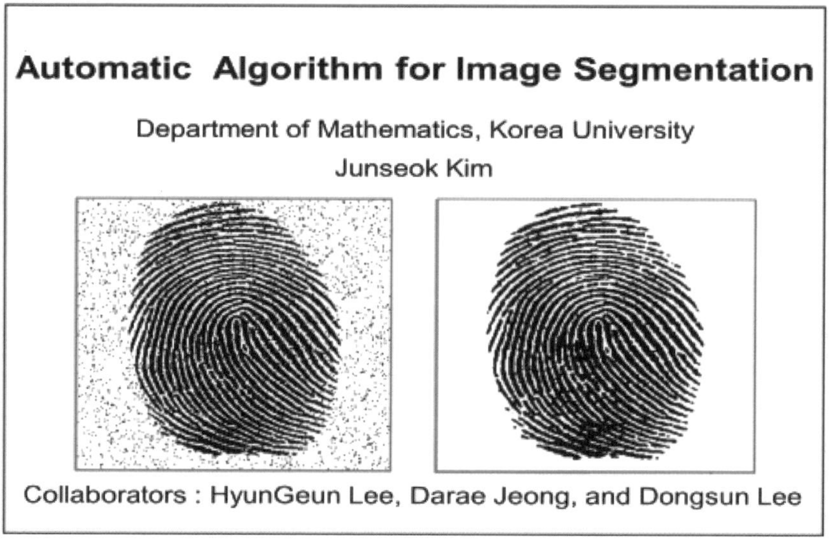

그림 15.7: 상황에 맞는 대화 : I'm a graduate student at Korea University majoring in mathematics. My name is Junseok Kim. Today, I'd like to talk about "automatic algorithm for image segmentation". This work was done in collaboration with HyunGeun Lee, Darae Jung, and Dongsun Lee. If you have any questions, please feel free to interrupt. The objective of my research is to remove noise in images by using a mathematical model. Left figure is a fingerprint with noise and the right figure is the fingerprint after removing the noise.

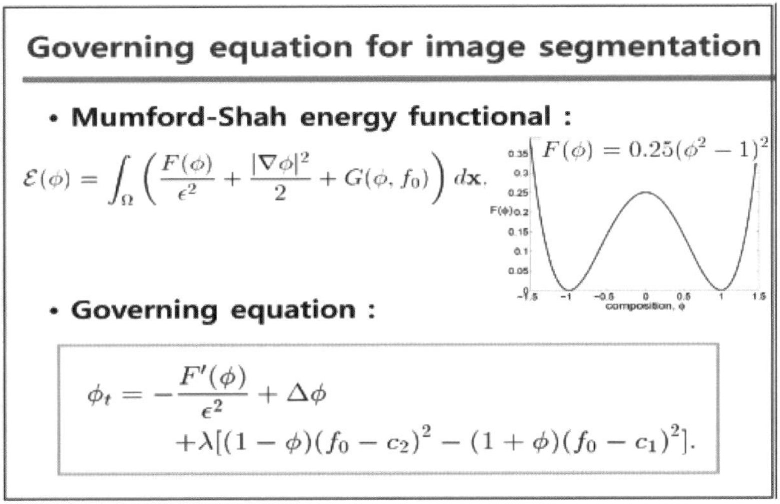

그림 15.8: 상황에 맞는 대화 : The governing equation for image segmentation can be derived from Mumford-Shah energy functional. In this functional, F of phi is a fourth-order polynomial as shown in this graph. By applying the gradient descent method, we have the governing equation for image segmentation.

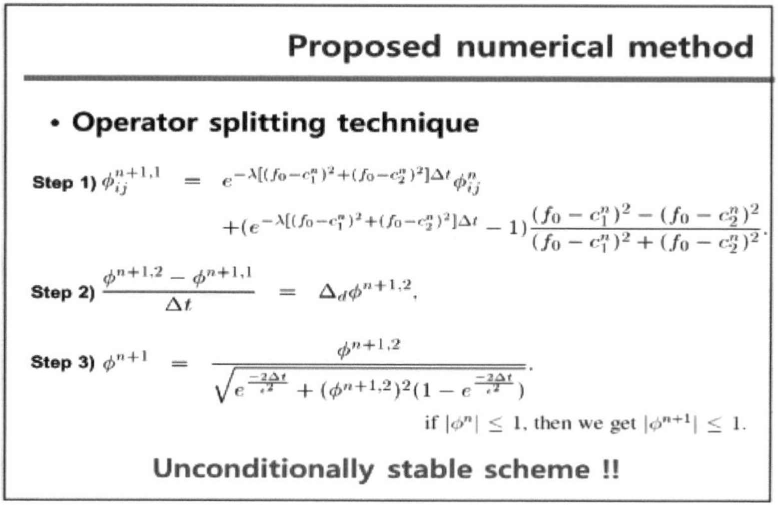

그림 15.9: 상황에 맞는 대화 : The proposed numerical method is based on operator splitting technique. Here, we take three steps to advance the numerical solution from time n to time n+1. And this method is an unconditionally stable scheme. -Question (raise your hand) What does it mean by "unconditionally stable scheme"? Okay, that is a good question. She asked "what does it mean by unconditionally stable scheme? The unconditionally stable scheme means the existence of the numerical solution does not depend on the time step size. Does that answer your question?

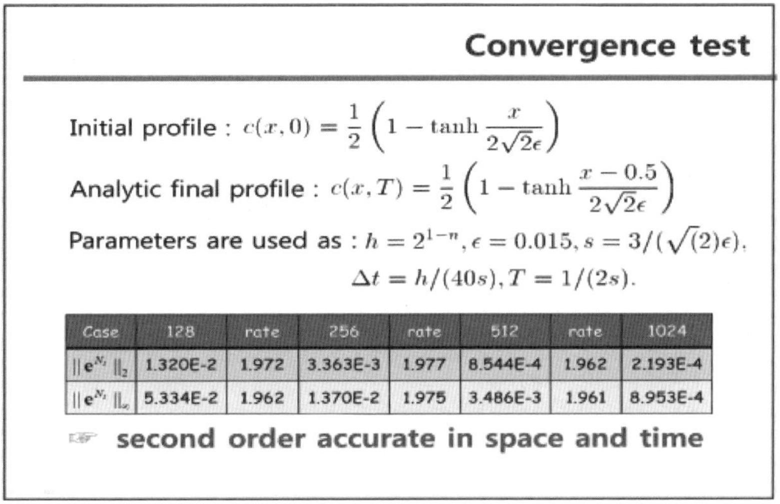

그림 15.10: 상황에 맞는 대화 : Now, in order to validate the proposed numerical method, we performed the convergence test. From the table, we can observe that this method is second order accurate in space and time.

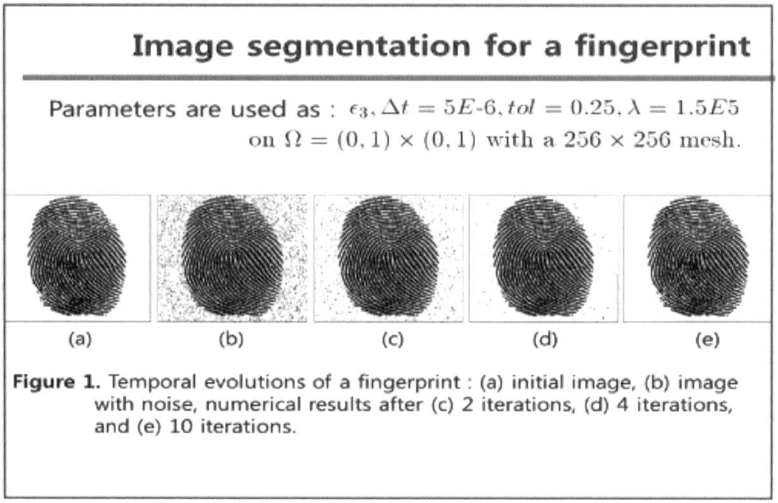

그림 15.11: 상황에 맞는 대화 : To test our proposed algorithm, we took a clean image of a fingerprint (indicate image (a) with a laser point). Then, we artificially added some noise in the image (indicate image (b) with a laser point). (b) is the initial condition in our algorithm. (c), (d), and (e) are the results after 2, 4, and 10 iterations. From figure (e), we removed most of the noise after 10 iterations.

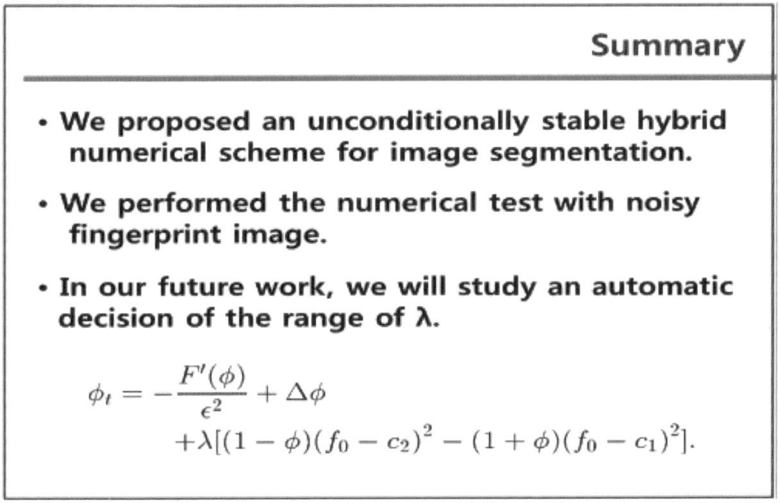

그림 15.12: 상황에 맞는 대화 : Let me summarize my talk. In this study, we proposed an unconditionally stable hybrid scheme for image segmentation. And we performed the numerical test with noisy fingerprint images. In our future work, we will study an automatic decision of the range of lambda.

그림 15.13: 상황에 맞는 대화 : Thank you for your attention.

제 7 절 이공계 분야 연구계획서 작성 가이드

다음은 박성현 한국연구재단 기초연구본부장님의 이공계 분야 연구계획서 작성에 대한 조언이다. 연구비를 신청할 때 연구계획서(proposal)를 작성하는 것은 매우 중요하다. 연구자가 연구계획서를 제출하면 온라인 평가와 평가 결과를 바탕으로 위원회에서 과제를 선정한다. 좋은 평가를 받기 위해선 다음의 포인트를 유념하여 연구계획서를 작성하도록 하자.

1. 연구과제명에 대한 연구개발의 필요성을 기술할 때, 국내외 현황 및 문제점, 전망 등에 대해 명료하게 기술하고 연구과제의 연구개발 필요성에 대하여 설득력 있게 구체적으로 기술해야 한다. 이때 중언부언하지 말고 평가자의 눈에 잘 들어오고 이해하기 쉽도록 필요성을 작성해야 한다.

2. 연구개발의 목표 및 내용을 기술 할 때, 연구개발 목표의 성격과 최종 목표를 구체적으로 기술해야 한다. 최종 목표는 실용성이 강조되거나 학문 발전에 큰 영향이 주어지는 것이 바람직하다. 연구 내용은 구체적으로 기술하되 동일 분야 연구자가 수긍할 수 있을 정도의 깊은 연구내용이 기술되어야 한다.

3. 연구개발의 추진전략 및 방법을 기술할 때, 기술정보 수집방법, 전문가 확보, 다른 기관과의 협조방안, 연구개발 방법론 등에 대해 연구의 성공이 가능하다는 신뢰를 줄 수 있을 정도로 설득력이 있어야 한다.

4. 연구개발의 결과 활용방안 및 기대성과에 대해 기술할 때, 예상되는 활용분야 및 활용방안 등을 상세히 기술하고, 이에 따른 기업화, 실용화, 기술이전 등에 대해 언급하고, 가능하면 연구결과의 기술적 측면과 경제, 산업적 측면도 설명하는 것이 좋다.

5. 인용문헌도 최근 연구문헌을 다수 포함해 적는 것이 좋다. 연구계획서의 분량이 너무 적어도 좋지 않고, 너무 많아도 좋지 않다. 대략 15~20쪽 정도가 적당해 보인다.

위의 포인트를 뒤집어 보면 연구계획서 작성 시에 다음 중 어느 하나 이상인 경우에는 떨어질 확률이 아주 높다.

1. 연구개발의 필요성, 목표 및 내용, 추진전략 및 방법, 활용방안, 기대성과 등의 기술에서 일관성이 없고 내용이 많이 중복되며 중언부언하는 내용이 많다.

2. 연구개발의 목표 및 내용에서 동료 연구자가 볼 때 참신성이 없거나 목표가 별로 가치가 없다.

3. 연구계획서 작성에 성의가 없어 보이거나 인용문헌에서 최근 문헌이 다수 빠져 있다.

4. 추진전략 및 방법에서 구체성이 결여되어 있거나 연구하려는 노력이 부족하다.

5. 활용방안 및 기대성과가 너무 추상적이거나 실용성이 떨어진다.

6. 연구계획서에 틀린 글자가 다수 발견되거나 띄어쓰기 등이 잘 안되어 있다.

다음 표는 한국연구재단에서 기본연구과제의 선정 평가기준을 나타낸 것이다. 다음 표를 기준으로 심사자의 입장으로 연구제안서를 작성하는 것도 좋은 방법이 될 것이다. 평가기준은 세부사업별 해당년도별 변경이 될 수 있으므로 최신 평가기준을 재단홈페이지를 통하여 확인해야 한다.

평가항목		평가지표	배점
연구 과제의 우수성	연구목표의 창의성·도전성	• 추구하는 연구목표가 현안해결, 기존 지식 개선, 기존 원리의 새로운 규명, 새로운 원리에 기반을 둔 차세대 지식, 완전히 새로운 발견/발명 등을 중심으로 창의적이고, 도전성을 지향하고 있는가?	30 점
	연구내용 및 방법	• 연구방법이 타당하고, 연구추진 체계(전략)가 적합한가? • 제안분야의 선행연구동향을 잘 파악하고 있고 선행연구와 비교해서 진보되고 차별화된 연구계획을 제안하고 있는가?	20 점
	활용 및 기대효과	• 연구목적이 달성될 경우 해당분야 또는 관련분야의 과학적 지식을 증진시키는데 얼마나 중요한가?	20 점
연구자 역량		• 연구책임자는 교육 및 연구경력면에서 적당하게 훈련된 연구자로서, 제안한 과제를 실현시킬 역량을 갖추고 있는가? • 연구책임자가 사전에 수행한 연구과제의 수준은 제안한 과제를 실현시킬 수 있기에 충분한가? • 연구책임자가 최근 수행했던 연구과제의 연구업적은 우수한가?	30 점
합계			**100점**

표 15.1: 한국연구재단의 기본연구 선정평가 기준.

마침글

수리과학 영어논문작성법 및 기초 LaTeX활용법은 대학원 수업에서 배우지 않는 과학영어논문 작성법 [11] 의 필요 없는 부분은 삭제하고 새로이 필요한 부분을 많이 추가하였다. 이전의 오탈자와 불완전 문장들을 수정하였지만 여전히 부족한 부분이 있을 것이라 생각이 든다. 다음 개정 호에는 더욱더 영어과학논문 작성에 대해서 연구해 보강할 계획이다.

참고 문헌

[1] 형식적인 인용문 1

[2] 형식적인 인용문 2

[3] 형식적인 인용문 3

[4] 김형순, 영어과학논문 100% 쉽게 쓰기, 서울대학교출판문화원, 2010.

[5] 웨인 부스, 그레고리 콜럼, 조셉 윌리엄스 지음 / 강경이 옮김, 영어논문 바로쓰기

[6] 역자 진병문, 유학생을 및 과학자를 위한 영어논문 작성법, 청범출판사, 2011.

[7] 구글 학술검색 http://scholar.google.com

[8] 서울대학교 연구윤리 지침, 2010.

[9] 김강수, 이기황, MIKA, 김지운, 샘처럼 옮김, The Not So Short Introduction to LaTeX, 2/E 2005.

[10] 명현국, 홍희기 편저, 이공계 연구자를 위한 영어논문 작성법, 문운당, 2009.

[11] 대학원 수업에서 배우지 않는 과학영어논문 작성법, 범아출판, 2013.

[12] Manual for Research and Publication Ethics in Science and Engineering / Eun Seong Hwang, Eun Hee Cho, Young-Mog Kim, Kibeom Park, Wha-Chul Son, Tae-Woong Yoon, Jeong Mook Lim, Korean Federation of Science and Technology Societies, 2016.

[13] J. Trzeciak, Writing mathematical papers in English: a practical guide. Gda´nsk, Gdansk Teacher's Press, 1995.

[14] Michelle Won, Charles Won 지음, 이공계를 위한 영어논문 튜토리얼, 그로연, 2012.

[15] B. G. Dellaert, T. A. Arentze, M. Bierlaire, A. W. Borgers, H. J. Timmermans, Investigating consumers' tendency to combine multiple shopping purposes and destinations. Journal of Marketing Research, 1998, 177–188.

[16] J. B. Bell, P. Colella, H. M. Glaz, A second-order projection method for the incompressible Navier–Stokes equations, Journal of Computational Physics, Vol. 85, 1989, 257–283.

[17] D. L. Brown, Ricardo Cortez, and M. L. Minion, Accurate projection methods for the incompressible Navier–Stokes equations, Journal of Computational Physics, Vol. 168, 2001, 464–499.

[18] Bulut, Hasan, and Omer Kelesoglu, Comparing numerical methods for response of beams with moving mass, Journal of Advances in Engineering Software, Vol. 41.7, 2010, 976–980.

[19] M. Benes, K. Mikula, T. Oberhuber, and D. Ševčovič, Comparison study for Level set and Direct Lagrangian methods for computing Willmore flow of closed planar curves, Journal of Computing and visualization in science, Vol. 12(6), 2009, 307–317.

[20] Chen, Long-Qing, Phase-field models for microstructure evolution, Journal of Annual review of materials research, Vol. 32.1, 2002, 113–140.

[21] Droske, Marc, Wolfgang Ring, and Martin Rumpf, Mumford–Shah based registration: a comparison of a level set and a phase field approach, Journal of Computing and visualization in science, Vol. 12.3, 2009, 101–114.

[22] E. Maitre, C. Misbah, P. Peyla, and A. Raoult, Comparison between advected-field and level-set methods in the study of vesicle dynamics, Journal of Physica D: Nonlinear Phenomena, 2012.

[23] R. A. Day, How to write and publish a scientific paper, Phoenix, AZ: Oryx Press, 3/E, 1988.

[24] E. Javierre, C. Vuik, F. J. Vermolen, and S. Van der Zwaag, A comparison of numerical models for one-dimensional Stefan problems. Journal of Computational and Applied Mathematics, Vol. 192(2), 2006, 445–459.

[25] D. Jeong, and J. Kim, A Crank–Nicolson scheme for the Landau–Lifshitz equation without damping, Journal of computational and applied mathematics, Vol.234, 2010, 613–623.

[26] J. Kim, P. Moin, Application of a fractional-step method to incompressible Navier–Stokes equations, Journal of Computational Physics, Vol. 59, 1985, 308–323.

[27] J. Kim, A numerical method for the Cahn–Hilliard equation with a variable mobility, Journal of Communications in Nonlinear Science and Numerical Simulation, Vol. 12, 2007, 1560–1571

[28] J. Kim, Numerical simulations of phase separation dynamics in a water-oil-surfactant system, Journal of Colloid and Interface Science, Vol. 303, 2006, 272–279.

[29] H. Kopka, P. W. Daly, A guide to LaTeX, Addison Wesley Press, 3/E, 1999.

[30] H. Liu, Y. Zhang, Phase-field modeling droplet dynamics with soluble surfactants, Journal of Computational Physics, Vol. 229, 2010, 9166–9187.

[31] B. Malmfors, P. Garnsworthy, M. Grossman, Writing and Presenting Science Papers, Nottingham Univ. Press, 2/E.

[32] M. Peric, R. Kessler, and G. Scheuerer, Comparison of finite-volume numerical methods with staggered and colocated grids, Journal of Computers and Fluids, Vol. 16.4, 1988, 389–403.

[33] Slavov, Vladimir, and Stefka Dimova, Phase-field versus level set method for 2D dendritic growth, Journal of Numerical Methods and Applications, Springer Berlin Heidelberg, 2007, 717–725.

[34] J. Shen and X. Yang, Energy stable schemes for Cahn–Hilliard phase-field model of two-phase incompressible flows, Chin. Journal of Ann. Math. Vol. 31B(5), 2010, 743–758

[35] KTUG 한글 TeX 사용자 그룹 http://www.ktug.or.kr

[36] MiKTEX http://miktex.org

[37] xy-pic참고 사이트 http://www.tug.org/applications/Xy-pic

[38] MATLAB Version 2009. The MathWorks, Inc.,3 Apple Hill Drive, Natick, Massachusetts 01760–2098,USA.

[39] P. P. Valko, and Joseph Abate, Comparison of sequence accelerators for the Gaver method of numerical Laplace transform inversion, Journal of Computers and Mathematics with Applications, Vol. 48.3, 2004, 629–636.

[40] http://www.issn.org/understanding-the-issn/what-is-an-issn/

[41] http://www.differencebetween.net/miscellaneous/difference-between-isbn-and-issn

[42] 위키백과, https://ko.wikipedia.org/w/index.php?title=%EC%98%A4%ED%94%88_%EC%95%A1%EC%84%B8%EC%8A%A4&oldid=16472210

[43] https://www.elsevier.com/connect/8-reasons-i-rejected-your-article

학술연구총서 79

수리과학 영어논문작성법 및 기초 LATEX활용법

초판 발행 2017년 2월 10일
초판 2쇄 2020년 9월 7일

지은이 김준석

펴낸곳 고려대학교출판문화원
www.kupress.com
kupress@korea.ac.kr
02841 서울특별시 성북구 안암로 145
02-3290-4230, 4232
Fax 923-6311

찍은곳 네오프린텍(주)

ISBN 978-89-7641-926-2 94000
ISBN 978-89-7641-352-9 (세트)

값 21,000원

* 잘못 만들어진 책은 바꿔드립니다.